有色金属行业职业技能培训用书

火法冶炼工岗位培训系列教材

合 成 炉 工

主　编　万爱东
副主编　李　光　蒲彦雄　齐红斌
　　　　付　明　杨贵严

北　京
冶金工业出版社
2013

内 容 简 介

全书共分7章，其主要内容包括：铜冶炼一般知识；有色金属冶金原理基础知识；铜冶炼基本原理；精矿蒸汽干燥工艺；合成炉熔炼工艺；转炉吹炼工艺；阳极炉精炼工艺。在全书的最后附有复习题及答案。

本书可作为冶金企业从事火法冶炼工种的工人培训教材，也可供有色冶金及相关专业的工程技术人员和现场操作人员以及科研院所的研究人员参考。

图书在版编目(CIP)数据

合成炉工/万爱东主编 . —北京：冶金工业出版社，2013.1
(2013.6 重印)
（有色金属行业职业技能培训用书）
火法冶炼工岗位培训系列教材
ISBN 978-7-5024-6194-2

Ⅰ.①合…　Ⅱ.①万…　Ⅲ.①有色金属冶金—反应炉（化工）
—岗位培训—教材　Ⅳ.①TF8

中国版本图书馆 CIP 数据核字（2013）第 014685 号

出 版 人　谭学余
地　　　址　北京北河沿大街嵩祝院北巷 39 号，邮编 100009
电　　　话　(010)64027926　电子信箱　yjcbs@ cnmip. com. cn
责任编辑　杨盈园　美术编辑　彭子赫　版式设计　孙跃红
责任校对　王永欣　责任印制　李玉山
ISBN 978-7-5024-6194-2

冶金工业出版社出版发行；各地新华书店经销；三河市双峰印刷装订有限公司印刷
2013 年 1 月第 1 版，2013 年 6 月第 2 次印刷
787mm×1092mm　1/16；14.25 印张；342 千字；215 页
38.00 元

冶金工业出版社投稿电话：(010)64027932　投稿信箱：tougao@cnmip. com. cn
冶金工业出版社发行部　电话：(010)64044283　传真：(010)64027893
冶金书店　地址：北京东四西大街 46 号(100010)　电话：(010)65289081(兼传真)
（本书如有印装质量问题，本社发行部负责退换）

《火法冶炼工岗位培训系列教材》
编 委 会

主　任　万爱东

副主任　温堆祥　张永武　王崇庆　李　光

　　　　蒲彦雄　汤红才　刘　明

委　员　齐红斌　岳占斌　张明文　李金利

　　　　付　明　王武生　吴庆德　赵福生

　　　　张正位　张英建　杨贵严　吝　凯

·前　言·

金川集团股份有限公司熔炼系统，最早设计采用老式鼓风炉进行熔炼，于1965年试生产。1968年有2台16500kV·A矿热电炉、4台50吨转炉及2台20吨转炉的熔炼系统正式投产，主要承担着集团公司自产镍精矿的处理任务，年产高镍锍6000吨。随着公司的不断发展，1983年新增加1台16500kV·A矿热电炉，年产高镍锍增长为16000吨。1999年生产能力不断扩大，高镍锍产量上升至20000吨。2000年，生产格局发生重大变化，1号、2号电炉转产炼铜；3号电炉继续炼镍。同时将2台20吨转炉拆除，新建1台110吨转炉。2003年陆续将4台50吨转炉扩能改造至86吨。2005年随着公司综合实力的增加，总投资11.76亿元的铜合成炉于2005年9月12日正式投料试生产，与铜合成炉配套生产的2台110吨转炉及2台300吨阳极炉也随之投产，形成了年产30万吨铜阳极板的合成炉熔炼系统。2009年3台矿热电炉全部转产炼铜，形成合成炉熔炼和电炉熔炼两大生产系统的格局，具备年产40万吨铜阳极板的生产能力。

处于对生产实践和技术改造的系统总结以及职工培训所需，公司组织编写了本培训教材。全书主要介绍了铜冶炼一般知识、有色冶金基础知识、铜冶炼基本原理、精矿蒸汽干燥工艺、铜冶金炉设备及工艺配置、生产操作实践和经济技术指标等内容。

本书是在2009年培训教材的基础上，结合系统扩能改造后的实际情况编撰而成，可作为合成炉工、干燥工、转炉工和阳极炉工的培训教材，也可供企业工程技术和管理人员阅读参考。参加本书编写工作人员有：董旭、刘杰、张涛、雷国强、陶广山、张连民、喻勇、严吉录、李自玺、吴海云、刘兴军、许登祥、于吉军、白连强、杨述凯、陶川银、欧阳斌、郑清山、杨思文、刘杰、张涛、李海荣、张寿如、丁天生、李春梅、张玉会等，由于编者水平有限，时间紧迫，书中不妥之处在所难免，诚望各界人士不吝赐教。

万爱东

2012 年 12 月 3 日

·目　录·

1 铜冶炼一般知识

1.1 概　述

铜是人类发现和使用最早的金属之一。在古代，人们最初发现使用的可能是天然铜。天然铜通常是柴绿色或紫黑色的"石块"。后来人们发现这种"石块"在摩擦和刻画过的地方会呈现黄红色，如果再经锤打，其光泽则更好，还可以经过熔化、模铸、锻造等而制成武器、工具及做成装饰物品。自此以后，随着铜器的出现，在世界文化史上便标志着石器时代的结束和青铜器时代的开始。我国早在公元前两千年就已经大量生产、使用青铜，现北京故宫博物院还存有公元前 1700 年铸成的青铜铸钟。在 1637 年，明朝的《天工开物》一书中就详细记载了我国劳动人民在铜的铸造、锻造、机械加工、热处理、冶炼等方面的成就。在 18 ~ 19 世纪，欧洲是铜的主要供给地，19 世纪末美国开始开采大的铜矿，炼铜工业开始逐渐发展。在 20 世纪，前苏联、智利、非洲和加拿大也兴起了炼铜工业。

从 20 世纪 70 年代末开始，全世界炼铜工业面貌发生了巨大变化，以美国犹他冶炼厂的奥托昆普闪速炉为代表的绿色冶金工业正在发展和推广。世界铜资源主要集中在智利、美国、赞比亚、俄罗斯和秘鲁等国。智利是世界上铜资源最丰富的国家，也是世界上最大的铜出口国。中国、美国、日本、欧盟是世界主要铜进口国家。

我国铜矿资源储量居世界第四位。主要矿区分布在江西、湖北、安徽、云南、四川、山西和甘肃等省及西藏东部。我国矿山规模一般不大，比较分散，矿石含铜一般低于 1%。我国是最早用湿法炼铜的国家。1698 年英国开始采用反射炉炼铜，真正引起炼铜工艺大变革的是 19 世纪后期即 1880 年出现转炉以后，用转炉吹炼铜锍，简化了流程，缩短了冶炼周期。20 世纪 30 年代以前世界上一直使用鼓风炉炼铜，但由于传统鼓风炉的炉顶是敞开的，炉气量大，含二氧化硫浓度低，不易回收，造成污染，在 50 年代中期，出现了直接处理铜精矿的密闭鼓风炉熔炼法。从 19 世纪末到 20 世纪 20 年代，鼓风炉熔炼占主导地位，而 20 年代到 70 年代则以反射炉熔炼为主。自 60 年代以来，以闪速熔炼为代表的一批强化冶炼新工艺逐渐取代了反射炉熔炼。

我国的炼铜工艺大部分仍采用传统的反射炉、密闭鼓风炉和电炉熔炼，从 50 年代后期开始，我国逐渐建立起几座现代化炼铜厂，建设以闪速炉替代密闭鼓风炉的新工艺，近年来各厂均在进行技术改造，技术装备水平也在不断提高。近 20 年来，几乎世界上的各种先进炼铜工艺都在我国得到了应用，近年来我国的铜产量已跃居世界前列。

1.2　铜及其主要化合物的性质

1.2.1　铜及其主要合金的性质

铜在元素周期表中是属于第一副族的元素，原子序数为 29，相对原子质量为 63.57。

铜是一种重要的有色金属，在常温下为固体，新口断面呈紫红色。铜是优良的导电导热体，其导电和导热能力在金属中仅次于银。

铜在常温（20℃）时的密度为 8.89g/cm³，熔点（1083℃）时为 8.22g/cm³，液态（1200℃）时为 7.81g/cm³，铜及其化合物无磁性。

铜熔点 1083℃，沸点 2310℃，在熔点时的蒸气压低于 1.3×10^{-1}Pa，因此，在冶炼温度下，铜几乎不挥发。

液态铜能溶解很多气体，如 H_2、O_2、SO_2、CO、CO_2、水蒸气等，因此，精炼铜在铸锭之前，要脱除溶解的气体，否则铜锭中会产生气孔。

铜在常温、干燥的空气中不起变化，在温度高于 458K 时开始氧化，温度低于 623K 时生成红色的氧化亚铜（Cu_2O）；高于 623K 时生成黑色氧化铜（CuO）。长期放置在含有 CO_2 的潮湿空气中表面会生成碱式碳酸铜（$CuCO_3 \cdot Cu(OH)_2$）薄膜，俗称铜绿，这层膜能阻止铜再被腐蚀，铜绿有毒。

铜能溶于王水、氰化物、氯化铁、氯化铜、硫酸铁以及氨水中。铜能与氧、硫及卤素等元素直接化合。

铜能与多种元素形成合金，从而大大改善铜的性质，使之易于进行冷、热加工，并增加抗疲劳强度和耐磨性能。目前已能制备 1600 多种铜合金，主要的系列有：

黄铜为铜锌合金，含 Zn 5%～50%，若黄铜含 Sn 为 1%、含 Zn 30%～40% 则称为锡黄铜，这种合金抗蚀能力强，广泛用于船舶制造。

青铜为铜锡合金，含 Sn 为 1%～20%、含 Zn 1%～3%，若合金中含一定量的 P 或 Si，则可称为磷青铜、硅青铜。青铜在机械制造、电器等行业中有广泛的用途。

此外，还有白铜（铜镍合金）、锰铜（锰铜合金）、铍铜合金等。

1.2.2 铜的主要化合物及其性质

1.2.2.1 硫化铜（CuS）

硫化铜呈墨绿色，以铜蓝矿物形态存于自然界中，纯固体硫化铜密度为 4.68g/cm³，熔点为 1110℃。硫化铜为不稳定化合物，在中性或还原性气氛中加热时，按下式分解：

$$4CuS \Longrightarrow 2Cu_2S + S_2$$

在熔炼过程中，炉料受热时 CuS（铜蓝）即可完全分解，生成的 Cu_2S 进入锍中。

1.2.2.2 硫化亚铜（Cu₂S）

硫化亚铜是一种蓝黑色物质，在自然界中以辉铜矿形态存在，固态硫化亚铜的密度为 5.87g/cm³，熔点为 1130℃。在常温下，Cu_2S 稳定，几乎不被空气氧化，但加热到 200～300℃时，可氧化成 CuO 和 $CuSO_4$，加热到 330℃以上时，可氧化成 CuO 和 SO_2，在高温（1150℃）下，向熔融的 Cu_2S 中吹空气时，Cu_2S 可强烈氧化，最终产出金属铜和二氧化硫：

$$Cu_2S + O_2 \Longrightarrow 2Cu + SO_2$$

由于铜对硫的亲和力大，在有足够硫（如 FeS）存在的条件下，铜均以 Cu_2S 形态存在。在冰铜吹炼的过程中正是利用这一特性使铁、镍先氧化造渣，然后再把 Cu_2S 吹炼成粗铜。Cu_2S 若与 FeS 及其他金属硫化物共熔，即结合成冰铜，冰铜是炼铜过程的中间产品。

Cu_2S 不溶于水，几乎不溶于弱酸，能溶于硝酸。Cu_2S 与浓盐酸作用时，逐渐溶解时放出 H_2S。Cu_2S 能很好地溶于 $FeCl_3$、$Fe_2(SO_4)$、$CuCl_2$ 和 HCN（需氧）。

1.2.2.3　氧化铜（CuO）

氧化铜是黑色无光泽的物质，在自然界中以黑铜矿形态存在，固体氧化铜的密度为 $6.3 \sim 6.48 g/cm^3$，熔点为 1447℃，在高温（超过 1000℃）下，CuO 可分解成暗红色的氧化亚铜和氧气。

$$4CuO == 2Cu_2O + O_2$$

在高温下 CuO 易被 H_2、C、CO、C_xH_y 等还原成 Cu_2O 和 Cu（精炼原理）。在冶炼过程中还可被其他硫化物和较负电性金属如锌、铁、镍等还原。

CuO 呈碱性，不溶于水，但能溶于 $FeCl_2$、$FeCl_3$、$Fe_3(SO_4)_3$ 及硫酸、盐酸等稀酸中。

1.2.2.4　氧化亚铜（Cu_2O）

致密的氧化亚铜成缨红色。有金属光泽。粉状 Cu_2O 成洋红色，在自然界中以赤铜矿形态存在。固态 Cu_2O 的密度为 $5.71 \sim 6.10 g/cm^3$，熔点为 1235℃。

Cu_2O 只有在空气中加热至高于 1060℃ 时才稳定。低于这个温度时，部分氧化成 CuO，当在 800℃ 和长久加热时可以使 Cu_2O 几乎全部变成 CuO。

Cu_2O 易被 H_2、C、CO、C_xH_y 等还原成金属。其他如锌、铁或对氧亲和力大的元素，在赤热时也可使 Cu_2O 还原成金属。

Cu_2O 与某些金属硫化物共热时，发生交互反应：

$$2Cu_2O + Cu_2S == 6Cu + SO_2$$

（这是冰铜吹炼成粗铜的理论基础）

$$2Cu_2O + FeS == Cu_2S + FeO$$

（这是冰铜熔炼的基本反应）

Cu_2O 不溶于水，能溶于 HCl、H_2SO_4、$FeCl_2$、$FeCl_3$、NH_4OH 等溶剂中，这是氧化矿湿法冶金的基础。

1.2.2.5　铜的铁酸盐

铜的铁酸盐有两种：铁酸铜（$CuO \cdot Fe_2O_3$）和铁酸亚铜（$Cu_2O \cdot Fe_2O_3$）。铜的铁酸盐不溶于水、氨水及一般溶剂，易被强碱性氧化物或硫化物所分解。

$$CuO \cdot Fe_2O_3 + CaO == CaO \cdot Fe_2O_3 + Cu_2O$$

$$5CuO \cdot Fe_2O_3 + 2FeS == 10Cu + 4Fe_3O_4 + 2SO_2$$

1.2.2.6　铜的硅酸盐

在自然界中，铜的硅酸盐呈硅孔雀石（$CuSiO_3 \cdot 3H_2O$）和透视石（$CuSiO_3 \cdot H_2O$）的矿物形态存在。这两种矿物在高温下形成稳定的硅酸亚铜（$2Cu_2O \cdot SiO_2$）。硅酸亚铜在 1100～1200℃下融化。硅酸亚铜易被 H_2、CO 及 C 还原，也容易被较强的碱性氧化物（如 FeO、CaO）及硫化物（如 FeS、Cu_2S）分解。

$$2Cu_2O \cdot SiO_2 + 2FeS =\!=\!= 2FeO \cdot SiO_2 + 2Cu_2S$$

工业上往往向含铜的熔渣中加黄铁矿（FeS_2）回收铜，正是基于此反应。硅酸亚铜可溶于浓硝酸及乙酸中，易溶于盐酸，微溶于硫酸。

1.2.2.7　铜的碳酸盐

在自然界中呈孔雀石[$CuCO_3 \cdot Cu(OH)_2$]和蓝铜矿[$2CuCO_3 \cdot Cu(OH)_2$]的矿物形态存在。这两种化合物在 220℃ 以上时完全分解为 CuO、CO_2 和 H_2O。

1.2.2.8　硫酸铜（$CuSO_4$）

在自然界中以胆矾（$CuSO_4 \cdot 5H_2O$）的矿物形态存在。$CuSO_4 \cdot 5H_2O$ 呈蓝色，失去结晶水变成白色粉末。硫酸铜加热时分解：

$$2CuSO_4 =\!=\!= CuO \cdot CuSO_4 + SO_3(SO_2 + 1/2O_2)$$

$$CuO \cdot CuSO_4 =\!=\!= 2CuO + SO_3（或 SO_2 + 1/2O_2）$$

硫酸铜易溶于水，可用 Fe、Zn 等比铜更负电性的元素从硫酸铜水溶液中置换出金属铜。

1.2.2.9　铜的氯化物

铜的氯化物有两种：$CuCl_2$ 和 CuCl（或 Cu_2Cl_2）。$CuCl_2$ 无天然矿物，人造 $CuCl_2$ 为褐色粉末，熔点为 489℃，易溶于水。加热至 340℃ 分解，生成白色的氯化亚铜粉末。

$$2CuCl_2 =\!=\!= Cu_2Cl_2 + Cl_2$$

Cu_2Cl_2 熔点为 420～440℃，相对密度为 3.53，是易挥发化合物。这一特点在氯化冶金中得到应用。Cu_2Cl_2 的食盐溶液可使 Pb、Zn、Cd、Fe、Co、Bi 和 Sn 等金属硫化物分解，形成相应的金属氯化物和 CuS。可用 Fe 将 Cu_2Cl_2 溶液中的铜置换沉淀出来。

1.2.3　铜的用途

铜和铜合金广泛用于电气、机械、建材工业和运输工具制造等。直到 20 世纪 60 年代，铜的重要性和消费量仅次于钢铁。就世界范围而言，铜产品半数以上用于电力和电子工业，如制造电缆、电线、电机及其他输电和电信设备。80 年代后，铜在电信上的部分用途被光导纤维所代替。铜也是国防工业的重要材料，用于制造各种弹壳及飞机和舰艇零部件。

铜能与锌、锡、铝、镍、铍等形成多种重要合金。黄铜（铜锌合金）、青铜（铜锡合金）用于制造轴承、活塞、开关、油管、换热器等。铝青铜（铜铝合金）抗振能力很强，可用以制造需要强度和韧性铸件。

铜还是所有金属中最易再生的金属之一，目前，再生铜约占世界铜总供应量的40%。

铜可锻、耐蚀、有韧性。铜易与其他金属形成合金，铜合金种类很多，具有新的特性，有许多特殊用途。例如，青铜 $[w(Cu) = 80\%, w(Sn) = 15\%, w(Zn) = 5\%]$ 质坚韧，硬度高，易铸造；黄铜 $[w(Cu) = 60\%, w(Zn) = 40\%]$ 广泛用于制作仪器零件；白铜 $[w(Cu) = 50\% \sim 70\%, w(Ni) = 18\% \sim 20\%, w(Zn) = 13\% \sim 15\%]$ 主要用作刀具。

铜也存在于人体内及动物和植物中，对保持人的身体健康是不可缺少的。现已知铜的最重要生理功能是人血清中的铜蓝蛋白，它有催化铁的生理代谢过程功能。铜还可以提高白细胞消灭细菌的能力，增强某些药物的治疗效果。铜虽然是生命攸关的元素，但如果摄入过多会引起多种疾病。

铜的化合物是农药、医药、杀菌剂、颜料、电镀液、原电池、染料和触媒的重要原料。

我国是一个铜资源严重不足的国家，各类铜矿山年生产能力约50万吨左右，而铜的冶炼能力在150万吨以上，铜的加工能力则在250万吨以上。2000年以来，我国对铜的需求量大幅提升，成为铜原料和成品铜的进口大国。

1.3 炼 铜 原 料

铜的生产原料分为铜矿物和铜的二次回收料。由前者生产的铜称为矿铜，由后者生产的铜一般称为再生铜。

1.3.1 铜矿资源特点

中国铜矿资源从矿床规模、铜品位、矿床物质成分和地域分布、开采条件来看具有以下特点：

（1）中小型矿床多，大型、超大型矿床少。大型铜矿床的储量大于50万吨，中型矿床10万~50万吨，小型矿床小于10万吨。超大型矿床是指五倍于大型矿床储量的矿床。按上述标准划分，铜矿储量大于250万吨以上的矿床仅有江西德兴铜矿田、西藏玉龙铜矿床、金川铜镍矿田、云南东川铜矿田。在探明的矿产地中，大型、超大型仅占3%，中型占9%，小型占88%。

（2）贫矿多，富矿少。中国铜矿平均品位为0.87%，品位大于1%的铜储量约占全国铜矿总储量的35.9%。在大型铜矿中，品位大于1%的铜储量仅占13.2%。

（3）共伴生矿多，单一矿少。在900多个矿床中单一矿仅占27.1%，综合矿占72.9%，具有较大综合利用价值。许多铜矿山生产的铜精矿含有可观的金、银、铂族元素和铟、镓、锗、铊、铼、硒、碲以及大量的硫、铅、锌、镍、钴、铋、砷等元素，它们赋存各类铜及多金属矿床中。在铜矿床中共伴生组分颇有综合利用价值。铜矿石在选冶过程中回收的金、银、铅、锌、硫以及铟、镓、镉、锗、硒、碲等共伴生元素的价值，占原料总产值的44%。中国伴生金占全国金储量35%以上，多数是在铜金属矿床中，伴生金的产量76%来自铜矿，32.5%的银产量也来自于铜矿。全国有色金属矿山副产品的硫精矿，80%来自于铜矿山，铂族金属几乎全部取之于铜镍矿床。不少铜矿山选厂还选出铅、锌、钨、钼、铁、硫等精矿产品。

（4）坑采矿多，露采矿少。目前，国营矿山的大中型矿床，多数是地下采矿，而露天开采的矿床很少，仅有甘肃白银厂矿田的火焰山、折腰山两个矿床，而且露天采矿已闭坑转入地下开采，露采的还有湖北大冶铜山口、湖南宝山、云南东川矿田的汤丹马柱铜矿区。

1.3.2　资源地质特征

1.3.2.1　铜矿床分类

矿床是指由地质作用形成的，有开采利用价值的有用矿物聚集体。地质矿业工作者为了研究矿床的成因和开发利用则进行矿床分类。

1.3.2.2　铜矿床类型简述

中国铜矿具有重要经济意义、有开采价值的主要是铜镍硫化物型矿床、斑岩型铜矿床、矽卡岩型铜矿床、火山岩型铜矿床、沉积岩中层状铜矿床、陆相砂岩型铜矿床。其中，前四类矿床的储量合计占全国铜矿储量的90%。这些类型矿床的成矿环境各异，有其各自的成矿特征。

A　斑岩型铜（钼）矿

该类型是我国最重要的铜矿类型，占全国铜矿储量的45.5%，矿床规模巨大，矿体成群成带出现，而且埋藏浅，适于露天开采，矿石可选性能好，又共伴生钼、金、银和多种稀散元素，可综合开发、综合利用。此类矿床成岩成矿时代较新，主要为钙碱性系列。中国斑岩型铜矿多数矿床是大型贫矿，铜品位一般在0.5%左右。

B　矽卡岩型铜矿

中国矽卡岩型铜矿与国外大不相同，国外矽卡岩型铜矿占的比例很小，而中国却占较大的比例，现已探明矽卡岩型铜矿储量占全国铜矿储量的30%，成为我国铜业矿物原料重要来源之一，仅次于斑岩型铜矿，而且以富矿为主，并共伴生铁、铅、锌、钨、钼、锡、金、银以及稀散元素等，颇有综合利用价值。此类岩石系列属于钙碱性—碱钙性系列。

C　火山岩型铜矿

该类型也是我国铜矿重要类型之一，探明的铜矿储量占全国铜矿储量的8%，其中海相火山岩型铜矿储量占7%，陆相火山岩型铜矿占1%。早古生代为我国海相火山岩型铜矿最重要的成矿期，多为大型铜多金属矿床。

D　铜镍硫化物型铜矿

镁铁质—超镁铁质岩中铜镍矿床既是我国镍矿资源的最主要类型，也是铜矿重要类型之一。铜矿储量占全国铜矿储量的7.5%。

该类型矿床成矿环境主要产于拉张构造环境，受古大陆边缘或微陆块之间拉张裂陷带控制，在拉张应力支配下，岩石圈变薄甚至破裂，引起地幔上涌，而导致镁铁质—超镁铁质岩石在地壳浅成环境侵位。中国铜镍硫化物矿床的成矿作用以深部熔离—贯入成矿为主，与国外同类型或类似类型矿不同，岩体小，含矿率高。

E 沉积岩中层状铜矿床

这类矿床是指以沉积岩或沉积变质岩为容矿围岩的层状铜矿床，容矿岩石既有完全正常的沉积岩建造，也包括有凝灰岩和火山凝灰物质（火山物质含量一般不高于50%）的喷出沉积建造。

F 陆相杂色岩型铜矿床

《中国矿床》称陆相含铜砂岩型铜矿床。这类矿床通常称为红层铜矿。该类型铜矿，目前虽然探明的储量不多，仅占全国铜矿储量的1.5%，但铜品位较高，以富矿为主，铜品位1.11%~1.81%，并伴生富银、富硒等元素，有的矿床可圈出独立的银矿体和硒矿体，具有开采经济价值，而且还有一定的找矿前景，值得重视勘察与开发。目前，发现的矿床主要分布于我国西南部和南部中—新生代陆相红色盆地（简称红盆地）。主要成矿地质特征：

（1）陆相含矿杂色岩建造具有独特的结构，通常下部为含煤建造，中部为含铜建造，上部为膏盐建造。

（2）矿床分布于供给矿源的陆源剥蚀区一侧的红层盆地边缘。

（3）矿体产于紫色交互带浅色带一侧。

（4）矿体呈似层状、透镜状。

（5）矿体中金属矿物具有明显的分带性，从紫色一侧到浅色一侧矿物的变化为自然铜矿带→辉铜矿（硒铜矿）带→斑铜矿带→黄铜矿带→黄铁矿带。

矿物是地壳中具有固定化学组成和物理性质的天然化合物或自然元素，能够为人类利用的矿物成为有用矿物。矿石是有用矿物的集合体，其中金属的含量在现代技术经济条件下能够回收和加以利用。

矿石由有用矿物和脉石两部分组成。矿石按其成分可分为金属矿石和非金属矿石。金属矿石是指在现代技术经济条件下可以从其中获得金属的矿石。而在金属矿石中按金属存在的化学形态可分为自然矿石、硫化矿石、氧化矿石、混合矿石。

自然矿石是指有用矿物是自然元素的矿石，如自然金、银、铂、硫等元素。硫化矿石的特点是有用矿物为硫化物的矿石，如黄铜矿、闪锌矿、方锌矿；氧化矿石中有用矿物为氧化物矿石，如赤铁矿、赤铜矿等，混合矿石是指有用矿物既有硫化物也有氧化物的矿石。

矿石中有用成分的含量成为矿石的品位，用百分数表示，矿石品位越高越好，由此可以降低冶炼费用。工业上采取各种选矿方法用于提高矿石品位，以便在冶金工艺中分别处理，简化工艺流程及冶炼费用。

1.3.3 常见铜矿物

铜是一种典型的亲硫元素，在自然界中主要形成硫化物，只有在强氧化条件下形成氧化物，在还原条件下形成自然铜。目前，在地壳中已发现铜矿物和含铜矿物约计250多种，主要是硫化物及氧化物、自然铜以及铜的硫酸盐、碳酸盐、硅酸盐类等矿物。常见铜矿物见表1-1。

表 1-1 常见铜矿物

矿物	组成	$w(Cu)/\%$	颜色	晶系	光泽	密度/$g \cdot cm^{-3}$
斑铜矿	Cu_5FeS_4	63.3	铜红至深黄色	立方	金属	5.06~5.08
黄铜矿	$CuFeS_2$	34.5	铜黄色	正方	金属	4.1~4.3
黝铜矿	$Cu_{12}Sb_4S_{13}$	45.8	灰至铁灰色	立方	金属	4.6
砷黝铜矿	$Cu_{12}Sb_4S_{13}$	51.6	铅灰至铁黑色	立方	金属	4.37~4.49
辉铜矿	Cu_2S	79.8	铅灰至灰色	斜方	金属	5.5~5.8
蓝铜	CuS	66.4	靛蓝或黑黑色	立方	半金属至树脂状	4.6~4.76
赤铜矿	Cu_2O	88.8	红色	立方	金刚至土色	6.14
黑铜矿	CuO	79.9	灰黑色	单斜	金属	5.8~6.4
孔雀石	$CuCO_3 \cdot Cu(OH)_2$	57.3	浅绿色	单斜	金属至土色	3.9~4.03
蓝铜矿	$2CuCO_3 \cdot Cu(OH)_3$	55.1	天蓝色	单斜	玻璃状近于金刚	3.77~3.89
水胆矾	$CuSO_4 \cdot (OH)_6$	56.2	绿色	单斜	玻璃状	3.9
氯铜矿	$Cu_2Cl(OH)_3$	59.5	绿色	斜方	金刚至玻璃	3.76~3.78
硅孔雀石	$Cu_2SiO_3 \cdot 2H_2O_3$	36	绿至蓝色	立方	玻璃至土色	2.0~2.4
自然铜	Cu	100	铜红色	立方	金属	8.95

硫化矿分布最广，属原生矿，主要有辉铜矿（Cu_2S）、铜蓝（CuS）、黄铜矿（$CuFeS_2$）等，炼铜的主要原料。氧化矿属于次生矿，主要矿物有赤铜矿（Cu_2O）、黑铜矿（CuO）、孔雀石[$CuCO_3 \cdot Cu(OH)_2$]等。自然铜在自然界中存在较少，够得上冶炼经济品位的氧化矿当今也越来越少，世界铜产量的90%来自硫化矿，约10%来自氧化矿，少量来自自然铜。常见的具有工业价值的铜矿物见表1-2。

表 1-2 常见的具有工业价值的铜矿物

类别	矿物	组成	$w(Cu)/\%$	颜色	密度/$g \cdot cm^{-3}$
硫化铜矿	辉铜矿	Cu_2S	79.8	铅灰至灰色	5.5~5.8
	铜蓝	CuS	66.4	靛蓝或灰黑色	4.6~4.76
	斑铜矿	Cu_5FeS_4	63.3	铜红色至深黄色	5.06~5.08
	砷黝铜矿	$Cu_{12}As_4S_{13}$	51.6	铜灰至铁黑色	4.37~4.49
	黝铜矿	$Cu_2As_4S_{13}$	45.8	灰至铁黑色	4.6
	黄铜矿	$CuFeS_2$	34.5	黄铜色	4.1~4.3
氧化铜矿	赤铜矿	Cu_2O	88.8	红色	6.14
	黑铜矿	CuO	79.9	灰黑色	5.8~6.4
	蓝铜矿	$2CuCO_3 \cdot Cu(OH)_2$	68.2	亮蓝色	3.77
	孔雀石	$CuCO_3 \cdot Cu(OH)_2$	57.3	亮绿色	4.03
	硅孔雀石	$CuSiO_3 \cdot 2H_2O$	36.0	绿蓝色	2.0~2.4
	胆矾	$CuCO_3 \cdot 4H_2O$	25.5	蓝色	2.29

现金开采的铜矿石品位为1%左右，坑内采矿的边界品位为0.4%，露天采矿可降至0.2%。矿石一般先经过浮选，得到含铜$w(Cu)=20\%~30\%$的精矿后再冶炼。

铜矿中含有少量其他金属，如铅、锌、镍、铁、砷、锑、铋、硒、碲、钴、锰等，并含有金银等贵金属和稀有金属。在冶炼时必须回收铜精矿中的有价成分，以提高资源的综合利用程度和消除对环境的污染，所以炼铜工厂通常设有综合回收这些金属的车间；同时也要注意利用铜精矿的巨大反应表面和熔炼反应热，以强化生产和节约能源。

氧化铜矿难于选矿富集，一般用湿法冶金或其他方法处理。

1.4 铜精矿组成与冶炼工艺关系

铜精矿的组成对冶炼工艺的选择极为重要，可以说是关键性因素。硫化铜矿可选性好，易于富集，选矿后产出的铜精矿大多采用火法冶炼工艺处理。氧化铜矿可选性差，常直接采用湿法冶金处理。

如果铜精矿中 MgO 等高碱性脉石成分含量高，产出的炉渣则熔点高，常用电炉处理。

高砷铜精矿［$w(As) > 0.3\%$］，适合用强化冶炼新工艺（如浸没顶吹熔炼等）处理，所产高砷细尘应开炉单独进行脱砷处理，或在制酸过程中经洗涤使砷进入酸泥而脱除。

复杂铜矿如含 Pb、Zn 伴生元素高，原则上应通过选矿分离，分别产出单一的铜、铅、锌精矿送不同的冶炼厂处理。如果分选效果不理想，则在处理高锌或高铅铜矿时，应尽量创造条件使矿中的铅锌或造渣或挥发分别从炉渣和烟尘中排出，然后再分别处理烟尘和渣来回收。一般含锌高的硫化铜矿不宜加入密闭鼓风炉处理，否则会使渣的流动性变坏，且产生横膈膜。

对于氧化铜矿，常用硫酸浸出法处理。对于一些铜品位很低的硫化铜矿可用细菌浸出或实现堆浸法处理。

近年来，由于对环境保护提出了更高的要求，大多数工厂用火法处理硫化铜矿时，都遇到含 SO$_2$ 烟气的逸散问题。所以试图用湿法来处理硫化铜矿。例如澳大利亚西方矿业公司试验用高压氨浸法处理硫化铜矿取得了良好的效果。

总之，铜精矿成分千差万别，在确定冶炼工艺前必须进行充分论证。首先要看精矿的组成，同时要从经济、地域条件等多种因素加以综合考虑。

1.5 铜冶炼方法

冶金是研究从矿石或其他含金属原料中提取金属的一门科学。冶金企业分为黑色冶金企业和有色冶金企业，黑色冶金企业是指生铁、钢、铁合金（如铬铁、锰铁等）的生产企业；有色冶金企业包括其余所有各种金属的生产企业。

作为冶金原料的矿石（精矿），其中除含有所要提取的金属矿物外，还含有伴生金属矿物以及大量无用的脉石矿物。冶金的任务是将所要提取的金属从成分复杂的矿物集合体中分离出来并加以提纯，分离和提纯过程需多次进行。

在现代冶金中，由于精矿性质和成分、能源、环境保护以及技术条件等情况的不同，所以要实现上述冶金作业的工艺流程和方法是多种多样的。

1.5.1 火法冶炼

火法冶金是在高温条件下进行的冶金过程，冶金过程所需热能通常是依靠燃料的燃烧来供给，也有依靠过程中的化学反应来供给的，例如，硫化矿的氧化焙烧和熔炼就无需由燃料供热，金属热还原过程也是自热进行的。火法冶金包括干燥、焙烧、熔炼、精炼、蒸馏等过程。

用铜矿石或铜精矿生产铜的方法较多，概括起来有火法和湿法两大类。采用哪种方法决定于矿石的化学成分和矿物组成，矿石中铜的含量，当地的技术条件（燃料、水、电力、耐火材料、经济、交通运输、地理气候）等因素。

火法炼铜是当今生产铜的主要方法，占铜生产量的 80% ~ 90%，主要是处理硫化矿，处理硫化矿的工艺流程主要包括 4 个步骤：

(1) 造锍熔炼；

(2) 铜锍吹炼；

(3) 粗铜火法精炼；

(4) 阳极铜电解精炼。

造锍熔炼可以在不同设备中进行，传统熔炼设备有反射炉、电炉和密闭鼓风炉等；强化熔炼设备有闪速炉、诺兰达炉、艾萨炉、白银炉等。

火法处理造锍炼铜有密闭鼓风炉法、诺兰达炼铜法、三菱法、瓦纽科夫炼铜法闪速熔炼等方法。

密闭鼓风炉炼铜是炉料与燃料从炉子上部加料斗分批加入，空气或富氧空气从炉子下部两侧风口鼓入，产出的熔体进入本床，通过咽喉口流入设于炉外的前床内进行冰铜与炉渣的澄清分离。这种方法能获得含二氧化硫比较高的烟气，有利于回收制酸，减少对环境的污染。

诺兰达炼铜法是将空气或富氧空气鼓入铜锍层，使加到熔池表面的含铜物料迅速熔炼成高品位铜锍的炼铜方法。这种方法是将焙烧、熔炼和吹炼 3 个过程在一个设备中完成，这种炼铜方法低能耗、污染少。

三菱法炼铜是把铜精矿和溶剂喷入熔炼炉，将其熔炼成熔锍和炉渣，铜液流至贫化电炉产出弃渣，铜锍再流入吹炼炉产出粗铜的炼铜的方法。这种方法炼铜具有环保和工作环境好的优点，可以直接利用炉气产出粗铜，设备投资少，燃料消耗低，缺点是溜槽需外部加热，粗铜含杂质高。

瓦纽科夫炼铜法是前苏联莫斯科钢铁与合金研究院 A. V. 瓦纽科夫教授于 20 世纪 50 年代发明的一种炼铜方法，属于熔池熔炼技术。瓦纽科夫炼铜法是将富氧空气鼓入渣层产生泡沫层，使从炉顶加入的炉料迅速熔化，并发生剧烈的氧化和造渣反应，生成铜锍和炉渣。铜锍进入保温炉，再送入转炉吹炼。炉渣流到贮渣炉，在贮渣炉内，渣中的铜锍颗粒进一步从渣中沉淀下来，定期放出送转炉吹炼，弃渣间断放入渣罐送到渣场。

闪速熔炼是 20 世纪 40 年代末芬兰奥托昆普公司首先实现工业生产的，它是充分利用细磨物料的巨大活性表面，强化冶炼反应过程的熔炼方法。闪速熔炼是将经过深度脱水的粉状精矿，在喷嘴中与预热空气或富氧空气混合后，以高速度从反应塔顶部喷入高温的反应塔内。精矿颗粒被气体包围，处于悬浮状态，在 2 ~ 3s 内就基本完成硫化物的分解、氧化和熔化等过程。熔融硫化物和氧化物的混合熔体落下到反应塔底部的沉淀池中汇集起来，继续完成冰铜与炉渣最终形成的过程，并进行澄清分离。

白银炼铜的特点是白银炉内有两道隔墙，将炉子分隔为 3 个作业区，即熔炼区、沉淀区和冰铜区。每道墙下部有通道，使 3 个作业区既分开又互相连通。熔炼区在炉尾，在此区两侧炉墙上设有若干风口往熔池鼓风，由精矿、溶剂烟尘组成的炉料从加料口进入熔池表面，与搅动的熔体作用，发生激烈的物理化学反应，放出大量的热，同时形成冰铜和炉渣，冰铜与炉渣通过隔墙下面的孔道流入沉淀区进行分离，上层为炉渣，下层为冰铜。炉渣由沉淀区碴口放出，冰铜由隔墙通道流入冰铜区，并经虹吸口放出。这种方法炼铜热利用好、燃料消耗少。

澳斯麦特法是使熔池内熔体—炉料—气体之间造成的强烈搅拌与混合，大大强化热量传递、质量传递和化学反应的速率。澳斯麦特法也称为浸没喷吹熔炼技术，喷枪结构较为特殊；炉子尺寸比较紧凑，整体设备简单，工艺流程和操作不复杂。主要应用于硫化矿熔炼，提取铜、铅、镍、锡等金属以及用于处理含砷、锑、铋的铜精矿的处理上。这种方法的核心技术是喷枪内部有螺旋片，将混合的燃料和空气或富氧空气喷射进熔池，使熔体搅动的方法。

火法冰铜吹炼一般在侧吹卧式转炉、反射炉中进行，冰铜吹炼的主要原料为熔炼产出的液态冰铜。冰铜吹炼的实质是在一定压力下将空气送到液体冰铜中，使冰铜中的 FeS 氧化变成 FeO 与加入的石英熔剂造渣，而 Cu_2S 则经过氧化与 Cu_2O 相互反应变成粗铜。

侧卧式转炉吹炼是间歇性的周期性作业，主要包括造铜期和造渣期，铜锍吹炼可得到粗铜和转炉渣。烟气经电收尘处理。Ge、Bi、Hg、Pb、Cd 等元素在吹炼时大都挥发富集在烟尘中，Au、Ag、Pt 族元素富集于粗铜中，在精炼时回收。

反射炉式吹炼炉每个吹炼周期包括造渣、造铜和出铜 3 个阶段。它仍然保持着间断作业的部分方式，仅只是在第一周期内进料—放渣的多作业改变为不停风作业，提高了送风时率。烟气量和烟气中 SO_2 浓度相对稳定，漏风率小，SO_2 浓度较高利于制酸。反射炉式的连吹炉因其设备简单，投资省，在 SO_2 制酸方面比转炉有优点，因而适合于小型工厂。

火法炼铜的优点是适应性强，能耗低，生产效率高，金属回收率高。图 1-1 所示为用火法处理硫化铜矿提取铜的原则工艺流程。

1.5.2 湿法炼铜

湿法冶金是在溶液中进行的冶金过程。湿法冶金温度不高，一般低于 100℃，现代湿法冶金中的高温高压过程，温度也不过 200℃左右，极个别情况温度可达 300℃。湿法冶金包括浸出、净化、制备金属等过程。

1.5.2.1 浸出

浸出是指用适当的溶剂处理矿石或精矿，使要提取的金属成某种离子形态进入溶液，而脉石及其他杂质则不溶解。

经过浸出后，再澄清和过滤，得到的浸出液中含有金属离子及不溶性浸出渣。对于一些难浸出的矿石或精矿，浸出前要预处理，使被提取的金属转变为易于浸出的某种化合物或盐类。

1.5.2.2 净化

净化是指部分金属或非金属杂质与被提取金属一道进入溶液，除去杂质的过程。

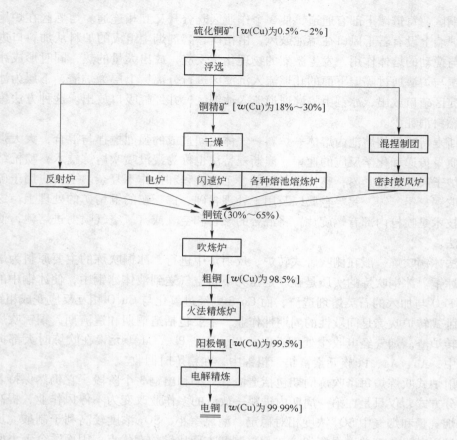

图 1-1   硫化铜矿提取铜工艺流程

1.5.2.3 制备金属

用置换、还原、电积等方法从净化液中将金属提取出来的过程。

湿法炼铜占铜生产量的 10% ~20%，主要用来处理氧化矿，也有处理硫化矿。工艺过程主要包括 4 个步骤：浸出、萃取、反萃取、金属制备（电积或置换）。氧化矿可以直接浸出，低品位氧化矿采用堆浸，富矿采用槽浸。硫化矿在一般情况下需要先焙烧后再浸出，也可以在高压下直接浸出。湿法生产铜的原则如图 1-2 所示。

为增加铜产量，废杂铜已成为生产阴极铜的重油原料之一。由于废杂铜来源各异，化学成分与物理规格各不相同，因而处理的工艺也不同。

火法处理炼铜有诺兰达炼铜法、三菱法、瓦纽科夫炼铜法三种。

诺兰达炼铜法是将空气或富氧空气鼓入铜锍层，使加到熔池表面的含铜物料迅速熔炼成高品位铜锍的炼铜方法。这种方法是将焙烧、熔炼和吹炼三个过程在一个设备中完成，这种炼铜方法低能耗、污染少。

三菱法炼铜是把铜精矿和溶剂喷入熔炼炉，将其熔炼成熔锍和炉渣，铜液流至贫化电炉产出弃渣，铜锍再流入吹炼炉产出粗铜的炼铜的方法。这种方法炼铜具有环保和工作环境好的优点，可以直接利用炉气产出粗铜，设备投资少，燃料消耗低，缺点是溜槽需外部

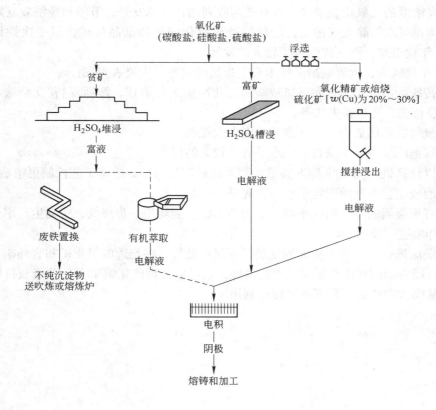

图 1-2 湿法生产铜流程

加热，粗铜含杂质高。

瓦纽科夫炼铜法是前苏联莫斯科钢铁与合金研究院 A. V. 瓦纽科夫教授于 20 世纪 50 年代发明的一种炼铜方法，属于熔池熔炼技术。瓦纽科夫炼铜法是将富氧空气鼓入渣层产生泡沫层，使从炉顶加入的炉料迅速熔化，并发生剧烈的氧化和造渣反应，生成铜锍和炉渣。铜锍进入保温炉，再送入转炉吹炼。炉渣流到贮渣炉，在贮渣炉内，渣中的铜锍颗粒进一步从渣中沉淀下来，定期放出送转炉吹炼，弃渣间断放入渣罐送到渣场。

1.6 炼铜方法评价

目前，评价炼铜方法，主要围绕能否节省能源；能否防止公害；能否利用低品位矿这三大课题来进行。

火法冶金处理硫化铜精矿，生产率高、能耗低、电铜质量好，有利于回收稀贵金属，但由于产出 SO_2 烟气对大气的污染严重，且不能直接处理贫矿。

在火法炼铜中，铜锍熔炼以往是在反射炉、电炉和鼓风炉中进行，这些方法曾经辉煌一时。但随着科学技术的进步，20 世纪 70 年代，不少新的强化铜锍熔炼工艺已被推广，例如诺兰达熔炼法、奥托昆普闪速熔炼、INCO 氧气闪速熔炼和 KHD 公司的连续顶吹漩涡熔炼法，这些方法均运用富氧技术，强化熔炼过程，其利用炉料氧化反应的热能量进行熔炼，产出高浓度的二氧化硫烟气，可有效回收利用，环境友好，节能和经济效益好。

湿法炼铜可以根除大气污染，能较好处理氧化铜矿和低品位矿，但一次性设备投资大。自 70 年代以来，湿法炼铜有了较大的发展。

自 60 年代以来，世界铜冶金技术有了长足的发展，主要表现在：

（1）传统的冶炼工艺正在迅速被新的强化冶炼工艺取代，澳斯麦特/艾萨法、诺兰达法、特尼恩特法、瓦纽科夫法等。

（2）氧气的利用更为广泛，富氧浓度大大提高。

（3）炼铜厂装备水平及自动化水平有了较大的提高。

（4）以计算机为基础的 DCS 集散控制系统被广泛采用，冶炼工艺控制更精确。

（5）冶金工艺参数的测定手段更为先进。

（6）有价金属的综合回收率进一步提高，综合能耗进一步降低，劳动生产率进一步提高，冶炼环境进一步改善。

（7）湿法炼铜工艺有了更大的发展，不仅可处理一些难选的氧化矿和表外矿、铜矿废石等，而且随着细菌浸出和加压浸出的发展，也可以处理硫化铜矿石，并能获得较好的经济效益，从而大大拓宽了铜资源的综合利用。

2 有色金属冶金原理基础知识

≪≪≪

2.1 冶金炉渣基础知识

2.1.1 概述

炉渣，熔化后称为熔渣，是火法冶炼的一种产物，其组成主要来自矿石、熔剂和燃料灰分中的造渣成分。由于火法冶金的原料和冶炼方法种类繁多，因而炉渣的类型很多，成分复杂。但总的来说，炉渣是各种氧化物的熔体，这些氧化物在不同的组成和温度条件下可以形成化合物、固熔体、溶液以及共晶体等。

在有色冶金中，炉渣的产出量较大，一般来说按质量计是金属或锍量的 3~5 倍。因而冶炼过程的技术经济指标在很大程度上与炉渣有关。

2.1.1.1 炉渣组成

冶金炉渣是极为复杂的体系，常由五、六种或更多的氧化物组成，并含有如硫化物等其他化合物。炉渣中含量最多的氧化物通常只有三种，其总含量可达 80% 以上。对大多数炉渣来说这三种氧化物是 FeO、CaO、SiO_2，对某些炉渣则是 CaO、Al_2O_3、SiO_2。

组成炉渣的各种氧化物可分为三类：

（1）碱性氧化物：CaO、FeO、MnO、MgO 等，这类氧化物能提供氧离子 O^{2-}。

（2）酸性氧化物：SiO_2、P_2O_5 等，这类氧化物能吸收氧离子而形成络合阴离子。

（3）两性氧化物：Al_2O_3、ZnO 等，这类氧化物在酸性氧化物过剩时可供给氧离子而呈碱性，而在碱性氧化物过剩时则又会吸收氧离子形成络合阴离子而呈酸性。

2.1.1.2 炉渣物理化学性质

A 炉渣酸碱度

炉渣的酸碱性通常以渣的碱度或硅酸度来表示。

渣的碱度 = 炉渣中碱性氧化物含量之和/酸性氧化物含量之和。

渣的硅酸度 = 炉渣中酸性氧化物含量之和/碱性氧化物含量之和。

当渣的碱度大于 1 为碱性渣，碱度等于 1 为中性渣，碱度小于 1 为酸性渣；硅酸度大于 1 为酸性渣，硅酸度等于 1 为中性渣，硅酸度小于 1 为碱性渣。在铜冶炼实际中，碱度被简化为 Fe/SiO_2，该比值称为炉渣的铁硅比，是冶炼过程的重要控制参数之一。铜渣铁硅比一般在 1~1.2，如果铜渣采用选矿方法贫化铁硅比可到 1.4~1.5。

B 炉渣熔点

炉渣的熔点越低，冶炼过程炉渣过热温度也越低。但是单纯地追求炉渣熔点低在某些情况下是不合适的。因为炉渣在熔点以上的过热温度是有限的，炉温的高低很大程度上取决于渣的过热温度，如鼓风炉熔炼要提高焦点区温度，只能提高炉渣熔点。

C　炉渣黏度

炉渣的黏度影响到炉渣和冰铜的分离，也影响熔体的排放。炉渣的黏度受其成分和过热温度的影响。

决定炉渣黏度的大小的炉渣成分主要是其中的酸性氧化物和碱性氧化物的含量。当炉渣中加入碱性氧化物，使得 O/Si 原子比增加时，降低炉渣的黏度。

无论是碱性渣还是酸性渣，当提高冶炼温度时，炉渣黏度都是要降低的。

D　炉渣密度

炉渣的密度大小影响冰铜与炉渣的澄清分离效果。液态炉渣的密度比固态炉渣密度低 $0.4 \sim 0.5 \mathrm{g/cm^3}$，高钙和高硅渣具有最轻的密度。

组成炉渣各氧化物单独存在时固体的密度见表 2-1。

表 2-1　炉渣各氧化物单独存在时固体密度

氧化物	SiO_2	CaO	FeO
密度/g·cm^{-3}	2.6	2.33	5

E　炉渣热焓

炉渣的热焓值影响炉渣带走的热量。炉渣带走的热量在冶炼过程的热平衡中占有很大的比例。减少炉渣的热焓，可以达到减少冶炼过程燃料或电能的消耗。

F　炉渣电导率

炉渣的导电机理包括两个方面，即熔渣内电子流动而引起的电子导电和离子迁移而引起的离子导电。熔渣导电属于离子导电，碱性炉渣的电导率比酸性炉渣高得多。炉渣的电导是通过 $1\mathrm{cm^2}$，长度为 $1\mathrm{cm}$ 的炉渣的导电度得出：

$$L = K \cdot \frac{S}{l}$$

导电度 L 与面积 S 成正比，与距离 l 成反比，比例系数 K 为电导率，即称电导，其单位为 S/m。

有色冶金炉渣在 1300℃ 的 K 值约为 $0.1 \sim 0.2 \mathrm{S/m}$。

G　炉渣表面张力

炉渣的表面性质影响着冶炼过程耐火材料的腐蚀、冰铜颗粒的汇集和长大、冰铜和炉渣的分离以及多相反应界面上进行的反应。对冶炼过程有直接影响的是炉渣和熔融冰铜之间的界面张力。界面张力随炉渣的成分与温度变化而变化。

温度升高有利于提高炉渣和冰铜之间的界面张力。

增加炉渣中的 SiO_2，界面张力增大，使熔渣和熔铜锍间的相互作用能力降低，渣中的铜损失也降低。增加 SiO_2 会使熔渣黏度提高，但是就铜微粒的聚集来看是很有利的。因此，选择合理的渣型应该综合各方面的影响因素来考虑。

H　炉渣中的 Fe_3O_4

闪速熔炼过程产生的大量的 Fe_3O_4 分配在渣和冰铜中，使冶金性能恶化。正常的熔炼作业中，要求磁性氧化铁（Fe_3O_4）不从炉渣中析出，但在某些情况下，炉衬保护或存在漏炉危险时，却又希望磁性氧化铁析出，沉积于炉底。

在以 FeO 和 SiO_2 为主要组成的硅酸盐炉渣中，磁性氧化铁的析出受温度、气相中的氧分压和渣组成的影响。高钙渣即使在氧分压大的情况下也不会出现磁性氧化铁析出，实际生产中还要从其他技术经济方面考虑。

2.1.1.3 渣中铜损失

冰铜熔炼的炉渣产量是很大的。通常冶炼产出的炉渣废弃，因此要尽可能减少炉渣中铜的损失。减少炉渣中铜的损失包括两个方面：（1）减少炉渣的产量；（2）降低炉渣中铜的含量。

炉渣产出量取决于精矿品位和造渣熔剂的加入量。提高入炉精矿品位和选择合理的炉渣成分，力求少加或不加熔剂，将显著降低渣率。

渣中的铜损失包括机械夹带和溶解两种形式。Cu_2S 的机械夹杂习惯上称为物理损失，Cu_2S 的溶解习惯上称为化学损失。

A 机械夹带损失

这是细颗粒冰铜未能沉降到锍层而夹带于炉渣中引起的铜损失，当炉渣成分和冶炼条件控制具备好了沉降条件时，还需要一定的沉降时间才能保证机械夹带损失最少。

B 硫化物的溶解损失

Cu_2S 能够溶解于 FeO 渣系中，影响渣中硫化态铜溶解度的因素有冰铜的组成、温度和炉渣成分。冰铜品位越高溶解度也越高；炉渣温度越高溶解度也越高；渣中 SiO_2 含量越高，溶解度越低。Cu_2S 在高铁渣的溶解度是镍钴的两倍，故降低渣含铜的难度较大。

综上所述，影响夹带、溶解损失的因素是冰铜品位、炉渣成分、熔炼温度及气氛中氧分压。为了降低渣含铜，在这些因素中，主要是控制冰铜品位不要太高，渣中要有足够的 SiO_2（接近饱和）以及良好的澄清条件和澄清时间。

2.1.1.4 炉渣的作用

炉渣的作用如下：

（1）炉渣的主要作用是使矿石和熔剂中的脉石和燃料中的灰分集中，并在高温下与主要的冶炼产物金属、锍等分离。

（2）熔渣是一种介质，其中进行着许多极为重要的冶金反应。

（3）在炉渣中发生金属液滴或锍液滴的沉降分离，沉降分离的完全程度对金属在炉渣中的机械夹杂损失起着决定性的作用。

（4）对某些炉型来说，炉内可能达到的最高温度决定于炉渣的熔化温度。

（5）在金属或合金的熔炼和精炼时，炉渣与金属熔体的组分相互进行反应，从而通过炉渣对杂质的脱除和浓度加以控制。

（6）在某些情况下，炉渣不是冶炼厂的废弃物，而是一种中间产物。

（7）在用矿热电炉冶炼时，炉渣以及电炉周围的气膜起着电阻作用，并可用调节电极插入渣中深度的方法来调节电炉的功率。

（8）在金属硫化矿烧焙烧过程中，熔渣是一种结合剂，能吸收细粒炉料黏结起来形成结块。

（9）炉渣能带走大量热量，从而增加燃料的消耗。

（10）炉渣对炉衬的化学侵蚀及机械冲刷会缩短炉的使用寿命。

要使炉渣起到上述作用，就必须根据各种有色金属冶炼过程的特点，合理地选择炉渣成分，使之具有适合要求的物理化学性质。

2.2 化合物的离解-生成反应

2.2.1 概述

有色冶金物料中含有各种化合物，如氧化物、碳酸盐、硫化物、氯化物等。各种化合物在受热时分解为元素（或更简单的化合物）和一种气体的反应就是化合物的离解反应，而其逆反应则是化合物的生成反应，这类反应统称为离解-生成反应。常见的离解-生成反应类型为：

氧化物 $\qquad\qquad 4Cu + O_2 \Longrightarrow 2Cu_2O$

$\qquad\qquad\qquad 4Fe_3O_4 + O_2 \Longrightarrow 6Fe_2O_3$

碳酸盐 $\qquad\qquad CaO + CO_2 \Longrightarrow CaCO_3$

硫化物 $\qquad\qquad 2Fe + S_2 \Longrightarrow 2FeS$

氯化物 $\qquad\qquad Ti + 2Cl_2 \Longrightarrow TiCl_4$

还原剂化合物 $\qquad 2C + O_2 \Longrightarrow 2CO$

$\qquad\qquad\qquad 2CO + O_2 \Longrightarrow 2CO_2$

对于绝大多数的离解-生成反应可以用以下通式表示：

$$A(s) + B(g) \Longrightarrow AB(s)$$

反应的标准自由焓变化

$$\Delta G^{\ominus} = -RT\ln K_p = -RT\ln\frac{1}{P_B} = RT\ln P_B$$

P_B 为反应平衡时气相 B 的分压，称为化合物 AB 的离解压。

2.2.2 氧化物的离解和金属的氧化

对氧化物的离解-生成反应，可用下述通式表示：

$$2Me(s,e) + O_2 \Longrightarrow 2MeO(s,e)$$

P_{O_2} 仅取决于温度，与其他因素无关。P_{O_2} 为反应处于平衡时气相 O_2 的平衡压，称为氧化物的离解压。P_{O_2} 与温度 T 的关系式为：

$$\lg P_{O_2} = \frac{\Delta G^{\ominus}}{4.576T}$$

由以上分析可看出，Fe 氧化为 Fe_3O_4 或由 Fe_2O_3 离解为 Fe 的过程都是逐步进行的，在570℃以上为 $Fe \rightleftharpoons FeO \rightleftharpoons Fe_3O_4 \rightleftharpoons Fe_2O_3$，在570℃以下为 $Fe \rightleftharpoons Fe_3O_4 \rightleftharpoons Fe_2O_3$。

当温度高于570℃时：

$$2Fe + O_2 === 2FeO$$

$$\Delta G^\ominus = -125.860 + 31.92T \qquad lgP_{O_2} = -\frac{27504}{T} + 6.98$$

$$6FeO + O_2 === 2Fe_3O_4$$

$$\Delta G^\ominus = -152.220 + 61.17T \qquad lgP_{O_2} = -\frac{33265}{T} + 13.37$$

$$4Fe_3O_4 + O_2 === 6Fe_2O_3$$

$$\Delta G^\ominus = -140.380 + 81.38T \qquad lgP_{O_2} = -\frac{30690}{T} + 17.79$$

当温度低于570℃时：

$$\frac{3}{2}Fe + O_2 === \frac{1}{2}Fe_3O_4$$

$$\Delta G^\ominus = -134.790 + 40.50T \qquad lgP_{O_2} = -\frac{29458}{T} + 8.85$$

在室温下 Fe_2O_3 是稳定的，金属铁将逐渐氧化为 Fe_2O_3。

与铁氧化物一样逐级离解的氧化物还有：

$$MnO_2 \longrightarrow Mn_2O_3 \longrightarrow Mn_3O_4 \longrightarrow MnO \longrightarrow Mn$$

$$CuO \longrightarrow CuO_2 \longrightarrow Cu$$

$$TiO_2 \longrightarrow Ti_3O_5 \longrightarrow Ti_2O_3 \longrightarrow TiO \longrightarrow Ti$$

$$MoO_3 \longrightarrow Mo_2O_5 \longrightarrow MoO_2 \longrightarrow Mo$$

2.2.3 碳酸盐的离解

碳酸盐是冶炼工业中常用的原材料。作为冶炼原料的有菱镁矿（$MgCO_3$）、菱铁矿（$FeCO_3$）、菱锌矿（$ZnCO_3$）等，作为熔剂使用的有石灰石（$CaCO_3$）、白云母 $[(Ca,Mg)CO_3]$ 等。碳酸盐通常预先加热焙烧使其离解为氧化物，有时也可直接加入冶金炉内，使之在炉内完成离解过程。

碳酸盐离解反应的通式为：

$$MeO(s) + CO_2 === MeCO_3(s)$$

对碳酸盐的离解反应：

$$\Delta G^\ominus = -RTlnK_p = -RTln\frac{1}{P_{CO_2}} = RTlnP_{CO_2}$$

根据反应 $\Delta G^\ominus$-T 二项式得：

$$RTlnP_{CO_2} = A + BT$$

$$lgP_{CO_2} = \frac{A + BT}{4.576T} = \frac{A'}{T} + B'$$

对 $CaO + CO_2 = CaCO_3$，常用 $\Delta G^{\ominus} = -40852 + 34.51T$，则：

$$\lg P_{CO_2} = -\frac{8920}{T} + 7.54$$

当在大气中焙烧 $CaCO_3$ 时，大气中 CO_2 含量约为 0.03%，即大气中 CO_2 分压 $P_{CO_2} = 0.0003$。因而 $CaCO_3$ 开始离解温度可由 $P_{CO_2} = 0.0003$ 大气压求出：

$$\lg 0.0003 = -\frac{8920}{T_{开}} + 7.54$$

$$T_{开} = 807K(534℃)$$

根据以上计算，$CaCO_3$ 在大气中只要加热到 534℃ 即可分解，然而低温离解速度慢，同时，由于离解后产生的 CO_2 将使气相中 P_{CO_2} 升高，阻滞反应的进行，因而应将离解温度提高到使 P_{CO_2} 稍大于大气总压力，这样离解反应将能迅速进行。通常将 $P_{CO_2} = 1$ 大气压时的温度称为碳酸盐的化学沸腾温度。

$$\lg 1 = -\frac{8920}{T_{沸}} + 7.54$$

$$T_{沸} = 1183K(910℃)$$

2.3　氧化物的还原

金属氧化物在高温下还原为金属是火法冶金中最重要的一个冶炼过程，广泛地应用于黑色、有色及稀有金属冶金中。

火法还原按原料和产品的特点可分为以下几种情况：

(1) 氧化矿或精矿直接还原为金属，如锡精矿的还原熔炼。

(2) 硫化精矿经氧化焙烧后再还原，如铅烧结矿、锌烧结矿的还原。

(3) 湿法冶金制取的纯氧化物还原为金属，如三氧化钨粉的氢还原、四氯化钛的镁热还原。

(4) 含两种氧化物的氧化矿选择性还原其中一种氧化物，另一种氧化物富集在半成品中，如钛铁矿还原铁后得出含高二氧化钛的高铁渣等。

按所用还原剂的种类来划分，还原过程可分为气体还原剂还原、固体碳还原、金属热还原等。

由于火法冶金过程需要用燃料燃烧来得到高温，而燃料与还原剂又是相互联系的，因而将首先介绍燃烧反应。

2.3.1　燃烧反应

火法冶金所用的燃料中，固体燃料有煤和焦炭，其可燃成分为 C；气体燃料有煤气和天然气、液体燃料有重油等，其可燃成分主要为 CO 和 H_2。也仅用还原剂又是染料本身，如煤和焦炭，有时是燃料燃烧产物，如 CO 和 H_2。参与燃烧的助燃剂为 O_2，主要来自空气，有时是氧化物中所含的 O_2。因而，燃烧反应是与 C-O 系和 C-H-O 系有关的反应。

2.3.1.1 C-O 系燃烧反应

碳氧系主要有以下 4 个反应:

(1) 碳的气化反应:

$$C + CO_2 = 2CO \qquad \Delta G^\ominus = 40800 - 41.70T(cal, 1cal = 4.1868J)$$

(2) 煤气燃烧反应:

$$2CO + O_2 = 2CO_2 \qquad \Delta G^\ominus = -135000 + 41.50T(cal)$$

(3) 碳的完全燃烧反应:

$$C + O_2 = CO_2 \qquad \Delta G^\ominus = -94200 - 0.20T(cal)$$

(4) 碳的不完全燃烧反应:

$$2C + O_2 = 2CO \qquad \Delta G^\ominus = -53400 - 41.90T(cal)$$

碳的完全燃烧反应和不完全燃烧反应的 $\Delta G^\ominus$ 在任何温度下都是负值,温度升高变得更负,因而这两个反应在高温下能完全反应。在 O_2 充足时,C 完全燃烧成 CO_2,O_2 不足时将生成一部分 CO,而 C 过剩时,将生成 CO。

煤气燃烧反应的 $\Delta G^\ominus$ 随温度升高而加大,因而温度高时,CO 不易反应完全。对碳的气化反应,温度低时为正值,温度高时为负值。

2.3.1.2 H-O 和 C-H-O 系燃烧反应

H-O 和 C-H-O 系燃烧反应有以下 4 个反应。

(1) 氢的燃烧:

$$2H_2 + O_2 = 2H_2O \qquad \Delta G^\ominus = -120440 + 28.05T(cal)$$

氢的燃烧反应热力学规律与煤气燃烧反应相同,即温度升高后 H_2 的不完全燃烧程度加大。

(2) 水煤气反应:

$$CO + H_2O = H_2 + CO_2 \qquad \Delta G^\ominus = -7280 + 6.725T(cal)$$

(3) 水蒸气与碳反应:

用空气来燃烧碳时,由于空气中含有水蒸气,因而存在 H_2O 与 C 的反应:

$$2H_2O + C = 2H_2 + CO_2 \qquad \Delta G^\ominus = 26240 - 28.28T(cal)$$

$$H_2O + C = H_2 + CO \qquad \Delta G^\ominus = 33520 - 34.98T(cal)$$

(4) 甲烷的离解和燃烧:

当采用天然气为燃料和还原剂时,甲烷 CH_4 是其主要可燃成分。CH_4 的离解反应为:

$$CH_4 = C + 2H_2 \qquad \Delta G^\ominus = 21550 - 26.16T(cal)$$

升高温度和降低压力有利于 CH_4 的离解。

在使用天然气时,通常预先用空气、水蒸气、CO_2 等将 CH_4 裂化为 CO 和 H_2:

$$2CH_4 + O_2 = 2CO + 4H_2$$

$$CH_4 + H_2O \rightleftharpoons CO + 3H_2$$

$$CH_4 + CO_2 \rightleftharpoons 2CO + 2H_2$$

以上三个反应除第一个反应为弱放热反应外，其余皆为强吸热反应，因而裂化时需要加热。

2.3.2　氧化物用 CO、H₂ 气体还原剂还原

（1）氧化物用 CO 还原可用下列通式进行表示：

$$MeO + CO \rightleftharpoons Me + CO_2$$

（2）氧化物用 H₂ 还原可用下列通式进行表示：

$$MeO + H_2 \rightleftharpoons Me + H_2O$$

2.3.3　氧化物用固体还原剂 C 还原

氧化物用 CO 还原时，反应为 $MeO + CO \rightleftharpoons Me + CO_2$，随着还原反应的进行气相中 CO 含量降低，$CO_2$ 含量升高，逐渐趋于平衡，反应将不能继续进行。因而必须连续供应还原气体并排出还原气体产物。也可用加入固体 C 的办法来降低体系中 CO_2 浓度。

当有固体 C 存在时，还原反应分两步进行，首先使 CO 还原氧化物：

$$MeO + CO \rightleftharpoons Me + CO_2$$

反应生成的 CO_2 与 C 反应（气化反应）：

$$CO_2 + C \rightleftharpoons 2CO$$

这样又重新产生 CO，此时，气相成分将取决于气化反应的平衡。

根据气化反应的平衡特点可知，温度高于 1000℃ 时，CO_2 几乎全部转变为 CO，CO_2 可忽略不计。而温度低于 1000℃ 时，CO 和 CO_2 将共存，即 CO_2 不能完全转变为 CO。因而讨论 MeO 被 C 还原的反应，应区分温度高低。

通常将氧化物用 C 还原称为直接还原，而氧化物用 CO 和 H₂ 还原称为间接还原。

（1）高温下用 C 还原 MeO：

温度高于 1000℃ 时，气相中 CO_2 平衡浓度很低，当忽略不计时，还原反应可由下述两步加和而成：

$$MeO + CO \rightleftharpoons Me + CO_2$$

$$CO_2 + C \rightleftharpoons 2CO$$

$$MeO + C \rightleftharpoons Me + CO$$

（2）温度低于 1000℃ 时用 C 还原 MeO：

当还原温度低于 1000℃ 时，碳的气化反应平衡成分中 CO、CO_2 共存，这时，MeO 的还原将取决于以下两反应的同时平衡：

$$MeO + CO \rightleftharpoons Me + CO_2$$

$$CO_2 + C \rightleftharpoons 2CO$$

2.4 硫化矿的火法冶金

大多数重有色金属都是以硫化物形态存在于自然界中，如铜、铅、锌、镍、钴等，一般的硫化矿都是多金属复杂矿，具有综合利用的价值。

硫化矿的现代处理方法大都是围绕着金属硫化物的高温化学过程。提取金属的方法较处理氧化矿复杂，主要原因是硫化物不能直接用碳把金属还原出来。因此硫化物的冶炼途径，必须根据硫化矿石的物理化学特性和成分来选择。

现代硫化矿的处理过程虽然比较复杂，但从硫化矿物在高温下的化学反应来考虑，大致可归纳为以下五种类型：

（1）硫化矿氧化焙烧：

$$2MeS + 3O_2 = 2MeO + 2SO_2$$

（2）硫化物直接氧化为金属：

$$MeS + O_2 = Me + SO_2$$

（3）造锍熔炼：

$$MeS + Me'O = MeO + Me'S$$

（4）硫化物与氧化物的交互反应：

$$MeS + 2MeO = 3Me + SO_2$$

（5）硫化反应：

$$MeS + Me' = Me + Me'S$$

2.4.1 金属硫化物的热力学性质

2.4.1.1 硫化物的热离解

某些金属如 Fe、Cu、Ni、As、Sb 等具有不同价态的硫化物，其高价硫化物在中性气氛中受热到一定温度即发生如下的分解反应：

$$2MeS = Me_2S + \frac{1}{2}S_2$$

产生元素硫和低价硫化物。例如，在火法冶金过程中常遇到的硫化物热分解反应有：

$$2CuS = Cu_2S + \frac{1}{2}S_2$$

$$FeS_2 = FeS + \frac{1}{2}S_2$$

$$2CuFeS_2 = Cu_2S + 2FeS + S_2$$

$$3NiS = Ni_3S_2 + \frac{1}{2}S_2$$

上列的硫化物热分解反应表明，在高温下低价硫化物是稳定的，因此在火法冶金过程中实际参加反应的是金属的低价硫化物。

由金属硫化物热分解产出的硫，在通常的火法冶金温度下都是气态硫，S_2 是稳定的。

2.4.1.2 金属硫化物的离解-生成反应

在火法冶金的作业温度下，二价金属硫化物的离解-生成反应可以用下列通式表示：

$$2Me + S_2 === 2MeS$$

离解压 P_{S_2} 与自由熔 $\Delta G^{\ominus}$ 的关系式为：

$$\Delta G^{\ominus} = -RT\ln K_p = 4.576T\lg P_{S_2}$$

在高温下，高价硫化物分解为低价硫化物的分解压较大，而在高温下，低价硫化物较稳定，其离解压一般都很小。

2.4.2 硫化矿的氧化富集熔炼——造锍熔炼

用硫化精矿生产金属铜是重要的硫化物氧化的工业过程。由于硫化铜矿一般都是含硫化铜和硫化铁的矿物。例如 $CuFeS_2$（黄铜矿），其矿石品位，随着资源的不断开发利用，变得含铜量愈来愈低，其精矿品位有的低到含铜只有 10% 左右，而含铁量可高达 30% 以上。如果经过一次熔炼就把金属铜提取出来，必然会产生大量含铜高的炉渣，造成 Cu 的损失。因此，为了提高 Cu 的回收率，工业实践先要经过富集熔炼，使铜与一部分铁及其他脉石等分离。

富集熔炼是利用 MeS 与含 SiO_2 的炉渣不互溶及密度差别的特性而使其分离。其过程是基于许多的 MeS 能与 FeS 形成低熔点的共晶熔体，在液态时能完全互溶并能溶解一些 MeO 的物理化学性质，使熔体和渣能很好地分离，从而提高主体金属含量，并使主体金属被有效的富集。

这种含有多种低价硫化物的共熔体在工业上一般称为冰铜（铜锍）。例如冰铜的主体为 Cu_2S，其余为 FeS 及其他 MeS。铅冰铜除含 PbS 外，还含有 Cu_2S、FeS 等其他 MeS。又如镍冰铜（冰镍）为 $Ni_3S_2 \cdot FeS$，钴冰铜为 $CoS \cdot FeS$ 等。

2.4.2.1 锍的形成

造锍过程也可以说就是几种金属硫化物之间的互熔过程。当一种金属具有一种以上的硫化物时，例如 Cu_2S、CuS、FeS_2、FeS 等，其高价硫化物在熔化之前发生如下的热离解，如：

黄铜矿 $4CuFeS_2 === 2Cu_2S + 4FeS + S_2$

斑铜矿 $2Cu_3FeS_3 === 3Cu_2S + 2FeS + \dfrac{1}{2}S_2$

黄铁矿 $FeS_2 === FeS + \dfrac{1}{2}S_2$

上述热离解所产生的元素硫，遇氧即氧化成 SO_2 随炉气逸出。而铁只部分地与结合成 Cu_2S 以外多余的 S 相结合进入锍内，其余的铁则进入炉渣。

由于铜对硫的亲和力比较大，故在 1200～1300℃ 的造锍熔炼温度下，呈稳定态的 Cu_2S 便与 FeS 按下列反应熔合成冰铜：

$$Cu_2S + FeS =\!=\!= Cu_2S \cdot FeS$$

同时反应生成的部分 FeO 与脉石氧化物造渣，发生如下反应：

$$2FeO + SiO_2 =\!=\!= 2FeO \cdot SiO_2$$

因此，利用造锍熔炼，可使原料中原来呈硫化物态的和任何呈氧化物形态的铜，几乎完全都以稳定的 Cu_2S 形态富集在冰铜中，而部分铁的硫化物优先被氧化生成的 FeO 与脉石造渣。由于锍的比重较炉渣大，且两者互不溶解，从而达到使之有效分离的目的。

镍和钴的硫化物和氧化物也具有上述类似的反应，因此，通过造锍熔炼，便可使欲提取的铜、镍、钴等金属成为锍这个中间产物产出。

2.4.2.2 锍的吹炼过程

用各种火法熔炼获得的中间产物——铜锍、镍锍或铜镍锍都含有 FeS，为了除铁和硫均需经过转炉吹炼过程，即把液体锍在转炉中鼓入空气，在 1200～1300℃ 温度下，使其中的硫化亚铁发生氧化，在此阶段中要加入石英石（SiO_2），使 FeO 与 SiO_2 造渣，这是吹炼除铁过程，从而使铜锍由 $xFeS \cdot yCu_2S$ 富集为 Cu_2S、镍锍由 $xFeS \cdot yNi_3S_2$ 富集为镍高锍 Ni_3S_2、铜镍锍由 $xFeS \cdot yCu_2S \cdot zNi_3S_2$ 富集为 $yCu_2S \cdot zNi_3S_2$（铜镍高锍）。这是吹炼的第一周期。对镍锍和铜镍锍的吹炼只有一个周期，即只能吹炼到获得镍高锍为止。

对铜锍来说还有第二周期，即由 Cu_2S 吹炼成粗铜的阶段。

铜锍的成分主要是 FeS、Cu_2S，此外还有少量的 Ni_3S_2 等，它们与吹入的空气作用（空气中的氧）首先发生如下反应：

$$\frac{2}{3}Cu_2S(l) + O_2 =\!=\!= \frac{2}{3}Cu_2O(l) + \frac{2}{3}SO_2$$

$$\Delta G^{\ominus} = -61400 + 19.40T(cal)$$

$$\frac{2}{7}Ni_3S_2(l) + O_2 =\!=\!= \frac{6}{7}NiO(s) + \frac{4}{7}SO_2$$

$$\Delta G^{\ominus} = -80600 + 22.48T(cal)$$

$$\frac{2}{3}FeS(l) + O_2 =\!=\!= \frac{2}{3}FeO(l) + \frac{2}{3}SO_2$$

$$\Delta G^{\ominus} = -72500 + 12.59T(cal)$$

以上三种硫化物发生氧化的顺序：FeS→Ni_3S_2→Cu_2S。也就是说，铜锍中的 FeS 优先氧化生成 FeO，然后与加入转炉中的 SiO_2 作用生成 $2FeO \cdot SiO_2$ 炉渣而除去。在 Fe 氧化时，Cu_2S 不可能绝对不氧化，此时也将有小部分 Cu_2S 被氧化而生成 Cu_2O。所形成的

Cu_2O 可能按下列反应进行：

$$Cu_2O(1) + FeS(1) =\!=\!= FeO(1) + Cu_2S(1)$$

$$\Delta G^{\ominus} = -16650 - 10.22T(cal)$$

$$2Cu_2O(1) + Cu_2S(1) =\!=\!= 6Cu(1) + SO_2$$

$$\Delta G^{\ominus} = 8600 - 14.07T(cal)$$

在有 FeS 存在的条件，FeS 将置换 Cu_2O，使之成为 Cu_2S，而 Cu_2O 没有任何可能与 Cu_2S 作用生成 Cu。也就是说，只有 FeS 几乎全部被氧化以后，才有可能进行 Cu_2O 与 Cu_2S 作用生成铜的反应。也说明了，铜锍吹炼必须分为两个周期：第一周期吹炼除 Fe，第二周期吹炼成 Cu。

2.5 粗金属的火法精炼

2.5.1 粗金属火法精炼的目的、方法及分类

由矿石经熔炼制取的金属常含有杂质，当杂质超过允许含量时，金属对空气或化学药品的耐蚀性、机械性以及导电性等有所降低，为了满足上述性质的要求，通常需要用一种或几种精炼方法处理粗金属，以便得到尽可能纯的金属。在有些情况下要求金属纯度很高，在其他情况下，精炼的目的是为了得到一种杂质含量在允许范围的产品。此外，有些精炼是为了提取金属中无害的杂质，因它们有使用价值，如从铅中回收银。

火法精炼常常是根据下列步骤来实现：

第一步，均匀的熔融粗金属中产生多相体系（如金属—渣、金属—金属、金属—气体）。

第二步，把上述产生的各两相体系用物理方法分离。

可把精炼的产物分为三类：金属—渣系、金属—金属系、金属—气体系。

2.5.2 熔析精炼

所谓熔析是指熔体在熔融状态或其缓慢冷却过程中，使液相或固相分离。熔析现象在有色金属冶炼过程中广泛地应用于粗金属精炼，如粗铅熔析除银、粗锌熔析除铁除铅、粗锡熔析出铁等。

熔析精炼过程是由两个步骤组成：

第一步，使在均匀的合金中产生多相体系（液体 + 液体或液体 + 固体）。产生多相体系可以用加热、缓冷等方法。

第二步，是由第一步所产生的两项按比重不同而进行分层。

在均匀合金中产生多相的方法有下列两种：

（1）熔化。将粗金属缓缓加热到一定温度，其中一部分熔化为液体，而另一部分仍为固体，借此将金属与其杂质分离。

（2）结晶。将粗金属缓缓冷却到一定温度，熔体中某种成分由于溶解度减小，因而成固体析出，其余大部分熔体仍保持在液体状态，借此以分离金属及其所含杂质。

2.5.3 萃取精炼

在熔融粗金属中加入附加物，此附加物与粗金属内杂质生成不溶解于熔体的化合物而析出，这是在恒温情况下进行的。例如粗铅加锌除银、粗铅加钙除铋精炼等。

2.5.4 氧化精炼

氧化精炼的实质是利用空气中的氧通入被精炼的粗金属熔体中，使其中所含的杂质金属氧化除去，该法的基本原理基于金属对氧亲和力的大小不同，使杂质金属氧化生成不溶于主体金属的氧化物，或以渣的形式聚集于熔体表面，或以气态的形式（如杂质 S）被分离。

氧化精炼过程，通常是把粗金属在氧化气氛中熔化，将空气或富氧鼓入金属熔池中或熔池表面，有时也可加入固体还原剂。发生的反应主要是杂质金属 Me′ 的氧化，生成的杂质金属氧化物 Me′O 从熔池中析出，或以金属氧化物挥发，而与主体金属分离。

当空气鼓入熔池中形成气泡时，于是在气泡与熔体接触的界面处发生如下反应：

$$2[Me] + O_2 \Longrightarrow 2[MeO]$$

$$2[Me'] + O_2 \Longrightarrow 2[Me'O]$$

由于杂质 Me′ 浓度小，直接与氧接触机会少，故杂质金属 Me′ 直接被氧化的反应可以忽略。因此金属熔体与空气的氧接触时，熔融的主体金属便首先氧化成 MeO，随即溶解于 [Me] 中，并被气泡搅动向熔体中扩散，使其他杂质元素 Me′ 氧化，实质上起到了传递氧的作用。故氧化精炼的基本反应可表示为：

$$[MeO] + [Me'] \Longrightarrow (Me'O) + [Me]$$

2.5.5 硫化精炼

用硫除去金属中的杂质是有色金属精炼过程中若干反应的基础。如粗铅中的铜、粗锡中的铜和铁，或粗锑中的铜和铁，都常用加硫方法将铜、铁除去。

熔融粗金属加硫以后，首先形成金属硫化物 MeS，其反应为：

$$Me + S \Longrightarrow MeS$$

此金属硫化物与溶解于金属中的杂质 Me′、Me″ 等发生相互反应，MeS 与 Me′ 间的反应可表示为：

$$MeS + Me' \Longrightarrow Me'S + Me$$

反应的方向决定于 $\Delta G^{\ominus}$，而 $\Delta G^{\ominus}$ 又决定于 MeS 与 Me′S 的标准自由焓，亦可通过比较硫化物离解压的大小作出判断，即：

$$\Delta G^{\ominus} = \Delta G^{\ominus}_{Me'S} - \Delta G^{\ominus}_{MeS} = \frac{1}{2}RT\ln P_{S_2(Me'S)} - \frac{1}{2}RT\ln P_{S_2(MeS)}$$

若使反应向右进行，必须要 $P_{S_2(Me'S)} < P_{S_2(MeS)}$。即主金属硫化物在给定温度下的离解压大于杂质硫化物的离解压时，杂质硫化物才能形成。如果所形成的各种杂质硫化物在熔体中的溶解度很小，而且密度也比较小，那么，它们便浮到熔体表面而除去。

2.6　耐火材料基本知识

2.6.1　概述

凡是耐火度不低于1580℃，具有抵抗高温骤变和炉渣侵蚀，并能承受高温荷重的材料统称耐火材料。工业炉窑种类繁多，结构形式各异，所以，对不同的冶金炉窑其耐火材料也就不同，就一个炉窑来说其各部分的温度、结构要求不同，选用的耐火材料也就不同。

在冶金炉窑工作过程中，耐火材料不但受到高温作用，还受到各种各样的物理、化学和机械作用，如：在高温下承受炉窑的荷重和在操作过程中所产生的应力作用；由于高温的急变或高速流动的高温炉气或火焰、烟尘、液态金属、炉渣的冲刷和块状物料的撞击作用等等。因此，对耐火材料提出一系列的要求。同时，耐火材料的质量高低，决定着炉窑的使用寿命以及热修、冷修的周期，影响着产品的产量、燃耗及成本。

2.6.2　耐火材料的分类及性质

2.6.2.1　耐火材料的分类

A　按化学—矿物组成分

按化学—矿物组成分为：

（1）氧化硅质耐火材料；

（2）硅酸铝质耐火材料；

（3）氧化镁质耐火材料；

（4）炭质耐火材料；

（5）特种耐火材料。

B　按耐火材料的化学性质分

按耐火材料的化学性质分为：

（1）酸性耐火材料；

（2）碱性耐火材料；

（3）中性耐火材料。

C　按耐火材料的耐火度分

按耐火材料的耐火度分为：

（1）普通耐火材料，耐火度为1580~1770℃；

（2）高级耐火材料，耐火度为1770~2000℃；

（3）特级耐火材料，耐火度为大于2000℃。

D　按制造工艺分

按制造工艺分为：

（1）天然岩石；

（2）泥浆浇注；

（3）可塑成型；

（4）半干成型；

（5）捣打；

（6）熔铸等制品。

E　按烧制方法分

按烧制方法分为：

（1）不烧砖；

（2）烧制砖；

（3）耐火混凝土；

（4）熔铸砖。

2.6.2.2　耐火材料的化学矿物组成

A　化学组成

除碳质耐火材料外，其他普通耐火材料主要化学成分都是氧化物。不同的耐火材料有不同的化学成分，而每一种耐火材料按各个成分的含量多少，又分为占绝对数量的基本成分和占少量的杂质成分两部分。例如：黏土质耐火材料的主要成分为 Al_2O_3 和 SiO_2，其主要杂质成分为 Fe_2O_3、CaO、Na_2O、K_2O 等。

B　矿物组成

耐火材料原料及制品中所含矿物的种类及数量，统称为矿物组成。对具有相同化学成分的耐火材料，其矿物组成不一定也相同，而耐火材料的一系列指标又主要决定于矿物组成。

耐火材料矿物组成分为主晶和基质两类。主晶是耐火材料中主要组成的骨料；基质是包围于主晶四周，起胶结作用的结晶矿物或非结晶玻璃质。它的熔点较低，起着熔剂作用。

C　耐火材料的物理性能

a　气孔率

气孔率是指材料中的气孔体积占材料总体积的百分数。

耐火材料中的气孔按存在形式的不同可以分为三种类型：

（1）闭口气孔：不与大气相通的气孔；

（2）开口气孔：与外界大气相通的气孔；

（3）连通气孔：贯通整个耐火砖的气孔。

气孔率越小，耐火材料抵抗侵蚀的能力及结构强度越高。气孔率越高，特别是互不连通的气孔越多，材料的导热能力越低。轻质黏土砖、轻质高铝砖等保温材料均采用增加气孔率的方法来降低其导热能力。

b　吸水率

吸水率是材料中气孔部分所吸收水的质量占材料干燥质量的百分比。

c　透气性

耐火材料的透气性的大小可以用透气系数来表示，即在 10Pa 的压力差下，1h 通过厚度为 1m 的面积为 $1m^2$ 耐火材料的空气量。

透气系数通常用来表征耐火材料透气性能的指标，对一般耐火材料来说，制品的透气性越小越好。但是在特殊的情况下，却需要具有一定的透气性。如用氩气通过透气砖，对钢液进行净化处理，这种制品的透气性就被看作主要性能指标之一。

　　d　体积密度

　　材料的干燥质量与材料总体积之比称为体积密度。体积密度大的耐火砖，内部很致密，气孔率低，同时抵抗炉渣侵蚀的能力较强。

　　e　真比重

　　真比重是指耐火材料的单位体积（不包括气孔体积）所具有的质量。真比重经常作为鉴定耐火材料的纯度和耐火原料及制品烧结程度的依据。

　　f　常温耐压强度

　　它是指耐火制品在常温下，单位面积上所能承受的最大压力。常温耐压强度是评定耐火材料质量的重要指标之一。耐火制品应该具有较高的强度，是因为耐火制品不仅要经受砌体结构的静荷重作用，还要承受撞击、磨损、冲刷等机械作用。一般耐火制品的耐压强度要求不小于 10～15kg，但实际上大多数耐火材料的耐压强度都在 15kg 以上。对耐火材料常温耐压强度的要求，一般比实际使用时的实际负荷要高得多。例如耐火砖在冶金炉窑上所承受的实际负荷一般不超过 98～196kPa，炉顶砖不超过 392～490kPa。

　　g　弹性变形

　　弹性变形是用于分析耐火制品在使用过程中受热时所产生的应力和应变特性的。弹性变形与耐火制品的热稳定性有直接关系，弹性变形越大，热稳定性越好，即表示缓冲因热膨胀所产生的应力的能力。

　　h　热膨胀

　　耐火制品和一般物体一样，受热或冷却都会产生热胀冷缩的现象，称为热膨胀。耐火制品的热膨胀直接影响到制品的热震稳定性，热膨胀越大，热震稳定性越差。热膨胀值的大小也决定炉体砌筑时必须要留有一定的膨胀缝，否则就会使炉体在烘烤时因砌体膨胀而开裂或崩塌。由多种矿物组成的耐火制品，在受热过程中，不同温度范围产生不均等的热膨胀。因此在制品内部也常出现不均等的膨胀，产生膨胀应力，这是造成耐火制品开裂甚至损坏的重要原因。

　　i　导热性

　　耐火材料的导热能力用导热系数来表示。导热系数越大则耐火材料的导热能力愈大。

　　j　导电性

　　在低温下，除碳质、石墨黏土质、碳化硅质等耐火材料有较好的导电性外，其他耐火材料都是电的绝缘体。但在温度升高时则开始导电，在 1000℃ 以上其导电性能提高特别显著。在耐火材料用作电炉内衬和电的绝缘材料时，这种性质具有重要的意义。

　　k　比热容

　　工程上通常用常压下加热 1kg 物质使之温度升高 1℃ 所需的热量称为比热容。比热容随着温度的升高而增大。耐火材料的比热容取决于其自身的矿物组成，并影响到蓄热量的大小。对于间歇式的炉窑关系到蓄热损失的大小。

2.6.3　耐火材料的高温使用性能

2.6.3.1　耐火度

　　耐火材料抵抗高温而不熔融的性能称为耐火度。耐火度只是表示耐火材料软化到一定程度时的温度，是一个人为的指标。

耐火度和熔点是两个不同的概念。对纯物质来说，从固态熔融成液态有一定的平衡温度，即熔点。如氧化铝的熔点2050℃，氧化硅的熔点1713℃，但耐火材料一般都不是单一的物质组成，而是由多种物质组成，所以它的熔点是在一定的温度范围进行的，因此它没有固定的熔点，而是随着温度的升高发生连续软化的现象。首先是易熔杂质开始熔化，随着温度的升高，溶液量不断增加，直至制品全部熔融。

耐火材料的耐火度，只能表明其抵抗高温作用的能力，不能作为使用温度的上限，因为耐火材料在实际使用过程中，在经受高温作用的同时，还伴随着荷重和炉渣侵蚀等等各种作用，使耐火材料能够承受的温度降低。

2.6.3.2 热稳定性（即耐急冷急热性）

耐火材料对于急冷急热的温度变化的抵抗性能，称为热稳定性。在各种冶金炉窑中耐火材料往往处在温度急剧变化的条件下工作，例如，铜阳极炉的操作口、放渣口等部位，这里的耐火砖都受着强烈的急冷急热作用。由于耐火材料的导热性较差，炉子生产过程中造成的砖的表面和内部的温度差很大，又由于材料受热膨胀或冷却时的收缩作用，均使砖内部产生应力，当这种应力超过砖本身的结构强度时，就产生裂纹，剥落，甚至使砖体崩裂，这种破坏作用往往是炉体遭到损坏的重要原因之一。

在冶金炉中对于温度变化剧烈或变化频繁的部位，应选择热稳定性较好的耐火材料砌筑，在使用过程中，尽量避免温度的激烈波动。

2.6.3.3 抗渣性

耐火材料在高温下抵抗熔渣侵蚀的能力称为抗渣性。这些熔渣包括熔炼的炉渣、轧钢皮、灰渣等等。熔渣侵蚀是各种冶金炉窑中耐火材料损坏的主要原因，所以抗渣性对耐火材料有着极为重要的意义。

耐火制品在高温冶金炉中，不仅有化学侵蚀，还有物理溶解与机械冲刷作用。这些作用一般是同时存在的。如在高温下熔渣与耐火材料起化学反应生成易熔化物，从材料表面熔融下来，使耐火砖由表面至内部一层层的被侵蚀。此外，在高温条件下液态炉渣通过耐火砖的气孔渗入，有可能使耐火砖某些成分物理溶解于炉渣中，加上流动性熔渣的机械冲刷作用，也将引起耐火材料的表面逐渐脱落。

2.6.3.4 高温体积稳定性

耐火材料的高温体积稳定性是指耐火材料在高温下长期使用时体积发生不可逆变化。其结果是使耐火砖的体积发生收缩或膨胀，通常称为残存收缩或残存膨胀（即重烧收缩或膨胀）。

耐火制品在高温条件下使用时，如果产生过大的重烧收缩，会使炉子砌体的砖缝增大，影响砌体的整体性，甚至会造成炉体损坏，尤其是炉顶砖，它的收缩会引起炉顶下沉变形。相对来说，重烧膨胀危害较小，尤其是不大的膨胀对于延长砌体的寿命，特别是炉顶寿命常有较好的作用，但过大的重烧膨胀，也会破坏砌体的几何形状，特别是炉顶，重烧膨胀会使炉顶隆起，破坏它的几何形状和应力的均匀分布，使炉顶崩塌。

2.6.4 耐火砖的生产过程

根据长期的生产实践总结出了其生产工序和加工方法为：原料→原料加工→配料及混炼→成型→干燥→烧成→成品检查→成品入库。

A 原料

耐火制品对原料的要求是：合适的化学矿物组成；原料中的杂质含量要少且均匀分布；便于开采加工制造，而且成本要低。

B 原料加工

大致分为选矿、干燥、煅烧、破碎和筛分几个方面。

C 配料

将不同粒度的物料按一定的比例进行配合的工艺称配料。在耐火制品生产中，通常力求制得高密度的砖坯，为此要求砖料的颗粒组成具有较高的堆积密度。要达到这一目的，只要将几种颗粒互相填充就能得到高致密度的制品。

D 混炼

混炼是将不同组分和粒度的物料用适量的结合剂水及添加剂经混合抗压作用达到分布均匀和充分湿润的砖料制备过程。

E 成型

将砖料加工成一定形状的坯体或制品的过程称为成型，通常成型也使坯体或制品获得较致密的均匀的结构，并且有一定的强度。

F 烧成

烧成是指对砖坯进行煅烧的热处理过程。目前所用的烧成设备，主要是倒焰窑和隧道窑两种。

2.6.5 常用耐火砖

常用耐火砖为黏土砖，凡含 Al_2O_3 在 30% ~46% 范围内的耐火制品统称为黏土质耐火制品。黏土砖是最普通的耐火砖，外表呈浅棕色、黄色或黄白色。

2.6.5.1 黏土砖的组成

黏土砖是用黏土烧成制得的熟料作为骨料，用生黏土作结合剂，制出所需要的形状，然后烧结而成。其主要成分是：SiO_2 45% ~65% 和 Al_2O_3 30% ~46%。这两种成分在砖内结合成硅酸铝化合物形式。其他还有 Fe_2O_3、CaO、MgO、TiO_2、K_2O 以及 Na_2O 等杂质，约占 5% ~7%。

2.6.5.2 黏土砖的特性

A 耐火度

含 Al_2O_3 含量愈多，对应的液相线温度愈高。一般黏土砖的耐火度在 1580 ~1730℃，当温度升高到 1545℃时就产生液相，黏土砖开始变软，达到 1800℃时全部变为液相。

B 荷重软化点

因为黏土砖在较低温度下开始软化，如果受外力就变形，所以黏土砖的荷重软化点比其耐火度低得多，只有1350℃，所以黏土砖不适宜用于高温荷重较大的地方。

C 抗渣性

黏土砖含 SiO_2 在50%～65%之间，属于弱酸性耐火材料，故对酸性熔渣具有一定的抵抗能力，但容易被碱性熔渣所侵蚀。

D 耐急冷急热性

黏土砖的膨胀系数小，所以它的耐急冷急热性好。在850℃时水冷次数一般为10～25次。可以用于温度波动频繁之处，烘炉时也不易产生炸裂现象。

E 体积稳定性

在1375℃时，黏土砖残存收缩约0.5%～0.7%。黏土砖在高温下砖的体积会缩小，会使炉子砌砖体的砖缝变宽，给炉子寿命带来危险。

2.6.5.3 黏土砖的用途

黏土砖的原料来源丰富，制造工艺简单，原料成本低廉，工作温度在1400℃左右，且对酸碱性炉渣有一定的抵抗能力。所以在冶金生产中应用很广泛。高炉、热风炉、平炉、加热炉以及各种有色冶金炉都有使用黏土砖。且适用于温度变化大的部位。

2.6.6 不定型耐火材料

2.6.6.1 耐火混凝土

耐火混凝土是由耐火骨料、耐火掺和料和胶结剂按一定的比例组成，经搅拌成型、养护硬化后而得到的耐火材料，允许使用温度为1500～1800℃。它可以制成任何形状的或大块预制件，从而使炉体砖缝减少，增强了炉子的整体性、气密性和抗渣性，有利于提高炉体的使用寿命。多用于加热炉、均热炉、热处理炉、回转窑、隧道窑、多膛焙烧窑和蒸汽锅炉等许多热工设备上。

2.6.6.2 耐火捣打料

耐火捣打料是由耐火骨料和掺和料、胶结剂或另掺外加剂等组成，按比例拌和后，用捣打方式施工，则称为耐火捣打料。

捣打料可以代替耐火砖用来捣筑冶金炉的某些部位，也可以捣筑整个炉子，与耐火砖整个砌体比较，捣筑而成的炉体具有无砖缝、坚实致密、不容易渗漏金属、抗侵蚀能力强的特点。

2.6.6.3 耐火泥

耐火泥加水或水玻璃等黏结剂，调制成泥浆或不加水的干泥浆，用来填充砌砖缝，使分散的砖块结合成整体，既增加了砌体的强度又防溢气及高温熔体的侵入。砖缝是炉子砌体的薄弱环节，容易溢气而影响炉温，也容易被熔融炉渣由此侵入而腐蚀耐火材料。因此要求填充砖缝的火泥具有良好的黏结性能，有较好的致密性，并具有与耐火砖相近似的高温性能。

耐火泥的选用应根据砖砌体的化学性质、砖缝大小来确定。一般选用的耐火泥性质和耐火砖性质相同，根据砖缝的不同应选用不同粒度的火泥和调制不同稠度的泥浆，砖缝大的选用粒度和稠度大的泥浆，砖缝小的选用粒度和稠度小的泥浆。对于要求抗水性和强度大的砌体应采用干砌，如平炉、铜精炼炉炉顶等部位。

2.6.6.4　耐火涂料

耐火涂料也称为耐火涂抹料。它是用颗粒较小的骨料、掺和料和胶结剂或另掺外加剂，按比例调制成膏状或浆状，以涂抹方法施工的耐火涂抹料。

耐火涂料应用广泛，大致有两种情况：

（1）在使用温度较低，设备构造复杂和衬体较薄时，经常采用耐火涂料施工，制作衬体。

（2）在使用温度较高和有特殊要求的部位，经常采用涂抹料制作涂层，以保护原来的衬体，提高设备的使用寿命。

耐火涂料涂层厚度不易过厚，一般为 3 ~ 5mm。其性能要求：（1）应具有良好的黏结性，贴附内壁而不脱落；（2）对用于高温炉的耐火涂料除满足第一个要求外，还要求其耐火性能、抗渣性、耐磨性都要高于砌体的内衬。

2.7　重油的基本知识

重油是石油经炼制提炼出汽油、煤油、柴油、润滑油等产品后的残余物，呈暗黑色液体，主要是以原油加工过程中的常压油、减压渣油、裂化渣油、裂化柴油和催化柴油等为原料调和而成。其特点是相对分子质量大、黏度高。

重油的密度一般在 0.82 ~ 0.95g/cm³，比热在 10000 ~ 11000kcal/kg 左右。其成分主要是碳水化合物，另外含有部分的（约 0.1% ~ 4%）的硫黄及微量的无机化合物。

重油的主要特性参数有黏度、凝固点、闪点、燃点、密度、发热量等。

（1）黏度：黏度是表示油对它本身的流动所产生的阻力的大小，是表示油的流动性的指标。重油的黏度一般以恩氏（恩格尔）黏度°E 来表示。恩氏黏度是指在一定的温度下（如50℃、80℃、100℃等），200mL 重油从恩氏黏度计流出的时间与20℃的同体积蒸馏水从恩氏黏度计流出时间之比。

在常温下重油的黏度很大，温度越高，黏度越小，但温度高到120℃以上时黏度则无显著的变化。因此，重油在燃烧前必须预先加热，其加热温度应根据重油的品种和对黏度的具体要求等情况而定。一般对压力雾化油嘴的炉前用油，黏度要求保持在 2 ~ 4°E，进入油喷嘴的油温大致在 100℃以上。

（2）凝固点：重油的温度降到一定的数值时即失去流动性，将盛油的试管倾斜45°，重油的液面在1min内仍然保持不变时的温度即为这种重油的凝固点。我国的重油的凝固点一般在15℃以上。

（3）闪点和燃点：重油加热到某一温度时，如用明火接近其表面，则会产生短暂的闪火，这一温度称为闪点。我国重油的闪点为 80 ~ 300℃。如对油继续加热，当温度升高到一定值后油将会着火燃烧。使重油持续燃烧（时间不少于5s）时的最低温度称为燃点或着火点。油的着火点一般要比它的闪点高20~30℃，其具体数值视燃油品种和性质而不同。

（4）密度：重油的密度为重油在一定温度下单位体积的质量与同体积温度为4℃的纯水的质量之比。在石油工业中，规定以油温为20℃时的密度作为油品的标准密度。

（5）发热量：重油的发热量的含义、单位等与煤的发热量相同。重油的发热量 Qyd 一般为9000~10500kcal/kg。

我国重油按其黏度特性分为20号、60号、100号、200号4个牌号。20号重油适宜用于较小油喷嘴的燃油冶金炉；60号重油适宜用于中等油喷嘴的冶金炉；100号重油适宜用于大型油喷嘴或有预热设备的大型冶金炉。重油按其含硫量多少分，有低硫油（$SY < 0.5\%$）、中硫油（$SY = 0.5\% \sim 2.0\%$）和高硫油（$SY > 2.0\%$），金川铜使用的200重油（残渣油）在20℃时的黏度 $U20 = 47 m^2/s$，重度为 $0.97 kg/m^3$。

轻柴油按凝固点分为10号、0号、-10号、-20号、-35号5个牌号。重柴油分为10号和20号两个牌号（其代号分别是RC3-10和RC3-20）。

2.7.1 重油的燃烧机理

重油的燃烧，必须供给充足的空气或氧分以达到良好的着火热力条件，这是燃料燃烧的共同点。为了强化燃烧过程，重油燃烧时必须先把它的微小颗粒的油雾，即"雾化"。重油的燃烧主要是雾化后的油滴与空气中的氧分混合，着火。重油未雾化直接燃烧，它与空气中的氧接触面积小，燃烧速度慢，产生的热量少。而重油雾化后的油滴，因其沸点较低（200~300℃）受热后就被蒸发为易燃的油蒸汽，在高温下与氧接触发生燃烧反应。若在与氧接触之前进入较高温度状态时，则发生热解与裂化，其反应式为：

$$C_n H_m \longrightarrow nC + m/2H_2$$

下面以甲烷为例来说明碳氢化合物的燃烧机理：

在氧的存在下，甲烷很容易放出一个氢原子，即

$$CH_4 \longrightarrow CH_3 + H$$

它与氧分子作用而生成羟基为：

$$CH_3 + OH \longrightarrow CH_3OH(甲醇)$$

而甲醇又进一步氧化为：

$$CH_3OH + O \longrightarrow HCHO(甲醛) + H_2O$$

甲醛很容易再分解成 H_2 和 CO，即：

$$HCHO \longrightarrow H_2 + CO$$

生成物将继续燃烧生成 CO_2 和 H_2O。

油燃烧的全过程包括热过程、物质扩散过程和化学反应过程，整个过程油滴的加热和氧分子的扩散是影响燃烧速度的主要因素。重油雾化得好坏是决定燃烧效率高低的先决条

件，雾化得好，蒸发得快，使氧和油迅速混合，燃烧效果就好。

重油的雾化：重油的雾化与重油质量，油压，雾化剂，喷嘴有直接的关系。重油一般含有 1% ~ 2% 的机械杂质，须采用过滤器滤去杂质。重油的黏度不超过 5 ~ 15°E。油压直接影响油的流速和流量，也影响着雾化的质量。雾化的质量与雾化剂的压力有关，压力高，雾化剂的速度快，雾化效果好，倾动炉的用油量大，所以采用高压喷嘴二次蒸汽雾化。

油与空气的混合：油雾化后，要与空气中的氧分充分混合才能有效燃烧，雾化得细，油粒分布均匀，燃烧速度快，效率高。

喷嘴：实现重油燃烧过程的装置称为喷嘴。喷嘴的作用是实现雾化，种类有高压喷嘴和低压喷嘴。低压喷嘴的基本特点：

（1）雾化剂压力低（300 ~ 700mmHg，1mmHg = 133. 322Pa），雾化质量差。

（2）雾化剂用量大，喷射角度小，燃烧能力小（250 ~ 300kg/h）。

（3）油与空气混合充分，空气压力低，形成的火焰短且软。

（4）动力消耗小，噪声低，维修方便。

高压喷嘴的基本特点：

（1）结构紧凑，燃烧能力大。

（2）雾化剂压力高（2 ~ 12atm，1atm = 101. 32kPa），蒸汽消耗比例为 0. 5 ~ 0. 8kg/min。

（3）助燃空气量大，喷射速度快，形成的火焰长且硬。

（4）动力消耗大，噪声大。

2.7.2　提高重油燃烧效率的措施

提高重油燃烧效率的途径：

（1）采用热风，使用热风可以提高燃烧温度，节约燃料。

（2）利用富氧，含氧分多，燃烧空气量少，加快了反应速度，提高了燃烧温度，降低燃料消耗 10% ~ 35%。

影响重油燃烧效果的因素：

（1）风量、油量、氧量的控制，风油比控制较低，燃烧不完全，炉内烟气显红色；风油比控制太大，烟气量大，带走热量多，热能损失大。

（2）燃烧风管、燃烧器结铜、结油焦，造成参与燃烧反应的实际风量不足。燃烧器盖板漏风，都影响燃烧效果。

（3）雾化蒸汽压力低，造成雾化效果差，重油易于结焦，热效率低落。

（4）供油温度低，重油流动性差，难于雾化，与氧反应不彻底，浪费燃料。重油温度要求不低于 130℃。

（5）重油含水，燃烧火焰不稳定，易引起泵的震动，导致供油量波动。更容易重油冒罐，因此要定期排水。

2.7.3　重油资源分布

重油的资源量十分巨大，原始重油地质储量约为 8630 亿吨，若采收率为 15%，重油可采储量为 1233 亿吨。其中委内瑞拉的超重油和加拿大的沥青占总量的一半以上。这仅为已探明储量,真正的重油资源可能更多。

1996 年世界石油年产量为 35 亿吨,重油产量为 2.9 亿吨,约占总产量的 5% ~ 10%。其中加拿大的重油产量为 4500 万吨,美国的产量为 3000 万吨,其余的产量来自世界上其他国家,包括中国、委内瑞拉、印度尼西亚等。

2.7.4 重油的利用

重油除了黏度高外,其硫含量、金属含量、酸含量和氮含量也较高,因此提出了一些特殊的研究开发问题。在开采阶段,重油需要成本很高的二次、三次采油方法;管输时,为了达到一定的流速,需要提高泵能,同时要加热管线并加入稀释剂;改质时,重油通常需要特殊的脱硫和加气处理,重油中的镍和钒使催化剂受污染的机会增加,高比例的常压渣油需要更多的转化设备,将其改质成运输燃料。

重油开发中普遍使用的技术是在储层中降低重油黏度,提高温度,使黏度降低以提高产量和采收率。最近几年,水平井技术的应用日益增加,降低了开发成本。针对重油,正在开发一些先进的上游技术,如使用多分支水平井从每口井中获得更多的产量。

2.7.5 重油——未来的重要能源

石油工业堪称世界经济发展的命脉。随着人类年复一年地开采石油,常规原油的可采储量仅剩 1500 亿吨,而目前全球原油年产量已达 30 亿吨,如此算来,常规油的枯竭之日已不十分遥远。

很多人甚至预期,到 2010 年人类就将买不到便宜的石油。所幸的是,大自然还给人类留下了另一个机会——重油和沥青砂。这种储量高达 4000 亿吨的烃类资源日益引起人们的关注。

重油是一种密度超过 $0.93 g/cm^3$ 的稠油,黏度大,含有大量的氮、硫、蜡质以及金属,基本不流动,而沥青砂则更是不能流动。开采时,有的需要向地下注热,比如注入蒸汽、热水,或者一些烃类物质将其溶解,增加其流动性,有的则是采用类似挖掘煤炭的方法。由于重油的勘探、开发、炼制技术比较复杂,资金投入大,而且容易造成环境污染,因而重油工业的发展比较艰难。然而,面对 21 世纪常规油资源趋于减少的威胁,许多有识之士从长远出发,正孜孜不倦地研究新技术开发重油,使人类广泛利用这种资源的可能性不断增强。

近 20 年来,全球重油工业的发展速度比常规油快,重油和沥青砂的年产量由 2000 万吨上升到目前的近 1 亿吨。委内瑞拉是重油储量最大的国家,人们预期在不远的将来其日产重油量可达 120 万桶;加拿大目前的油砂日产量达 50 万桶;欧洲北海的重油日产量达 14 万桶;中国、印度尼西亚等国的重油工业近年来也发展迅猛,年产量都在 1000 万吨以上。此外,还有一些国家重油储量很大,但由于油藏分布于海上,或在地面 2000m 以下,现在还难以大量开采利用。

比较常规油、重油和天然气这三大类烃类资源的状况,可以看到重油的前景是最好的,因为它的储量是年产出量的几千倍,而常规油的这个指标只有 50 倍。天然气在全球的分布和利用程度很不平衡，在很多国家它占所利用能源的比重非常之小。据美国能源部的预测，世界常规油产量将在 20 年内达到高峰，然后出现递减。随之而来的资源短缺加上油价攀升，将标志着非常规资源投入工业化生产，这就是重油和沥青砂，它们可能构成 21 世纪中叶世界能源供给的一半以上。谢夫隆石油公司总裁兰尼尔预计，下个世纪全球重油资源量可能被证实为超过 6 万亿吨。由此可见，重油工业的发展潜力是相当巨大的。

当前，受国际原油市场波动和世界经济影响，对油价十分敏感的重油工业处境十分艰难，面临严峻的挑战。如何将重油和沥青砂充分应用于产业发展，同时又为子孙后代留下一个清洁的环境，也成为世界石油界面临的一项共同课题。最近，在北京召开的第七届重油及沥青砂国际会议上，来自联合国和 20 多个国家的官员和专家 520 多人聚集一堂，共同围绕"重油——21 世纪的重要能源"这一主题展开讨论。联合国培训研究署重油及沥青砂开发中心已承担起促进重油技术国际交流与合作的职责，它利用其网络促进技术转让和全世界对技术专长的共享。

21 世纪能否全面实现重油的价值将取决于国际能源市场、重油资源量以及提高新技术的应用这 3 个方面。人们目前亟须解决两个关键性问题，一是改进技术，加强管理，降低成本，在低油价条件下走出重油开发利用的新路子；二是针对重油开发容易造成环境污染的实际情况，制定出适应全球环境要求的开发方案。

近年来，重油和沥青砂作业的环境和技术改进有了一些进展，包括将矿区原油燃料发生蒸汽改为更有效更清洁的可燃气发生蒸汽；减少开采和改质作业中温室气体和二氧化硫的排放量；采用高效隔热油管将高干度蒸汽送入地层；利用水平井钻井技术使地面占地少于直井，从而减少环境破坏；利用流度控制剂更有效地将蒸汽流导向未驱扫区，减少污水产量，等等。21 世纪石油技术已有的成果和从 20 世纪 60 年代以来对重油和沥青砂开采的实践，已为这一重要资源的扩大开发和利用准备了必要的技术手段，积累了一定的经验。重油及沥青砂作为全球能源的替代资源走向世界舞台，已是大势所趋。

2.7.6 我国重油工业现状

从第七届重油及沥青砂国际会议上获悉，我国稠油热采技术虽起步较晚，但发展较快，已形成较为成熟的稠油热采配套技术，发现 70 多个稠油油田，总地质储量约 12 亿立方米，年产量达 1300 万吨，已累计生产逾亿吨。

重油及沥青砂资源是世界上的重要能源，目前全球可采储量约 4000 亿吨，是常规原油可采储量 1500 亿吨的 2.7 倍。随着常规石油的可供利用量日益减少，重油正在成为未来人类的重要能源。经过 20 年的努力，全球重油工业有着比常规油更快的发展速度，重油、沥青砂的年产量由 2000 万吨上升到近亿吨，其重要性日益受到人们的关注。

我国陆上稠油及沥青砂资源分布很广，约占石油资源量的 20%，其产量已占世界的 1/10。自 1982 年在辽河油田高升油藏采用注蒸汽吞吐开采试验成功以来，我国的稠油开采技术发展很快，蒸汽吞吐方法已成为稠油开采的主要技术，热采量到 1997 年稳定在 1100 万吨水平上，热采井数达到 9000 口，加上常规冷采产量，占陆上原油总产量的 9%。全国稠油产量主要来自辽河、新疆、胜利、河南 4 个油田，投入开发的地质储量超过 8 亿吨。据了解，这次会议之所以选择在中国召开，主要是十几年来亚洲特别是中国的重油工业有了迅猛的发展，开始在世界上占有重要地位。

国内稠油专家刘文章在谈到国内重油工业发展的现状时指出，经过最近十几年的发展，中国的热采工程技术已成熟配套，对各种类型油藏，尤其是对深层、多油层、非均质严重的稠油油藏，注蒸汽开发取得了很大成绩。今后我国稠油技术将会得到更大发展，主要方向：一是普通稠油油藏将逐步由蒸汽吞吐转入二次热采，提高开发效果，提高原油采收率；二是特、超稠油将采用多种水平井热采技术来增加产量；三是采用新技术提高复杂条件下的稠油油藏的开发水平。

3 铜冶炼基本原理

◄◄◄

3.1 合成炉熔炼基本理论

3.1.1 概述

闪速炉炉型有奥托昆普型和因科型两种，世界上用于炼铜的闪速炉最多的是奥托昆普型，目前已经有40多座。金川公司现有的炼铜闪速炉是奥托昆普闪速炉的改进型，是将闪速炉和渣贫化电炉融合在一起，具有节能、操作方便、适于处理高熔点炉料等诸多优点。

金川铜合成炉是金川集团公司与中国有色冶金设计研究院合作，设计的国内第一台用于炼铜的合成熔炼炉。

闪速熔炼优点为：

（1）由于充分利用了焙烧和部分吹炼的过剩热，因此能量消耗低。

（2）过程使用富氧，属于一个高效、强化的冶金过程，生产能力大。

（3）脱硫率高、烟气量小，烟气中的 SO_2 浓度高，有利于回收利用，避免了环境污染。

（4）由于脱硫率高，产出的铜锍品位高，因此大大减轻了吹炼设备负荷，缩短了吹炼过程。

（5）机械化、自动化水平较高，炉子寿命长，可达10年以上。

（6）车间作业环境和劳动条件均比较好。

3.1.2 合成炉熔炼特点

合成炉熔炼是富氧悬浮熔炼，水分低于0.3%的干精矿、石英熔剂和返回的烟尘以一定的比例与富氧空气混合，并从反应塔顶部的精矿喷嘴垂直喷入塔内，由于气体受热发生体积膨胀，产生一个上升力使物料呈悬浮状态，布满整个反应塔截面。在高温的反应塔空间内，精矿在2s左右完成氧化、脱硫的过程，并放出大量热，大大强化了熔炼过程，显著提高了炉子生产能力，降低了燃料消耗。在反应塔熔化和过热的熔体落入沉淀池并向贫化区流动，在贫化区用电极补充部分热量，并加入还原剂和熔剂使铜、渣澄清分离。然后分别由冰铜放出口和炉渣放出口放出。含 SO_2 较高的高温炉气通过上升烟道进入余热锅炉，再进入电收尘，最后进入制酸系统。具体工艺流程如图3-1所示。

3.1.3 合成炉熔炼基本原理

3.1.3.1 反应塔内的传输现象

合成炉的主要熔炼过程发生在反应塔中。悬浮在气流中的颗粒能否在离开反应塔底部

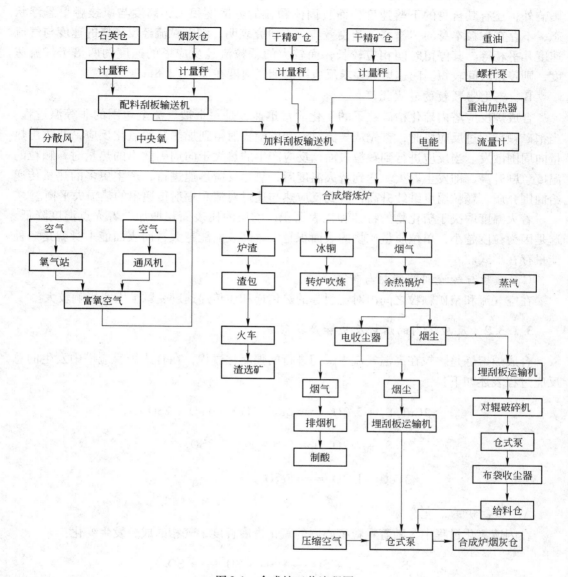

图 3-1 合成炉工艺流程图

进入沉淀池之前顺利地完成氧化、着火和熔化过程，对整个熔炼效果是至关重要的。事实上，这些过程就是气一固相之间传热和传质的过程。传输过程的影响因素就是精矿颗粒氧化、着火和熔化等过程的控制因素。因此，反应塔内的传输现象应包括颗粒与气体的运动，硫化物颗粒的氧化反应速度，以及颗粒和气流之间的质量和热量传递。

A 颗粒和气体的运动

从反应塔顶部喷嘴喷出的气一固（精矿）混合流，离开喷嘴后呈锥形扩散。随着离喷出口的距离增加，气流速度衰减。在反应塔空间内，气流的速度衰减过程延续到接近熔池表面，因此，入口的初始速度对气体在塔内的停留时间有重要的影响。

从反应塔顶落下的颗粒与气体是在同样的重力作用下。因此颗粒的速度，除了气流的影响外，还有其自身的下落速度，而且固体颗粒的分散度很大，高度与氧接触呈悬浮状态，不存在颗粒本身的"滑移"速度效应。有研究表明，细颗粒流经反应塔的速度与气流速度几乎相等，其停留时间相应较长；而较大的颗粒流经反应塔的速度约两倍于气流速度，则停留时间较短。闪速熔炼要求反应塔的烟气速度在 $2.5 \sim 3.8 \text{m/s}$。

B 硫化物颗粒的着火温度

合成炉反应塔内硫化精矿粒子的氧化非常迅速，是一个被气流全包围的非等温过程。当精矿颗粒通过反应塔时，首先从气流对流和塔壁辐射得到加热开始氧化反应，并放出热量向周围散发。当反应进行到颗粒表面，反应产生的热大于向周围散出的热量时，颗粒的温度急剧升高，即发生着火。达到着火温度后，氧化反应迅速进行，产生更多的热量传递给周围介质，颗粒温度继续升高，直到反应热与通过对流和辐射传递出的热损失平衡。

着火温度取决于硫化物的特性和比表面积，物质的比表面积增加，着火点温度降低。这是因为粒度越小，单位质量矿物的表面积越大，即表面能越大，而表面能本身就是一种能量存在形式。

C 颗粒与气流间的传热与传质

在空气流和精矿颗粒之间由对流引起的热传递和质传递速度受颗粒大小影响较大。

3.1.3.2 反应塔内的熔炼反应和产物形成

合成炉熔炼是颗粒在高温气流中瞬间进行的强氧化过程，在合成炉反应塔中发生的总反应过程表述如下：

$$2CuFeS_2 + 5/2O_2 === Cu_2S \cdot FeS + FeO + 2SO_2$$

$$2FeS_2 + 7/2O_2 === FeS + FeO + 3SO_2$$

$$3FeO + 1/2O_2 === Fe_3O_4$$

A 黄铁矿的氧化

在闪速氧化过程中，随着颗粒核心内的氧化进展程度，气相的成分发生变化：

$$S_2 \longrightarrow S_2 + SO \longrightarrow SO + SO_2 \longrightarrow SO_2$$

核心内的硫蒸汽压达到 0.6MPa。在高氧分压条件下，火焰中硫化物颗粒表面温度很高，比气流温度高出 $200 \sim 300℃$，因此氧化过程及生成的硫氧化物的熔化速度超前于 FeS_2 的分解速度。气相中氧分压低时，FeS_2 的分解速度超前于粒子的熔化速度。

B 黄铁矿颗粒的氧化

火焰中黄铁矿氧化产物内未发现有熔化现象。在 $565℃$ 时有许多金属球出现，当温度提高到 $1000℃$ 时黄铁矿颗粒分解与熔化过程实际上已经全部完成。有黄铁矿共存时，情形也是如此，许多硫氧化物粒子是空心的。

3.1.3.3 沉淀池内的熔炼反应和产物形成

从反应塔落下的 MeO-MeS 液滴还是初生的锍和渣的混合熔融物，到了沉淀池后，除了进行炉渣和铜锍的分层外,还有一系列反应要进行。继续反应的条件和终渣的组成除了受沉淀池的温度、气氛和添加燃料等影响外,还取决于初渣的氧势、温度、初渣中 SiO_2 的含量以及烟尘返回量等因素。

在沉淀池内的主要反应有以下几类。

(1) Fe_3O_4 的还原反应。氧化反应生成的 Fe_3O_4 与熔锍中的 FeS 以及碱性氧化物等与 SiO_2 进行造渣反应:

$$3Fe_3O_4 + FeS =\!\!=\!\!= 10(FeO) + SO_2$$

有 SiO_2 存在的情况下 FeO 与 SiO_2 造渣使 Fe_3O_4 的还原变得容易。

(2) Cu_2O 的硫化还原反应。

$$(Cu_2O) + [FeS] =\!\!=\!\!= 10[Cu_2S] + (FeO)$$

式中　[ ]——锍相;

　　　( )——渣相。

在熔炼温度达到1300℃时,反应向右进行的可能性很大,从而以 Cu_2O 形式进入炉渣的量相当少。在实际生产中,影响反应进行的条件很复杂,Cu_2O 的硫化还原反应是在沉淀池里完成。

(3) 继续氧化反应。在高强度氧化熔炼生产高品位锍时,反应塔会产生过氧化,液滴落入熔池后还会继续进行氧化反应:

$$[Cu_2S] + 3(Fe_3O_4) =\!\!=\!\!= (Cu_2O) + 9(FeO) + SO_2$$

金属铜也可能再氧化:

$$[Cu] + Fe_3O_4 =\!\!=\!\!= (Cu_2O) + 3(FeO)$$

(4) 造渣反应。

$$3Fe_3O_4 + FeS + 5SiO_2 =\!\!=\!\!= 5(2FeO \cdot SiO_2) + SO_2$$

$$2FeO + SiO_2 =\!\!=\!\!= 2FeO \cdot SiO_2$$

$$CaO + SiO_2 =\!\!=\!\!= CaO \cdot SiO_2$$

$$MgO + SiO_2 =\!\!=\!\!= MgO \cdot SiO_2$$

(5) 贫化区的还原与硫化反应。

$$Fe_3O_4 + 2C =\!\!=\!\!= 3Fe + 2CO_2$$

$$Fe_3O_4 + FeS \longrightarrow FeO + SO_2$$

$$2FeO + SiO_2 =\!\!=\!\!= 2FeO \cdot SiO_2$$

3.1.3.4　炉渣贫化

所谓炉渣贫化,其实质是渣中 Fe_3O_4 还原,以减少 Cu_2O 的溶解,并且以冰铜洗涤还原炉渣的过程,同时 Fe_3O_4 的还原还能够改善炉渣黏度等澄清分离条件,从而使夹杂在渣中的熔锍颗粒顺利沉降。

闪速熔炼是强氧化熔炼，反应塔的氧势很高，必然要产生大量 Fe_3O_4 进入渣和冰铜中。炉渣流经贫化区时必须进一步处理才能废弃，其过程是利用电炉高温进行过热澄清，使渣铜进一步澄清分离。

电能是在渣层内转变为热能的，由此提供了贫化过程的主要能量来源。利用这部分热能，在电极周围形成高温区，使得炉渣过热并膨胀上浮，形成炉渣对流。上浮炉渣与熔池表面的炭质还原剂产生滑动接触，与炭质还原剂接触的有价金属氧化物被还原为金属，同时上浮的炉渣与渣中仍在分离沉降的熔锍颗粒产生逆流运动，形成很好的反应界面条件，在锍渣界面上又有部分有价金属氧化物被硫化进入熔锍中。在渣型适宜的情况下，熔锍小颗粒聚集成大颗粒，依靠与炉渣间比重差，下沉进入铜锍，完成炉渣的贫化过程。

3.1.4 造锍熔炼的其他方法

我国铜熔炼方法很多，主要有以下 10 种工艺：

（1）密闭鼓风炉熔炼。铜陵金昌一冶、富春江冶炼厂、烟台冶炼厂、葫芦岛东方铜业公司、池州冶炼厂、水口山矿务局冶炼厂等采用鼓风炉熔炼工艺。鼓风炉生产能力低，烟气二氧化硫浓度低，不利于回收制酸，环境污染严重。

（2）闪速炉熔炼。贵溪冶炼厂、铜陵金隆公司采用该工艺，金川公司的合成炉熔炼属于该工艺，但是采用了闪速炉和电炉合二为一的炉型，其操作方法与传统的闪速炉工艺有很大的区别。该方法工艺成熟，能耗低，硫回收率高，环保条件好，但对原料要求稳定。

（3）诺兰达炉熔炼。湖北大冶在旧工艺改造中采用该工艺，1997 年建成投产。系统漏风率高，渣含铜高，炉渣必须通过选矿或湿法处理后才能废弃；入炉富氧浓度不能超过40%，扩产规模受限制。

（4）电炉熔炼。云铜公司于 20 世纪 50 年代采用了电炉工艺，金川铜厂二期改造也采用了闲置的电炉炼铜。电炉对原料的适应性强，但是能耗高，环保条件差。

（5）白银炉熔炼。这是我国自行开发的熔池熔炼法。

（6）澳斯麦特（艾萨）熔炼。中条山侯马冶炼厂、铜陵金昌二冶、云铜采用该工艺，熔炼炉扩产潜力很大，物料不需要经过深度干燥。

（7）氧气顶吹熔炼。金川自热炉属于该炉型，主要用于处理镍铜高锍浮选分离的二次铜精矿。

（8）反射炉熔炼。原湖北大冶、甘肃白银目前仍然有反射炉在维持运行。

（9）离析法熔炼。广东石菉铜业公司采用离析法处理难选氧化矿。

（10）水口山法熔炼。由水口山矿务局等国内多家单位研究成的底吹试验炉已经进入商业生产。

3.2 转炉吹炼基本理论

3.2.1 概述

铜锍吹炼的目的是除去铜锍中的铁和硫以及其他杂质而获得粗铜，金、银及铂族元素等贵金属几乎全部富集于粗铜中。铜锍吹炼的过程是周期性的，整个过程分为两个周期。在吹炼的第一周期，铜锍中的 FeS 与鼓入空气中的氧发生强烈的氧化反应，生成 FeO 和 SO_2 气体。FeO 与加入的石英熔剂反应造渣，故又称为造渣期。造渣期完成后获得了白锍（Cu_2S），继续对白锍吹炼，即进入第二周期。在吹炼的第二周期，鼓入空气中的氧与 Cu_2S（白锍）发生强烈的氧化反应，生成 Cu_2O 和 SO_2。Cu_2O 又与未氧化的 Cu_2S 反应生成金属 Cu 和 SO_2，直到生成的粗铜含 Cu 98.5% 以上时，吹炼的第二周期结束。铜锍吹炼的第二周期不加入熔剂、不造渣，以产出含铜 98.5% 以上，并且含镍、钴等有价金属为特征，故又称为造铜期。转炉吹炼过程中产出的炉渣，因含有较多有价金属，送渣选矿处理；烟气中二氧化硫浓度在 5% 左右，送化工制酸。转炉吹炼工艺流程图如图 3-2 所示。

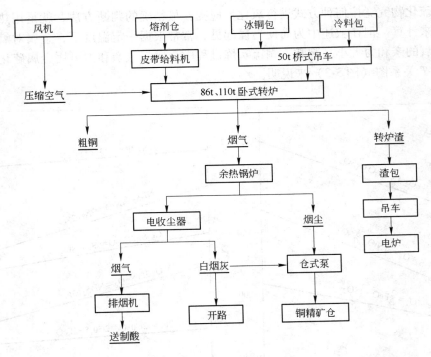

图 3-2 转炉吹炼工艺流程图

3.2.2 转炉吹炼特点

转炉吹炼是一个强烈的自热过程，维持反应所需的热量依靠铜锍吹炼过程中铁、硫的氧化及造渣反应来供给。

3.2.3 转炉吹炼基本原理

3.2.3.1 吹炼反应

A Fe、Co、Ni、Cu 的氧化顺序

铜锍的主要成分是 FeS、Ni_3S_2、Cu_2S、CoS、PbS、ZnS 等，如果以 Me 代表金属、MeS 代表金属硫化物、代表金属氧化物，则硫化物的氧化一般可沿下列几个反应进行：

$$MeS + 2O_2 \xlongequal{} MeSO_4 \tag{3-1}$$

$$MeS + 1.5O_2 \xlongequal{} MeO + SO_2 \tag{3-2}$$

$$MeS + O_2 \xlongequal{} Me + SO_2 \tag{3-3}$$

在吹炼温度 1230~1280℃时，金属硫化物皆呈熔融状态，此时一切金属硫酸盐的分解压都很大，且远超过一个大气压，在这样的条件下，硫酸盐是不能稳定存在的，也即熔融硫化物根本不会按式（3-1）进行氧化反应。

吹炼金属铜需要 1280℃以上的温度，所以在卧式转炉中按式（3-3）的反应不能完全进行，只有式（3-2）为铜锍吹炼的主要反应。

一种硫化物究竟按何种方式进行氧化反应呢？最精确的判断方法，就是用热力学自由能的变化来计算。但在叙述中为简便易懂起见，常常根据一定温度下，金属对氧的亲和力以及硫对氧的亲和力大小来判断。铜锍吹炼过程中金属与氧亲和力可用金属硫化物与氧反应的 $\Delta G^{\ominus}$-T 关系图（图 3-3）来说明。

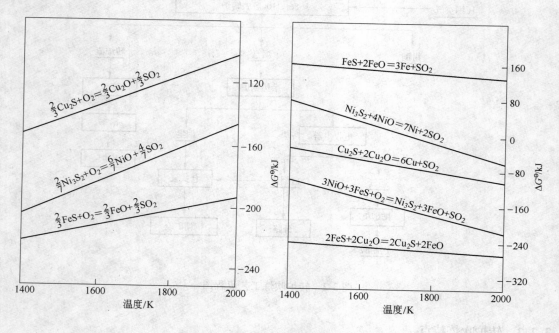

图 3-3　金属硫化物与氧反应的 $\Delta G^{\ominus}$-T 关系

从图 3-3 看出，FeS 氧化反应的标准吉布斯自由能 $\Delta G^{\ominus}$ 最负，所以在锍吹炼的初期，优先被氧化成 FeO 造渣除去，即在吹炼的第一阶段 FeS 的氧化造渣，称为造渣期。

吹炼过程中铁最易与氧结合，其次为钴，再次为镍，铜最难与氧结合，因此，转炉吹炼自始至终应是一个选择性氧化的过程。

转炉吹炼过程中鼓入空气时，首先要满足铁的氧化需要，铜锍中的铁以 FeS 形态存在，与氧发生反应生成 FeO。

$$2FeS + 3O_2 \xlongequal{} 2FeO + 2SO_2 + 940kJ/mol \tag{3-4}$$

由于吹炼过程熔体的剧烈搅动，使得生成的 FeO 和石英石不断接触生成炉渣。

$$2FeO + SiO_2 =\!\!=\!\!= 2FeO \cdot SiO_2 + 92kJ/mol \tag{3-5}$$

将上两式合并可得：

$$2FeS + 3O_2 + SiO_2 =\!\!=\!\!= 2FeO \cdot SiO_2 + 2SO_2 + 1032kJ/mol$$

以上为铜锍吹炼造渣期的主要化学反应。

由此看出，铜锍吹炼过程是一个放热过程，其放出的热量除维持自身反应平衡需要外，仍有富余，需要适时补充冷料以调节温度。

随着吹炼的进行，当铜锍中 Fe 的含量降到 1% 以下时，也就是 FeS 几乎全部被氧化之后，Cu_2S 开始氧化进入造铜期。

随着 FeS 被氧化造渣除去，Cu_2S 被氧化生成 Cu_2O，并且生成 Cu_2O 与铜液中 Cu_2S 发生剧烈的交互反应，生成金属铜及 SO_2，即所谓的造铜期。

造铜期的主要化学反应：

$$2Cu_2S + 3O_2 =\!\!=\!\!= 2Cu_2O + 2SO_2$$

$$2Cu_2O + Cu_2S =\!\!=\!\!= 6Cu + SO_2$$

总反应为：

$$Cu_2S + O_2 =\!\!=\!\!= 2Cu + SO_2$$

造铜期主要以生成金属铜为特征，但并不是立即出现金属铜相，该过程可以用 Cu-Cu_2S-Cu_2O 体系状态图 3-4 所示。

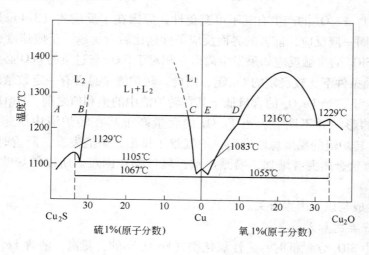

图 3-4 Cu-Cu_2S-Cu_2O 体系状态图

从图 3-4 可以看出，从 A 点开始，Cu_2S 氧化生成的金属铜溶解在 Cu_2S 中，形成液相（L_2），即溶解有铜的 Cu_2S 相：此时熔体组成在 A-B 范围内变化，随着吹炼过程的进行，Cu_2S 相中溶解的铜逐渐增多，当达到 B 点时，Cu_2S 相中溶解的铜量达到饱和状态。在

1200℃时，Cu_2S 溶解铜的饱和量为 10%，超过 B 点后，熔体进入 B-C 段，此时熔体出现两相共存，其中一相是 Cu_2S 溶解铜的 L_2，另一相是 Cu 溶解 Cu_2S 的 L_1 相，两相互不相溶，以密度不同而分层，密度大的 L_1 层沉底，密度小的 L_2 层浮于上层；在吹炼温度下继续吹炼，两相的组成不变，但是两相的相对量发生了变化，L_1 相越来越多、L_2 相越来越少，这时适当转动炉体，缩小风口浸入熔体的深度，使风送入上层 L_2 硫化亚铜熔体中。当吹炼进行到 C 点时，L_2 相消失，体系内只有溶解少量 Cu_2S 的 L_1 金属铜相。进一步吹炼，L_1 相中的 Cu_2S 进一步氧化，铜纯度进一步提高，直到含铜品位达到 98.5% 以上，吹炼结束。

B　Fe、Co、Ni、Cu 的硫化顺序

吹炼过程按式（3-2）、式（3-3）所示的氧化反应进行，这种反应的交替进行，当有金属生成时，在有不稳定金属硫化物存在的情况下，新生成的金属还能被重新硫化为金属硫化物，那么金属的硫化顺序是怎样的呢？与金属的氧化顺序正好相反，首先被硫化的是铜，其次是镍，再次是钴，最后是铁。

由上述金属氧化和硫化的顺序，就可以判断出在吹炼过程中各种金属的表现了。铁与氧的亲和力最大，而与硫的亲和力最小，所以最先被氧化造渣除去；在铁氧化造渣除去以后，接着被氧化造渣的就应该是钴，因为钴的含量非常少，在钴被氧化时，镍也开始氧化造渣。因此，铜锍吹炼过程中少量的有价金属会被氧化进入炉渣。

3.2.3.2　Fe_3O_4 的生成与控制

转炉吹炼过程中，氧化反应生成的 FeO 有一部分未及时造渣，而是被氧气继续氧化生成磁性氧化铁，即 Fe_3O_4，反应如下：

$$6FeO + O_2 === 2Fe_3O_4$$

转炉生产中，Fe_3O_4 的产生有其不可避免性，原因在于反应式（3-4）是气—液反应，而式（3-5）是固—液反应，前者的界面反应条件远比后者优越，反应速度也比后者为快，生成的 FeO 与 SiO_2 的接触反应如果发生障碍，相对于 SiO_2 与过量的 FeO 必然被继续氧化，直到生成在高温条件下比较稳定的 Fe_3O_4，因此，转炉渣中总含有一定数量的 Fe_3O_4。

在吹炼温度下，当 Fe_3O_4 的含量低于其在转炉渣中的饱和值之前，Fe_3O_4 呈液态存在，对转炉渣黏度的影响并不明显；当 Fe_3O_4 的含量高于其在转炉渣中的饱和值时，固态 Fe_3O_4 将析出，转炉渣的黏度急剧升高，炉气难于排出，炉渣发黏，严重时风眼受阻，转炉渣中铜、镍有价金属夹带增加，喷溅严重，风口操作困难。所以转炉吹炼要合理控制 Fe_3O_4 的生成。

Fe_3O_4 的生成与以下因素有关。

A　炉内石英的加入量

当转炉渣中 SiO_2 含量低时，磁性氧化铁（Fe_3O_4）的含量高。渣含 Fe_3O_4 与渣含 SiO_2 之间存在一个近似的关系，经研究，上述关系绘制成图，见图 3-5。由于 Fe_3O_4 就是 FeO·Fe_2O_3，所以渣中 Fe_2O_3 越高就意味着 Fe_3O_4 的含量也愈高，从图 3-5 可清楚看到随着 SiO_2 含量降低，Fe_2O_3 含量升高。因此，提高渣含 SiO_2 可减小 Fe_3O_4 的生成，但实际生产中，渣含 SiO_2 控制不能过高，过多的二氧化硅增加转炉渣的酸度，对炉衬侵蚀严重，同时渣量增大，金属损失增加。

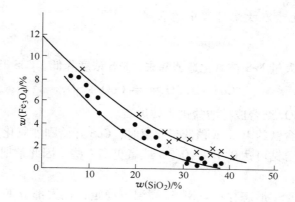

图 3-5 渣中 Fe_3O_4 与 SiO_2 的关系

×—熔融温度, (1261 ± 3)℃

B 吹炼温度

铜锍吹炼造渣期吹炼温度与 Fe_3O_4 生成关系见表 3-1。

表 3-1 化学反应标准吉布斯自由能变化

化 学 反 应	反应的标准吉布斯自由能变化/kJ			
	1000℃	1200℃	1400℃	1600℃
$2/3FeS + O_2 = 2/3FeO + 2/3SO_2$ $\Delta G^{\ominus} = -303557 + 52.71T$	-236.5	-225.9	-215.4	-204.8
$3/5FeS + O_2 = 1/5Fe_3O_4 + 3/5SO_2$ $\Delta G^{\ominus} = -362510 + 86.07T$	-252.9	-235.7	-218.6	-201.3
$6FeO + O_2 = 2Fe_3O_4$ $\Delta G^{\ominus} = -809891 + 342.8T$	-373.5	-304.9	236.4	167.8
$9/5Fe_3O_4 + 3/5FeS = 6FeO + 3/5SO_2$ $\Delta G^{\ominus} = 5305577 - 300.24T$	148.4	88.3	28.3	-318
$2FeO + SiO_2 = 2FeO \cdot SiO_2$ $\Delta G^{\ominus} = -99064 - 24.79T$	-130.6	-135.6	-140.5	-145.5
$Fe_3O_4 + FeS + SiO_2 \rightarrow 2FeO \cdot SiO_2 + SO_2$ $\Delta G^{\ominus} = 519397 - 352.13T$	71.1	0.71	-69.7	-140.1

由表 3-1 可看出,造渣期吹炼过程中,炉温过低时,转炉渣中 Fe_3O_4 容易达到饱和并析出,因此,造渣前期、中期应执行中低温操作,筛炉时适当提高炉温,有利于遏止大量 Fe_3O_4 的生成。

综上所述,控制造渣期吹炼温度和石英石加入量,尤其在筛炉时控制较高炉温,加入足量石英石,有利于遏止 Fe_3O_4 的生成,提高转炉生产技术指标。

3.2.3.3 各种元素在吹炼过程中的表现

A 钴

造渣后期，随着大量 FeS 被氧化造渣除去，FeS 浓度降低，CoS 开始氧化造渣：

$$CoS + 1.5O_2 \Longrightarrow CoO + SO_2$$

生成的 CoO 与 SiO$_2$ 结合成硅酸盐进入转炉渣。

当硫化物熔体中含铁约 10% 或稍低于此值时，CoS 开始剧烈氧化造渣。在处理含钴的物料时，后期转炉渣含钴可达 0.4% ~0.5% 或者更高一些。因此常把它作为提钴的原料。

B 镍

镍在铜锍中以 Ni$_3$S$_2$ 形态存在。Ni$_3$S$_2$ 高温下稳定，在大部分 FeS 氧化造渣后、Cu$_2$S 氧化反应之前，NiO 能被 FeS 硫化成 Ni$_3$S$_2$：

$$3NiO(s) + 3FeS(l) + O_2 \Longrightarrow Ni_3S_2(l) + 3FeO(l) + SO_2$$

随着 FeS 被氧化造渣除去，FeS 浓度降低，Ni$_3$S$_2$ 开始氧化：

$$Ni_3S_2 + 3.5O_2 \Longrightarrow 3NiO + 2SO_2 + 1186kJ$$

氧化反应的速度很慢，NiO 不能完全入渣。（在造铜期）当熔体内有大量铜和 Cu$_2$O 时，少量 Ni$_3$S$_2$ 可按下式反应生成金属镍：

$$Ni_3S_2(l) + 4Cu(l) \Longrightarrow 3Ni + 2Cu_2S(l)$$

$$Ni_3S_2(l) + 4Cu_2O(l) \Longrightarrow 8Cu(l) + 3Ni + 2SO_2$$

在铜锍的吹炼过程中，难于将镍大量除去，粗铜中 Ni 含量仍有 0.5% ~0.7%。

C 锌

在铜锍吹炼过程中，锌以金属 Zn、ZnS 和 ZnO 三种形态分别进入烟尘和炉渣中，以 ZnO 形态进入吹炼渣：

$$ZnS + 1.5O_2 \Longrightarrow ZnO + SO_2$$

$$\Delta G^{\ominus} = -521540 + 120T$$

$$ZnO + 2SiO_2 \Longrightarrow ZnO \cdot 2SiO_2$$

$$ZnO + SiO_2 \Longrightarrow ZnO \cdot SiO_2$$

在铜锍吹炼的造渣期末造铜期初，由于熔体内有金属铜生成，将发生下面的反应：

$$ZnS + 2Cu \Longrightarrow Cu_2S + Zn(g)$$

在各温度下该反应的锌蒸气压见表 3-2。

表 3-2 不同温度下 ZnS 与 Cu 反应的锌蒸气压

温度/℃	1000	1100	1200	1300
P_{Zn}/Pa	6850	12159	25331	46610

由于转炉烟气中锌蒸气的分压很小，所以金属 Cu 与 ZnS 的反应能顺利地向生成锌蒸气的方向进行。生产实践表明，锍中的锌约有 70% ~80% 进入转炉渣，20% ~30% 进入烟尘。

D 铅

在铳吹炼的造渣期，熔体中 PbS 的 25% ~30% 被氧化造渣，40% ~50% 直接挥发进入烟气，25% ~30% 进入白铜铳中。

PbS 的氧化反应在 FeS 之后、Cu_2S 之前进行，即在造渣末期，大量 FeS 被氧化造渣之后，PbS 才被氧化，并与 SiO_2 造渣。

$$PbS + 1.5O_2 \longrightarrow PbO + SO_2$$

$$2PbO + SiO_2 \longrightarrow 2PbO \cdot SiO_2$$

由于 PbS 沸点较低（1280℃），在吹炼温度下，有相当数量的 PbS 直接从熔体中挥发出来进入炉气中。

E 铋

Bi_2S_3 易挥发，铳中的 Bi_2S_3 在吹炼时被氧化成 Bi_2O_3：

$$2Bi_2S_3 + 9O_2 \longrightarrow 2Bi_2O_3 + 6SO_2$$

F 砷、锑

在吹炼过程中砷和锑的硫化物大部分被氧化成 As_2O_3、Sb_2O_3 挥发，少量被氧化成 As_2O_5、Sb_2O_5 进入炉渣。只有少量砷和锑以铜的砷化物和锑化物形态留在粗铜中。

G 金、银、铂族元素

在吹炼过程中金、银、铂等贵金属基本上以金属形态进入粗铜相中，只有少量随铜进入转炉渣中。

3.2.3.4 吹炼过程中热化学及制度

A 转炉吹炼的热收入

在冰铜吹炼过程中，一周期热源主要靠 FeS 氧化造渣反应生成热，二周期热源主要靠 Cu_2S 与 Cu_2O 交互反应放出热。

$$2FeS + 3O_2 + SiO_2 \longrightarrow 2FeO \cdot SiO_2 + 2SO_2 + 1032kJ/mol$$

$$Cu_2S + 2Cu_2O \longrightarrow 6Cu + SO_2$$

每公斤 FeS 氧化造渣后放出的热量为 5863kJ，占热量总收入的 80% ~85%，其余热量主要为液体铜铳及鼓入压缩空气带入的物理热，约占热量总收入的 15% ~20%。

B 转炉吹炼的热支出

转炉热支出主要包括：烟气、炉口喷溅物带走热量，炉口辐射散热，炉体传导散热，铜铳和转炉渣带走热量。

转炉吹炼过程为自热过程，通常不需外加热能，并且由于转炉吹炼强烈的氧化造渣放热，会造成转炉吹炼过程炉温升高，因此需外加冷料控制炉温。

3.2.4 铜铳吹炼的其他方法

3.2.4.1 反射炉式连续吹炼

我国富春江冶炼厂开发的反射炉式的吹炼炉（也称连吹炉）为小型铜冶炼厂开辟了铜

铳吹炼的新途径。邵武冶炼厂、烟台冶炼厂、红透山矿冶炼厂、滇中冶炼厂等相继采用了这种炉型进行铜铳吹炼。

连吹炉每个吹炼周期包括造渣、造铜和出铜3个阶段。操作周期为7~8h，其中造渣期为5.5~7h，造铜期为0.75~1.2h，出铜时间为0.5~1.0h。事实上，与澳斯麦特炉一样，这两种吹炼炉仍然保留着间断作业的部分方式，仅只是在第1周期内进料—放渣的多次作业改变为不停风作业，提高了送风时率。烟气量和烟气中SO_2浓度相对稳定，漏风率小，SO_2浓度较高，在一定程度上为制酸创造了较好的条件。例如，1999年新建设的滇中冶炼厂，采用富氧密闭鼓风炉—反射炉式连吹炉流程，在其他条件相配合较好的情况下全厂的烟气能够进行两转两吸制酸，硫的利用率达到96%，SO_2达到2级排放标准，基本无低空烟气逸散污染，保持了工厂内良好的环境。

由于连续吹风，避免了炉温的频繁急剧变化。又由于采用水套强制冷却炉衬，在炉衬上生成一层熔体覆盖层，炉衬的侵蚀速度缓慢，炉寿命被延长，以两次大修间生产的粗铜计，一般为750~1500t/炉（次）。

反射炉式的连续吹炼炉因其设备简单、投资省，尤其是在SO_2制酸方面比转炉有优点，因而适于小型工厂。上述提到的滇中冶炼厂在投产正常以来，获得了较好的经济效益。

3.2.4.2   诺兰达连续吹炼转炉

在连续吹炼技术中，与熔炼过程一样，除了在气相中喷粉状炉料与闪速熔炼方式相同以外，可以在熔池中进行喷吹。诺兰达吹炼就是其中的一种。在诺兰达技术发展早期，就直接生产过粗铜。该过程遇到了难以克服的如前所述的Fe_3O_4困难后，转向了由高品位铳吹炼成粗铜的研究。20世纪80年代开发出了诺兰达吹炼法（简称NCV），1997年11月实现了工业化。诺兰达转炉直径4.5m，长19.8m，炉子一侧有44个风眼，其结构与诺兰达熔炼炉相似。诺兰达转炉在整个吹炼期间都存在着炉渣、硫和含硫较高的粗铜（简称半粗铜）。从诺兰达熔炼炉来的高品位液体铳通过液态铳加入口倒入炉内。固体铳、熔剂、冷料和焦炭用皮带运输机从端墙上的加料口加入。正常操作的炉渣自端墙上的放渣口排出，如果需要也可以从液态铳加入口倒出。半粗铜从炉侧两个放铜口中的一个放出。因此，炉子除了必要时转出撇渣外，风眼总是向炉内供风，送风时率可达90%。根据吹炼过程的需要，通过调整各种冷料（加固体铳、诺兰达熔炼炉渣精矿、各种返料）、焦炭的加入速率以及风眼鼓入的富氧空气氧浓度，可以进行炉温的控制。正常操作时，温度控制在1210℃。吹炼时熔体总液面高度的目标值为1400mm，硫层高度保持在1000~1250mm之间，半粗铜层高度保持在300~450mm，转炉风眼中心线在炉底部衬砖以上600mm处，通常风眼浸没深度为800mm，这样可以保证风眼鼓风吹到铳层中，避免风吹到对炉衬有强烈损害的半铜层中。

使诺兰达转炉吹炼顺利进行的关键之一是对熔炼炉产出的铜铳品位要很好地控制。此外，在放渣时为了降低渣中Fe_3O_4的含量，改善炉渣的流动性。

诺兰达转炉采用的是铁硅酸盐炉渣，原因是：

（1）除去某些杂质（如半粗铜中的Pb）能力强；

（2）炉渣能返回诺兰达熔炼炉进行处理，无需对全工艺流程作大调整；

（3）如果需要，此渣能经缓冷、磨细和浮选处理，以回收有价金属，最后是用石英作熔剂的费用比石灰石作熔剂低。

由于诺兰达转炉风眼气流变化小，在总风管风压一定时，每个风眼的气体流量大，P-S转炉每个风眼鼓风量一般为 $725 \sim 875 m^3/h$，而诺兰达转炉每个风眼正常鼓风量可达 $1100 \sim 1250 m^3/h$。因此，在同样情况下，诺兰达转炉风眼数量少，风眼黏结不严重，捅风眼次数少。当粗铜产量相同时，诺兰达转炉小时鼓风量比传统的 P-S 转炉低，因此喷溅物少，炉口炉结少，可采用更严密的烟罩，减少冷风的吸入量。诺兰达转炉烟气 SO_2 浓度可达 12.3%。

诺兰达转炉风眼区炉衬损坏程度比 P-S 转炉低得多。原因是各相层液面高度得到了控制，从而避免了风眼浸没在对炉衬寿命损害最剧烈的半粗铜相层中。由于氧化程度受白铜锍/半粗铜平衡的限制，因此炉渣不会被过氧化。因此，诺兰达转炉寿命超过 500d。

3.2.4.3 澳斯麦特炉吹炼

澳斯麦特炉也能够用来进行铜锍的吹炼。炉子结构和喷枪都没有不同之处。澳斯麦特吹炼的首次工业应用是在我国的中条山有色金属公司侯马冶炼厂，该厂于 1999 年建成投产。现以该厂为例介绍如下。

圆形炉子内直径为 4.4m，外直径为 6.2m，高为 12.6m，喷枪直径为 0.35m。耐火材料为直接结合镁铬砖。

由澳斯麦特熔炼炉产出的铜锍，通过溜槽放入到吹炼炉连续地吹炼，直至吹炼炉内有 1.2m 左右高度的白锍，停止放锍，结束第 1 阶段。开始这一批白锍的吹炼到粗铜、吹炼渣被水淬成颗粒返回到熔炼炉。

3.2.4.4 三菱法吹炼

三菱法连续熔炼中的吹炼炉也是顶吹形式的一种。在一个圆形的炉中用直立式喷枪进行吹炼。喷枪内层喷石灰石粉，外环层喷含氧为 26% ~32% 的富氧空气。从熔炼炉流入吹炼炉的锍品位为 68% ~69%，粗铜品位为 98.5%，含硫 0.05%。炉渣为铜冶炼中首创的铁酸钙渣，其成分为 $w(Cu) = 13\% \sim 18\%$、$w(Fe) = 40\% \sim 43.9\%$、$w(S) = 0.09\% \sim 0.4\%$、$w(SiO_2) = 0.2\%$、$w(CaO) = 17.2\%$。

在喷吹方式上，三菱法不同于澳斯麦特法。前者将空气、氧气和熔剂喷到熔池表面上，通过熔体面上的薄渣层与锍进行氧化与造渣反应。也有部分反应发生在熔池表面，炉渣、锍和粗铜各层熔体处于相对静止状态。这种情况决定了三菱法必需使用 Fe_3O_4 不容易析出的铁酸钙均相渣，而且要保证渣层是薄的（限制硫中的铁量）后者的全部吹炼过程是在熔体内部进行，锍和渣处于混合搅动状态，吹炼温度较高（1300℃）。此外三菱法的喷枪是随着吹炼的进行不断地消耗，澳斯麦特喷枪头须定期更换。

3.3 阳极炉精炼基本理论

3.3.1 概述

粗铜火法精炼的目的是为电解精炼提供合乎要求的阳极铜。转炉产出的粗铜装入粗铜包子，用液体吊车倒入阳极炉内，并通入空气和还原剂，使之产生氧化、还原反应。还原结束后，倒出表面炉渣，开始浇铸。产生的烟气经过空气换热器冷却后经排空。阳极炉精炼工艺流程如图 3-6 所示。

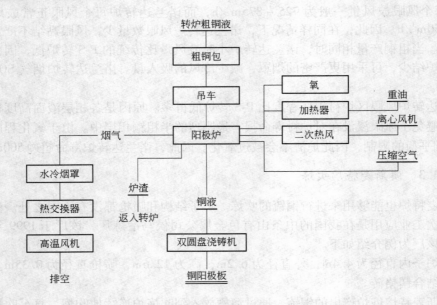

图 3-6　阳极炉精炼工艺流程图

3.3.2　阳极炉精炼基本原理

3.3.2.1　阳极炉精炼氧化原理及主要物理化学变化

阳极炉氧化精炼是在 1150 ~ 1220℃ 的高温下，将空压风鼓入熔铜中，由于铜液中大多数杂质对氧的亲和力都大于铜对氧的亲和力，且多数杂质氧化物在铜水中的溶解度很小，当空气中的氧通入铜熔体中便优先将杂质氧化除去。脱硫是在氧化过程中进行的。向铜熔体中鼓入空气时，除了 O_2 直接氧化熔铜中的硫产生 SO_2 之外，氧亦熔于铜中。但熔体中铜占绝大多数，而杂质占极少数，按质量作用定律，优先反应的是铜的大量氧化：

$$4Cu + O_2 =\!=\!= 2Cu_2O$$

所生成的 Cu_2O 溶解于铜水中，其溶解度随温度升高而增大见表 3-3。

表 3-3　Cu_2O 在铜水中的溶解度与铜温的关系

温度/℃	1100	1150	1200	1250
溶解的 Cu_2O/%	5	8.3	12.4	13.1
相应的 O_2/%	0.56	0.92	1.38	1.53

当 Cu_2O 含量超过该温度下的溶解度时，则熔体分为两层，下层是饱和了 Cu_2O 的铜液相，上层是饱和了铜的 Cu_2O 液相如图 3-7 所示。

溶解在铜熔体中的 Cu_2O，均匀地分布于铜熔体中，能较好地与铜熔体中的杂质接触，

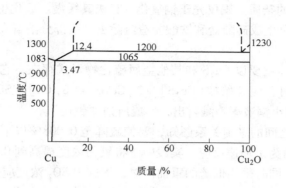

图 3-7 Cu 与 Cu$_2$O 相图

那些对氧亲和力大于铜对氧亲和力的杂质（Me），便被 Cu$_2$O 所氧化。

$$[Cu_2O] + (Me) = 2[Cu] + [MeO]$$

这样在氧化精炼中一部分发生 Cu-Cu$_2$O-Cu 的变化而起到氧的传递剂作用。铜熔体中杂质氧化主要是以这个方式进行的。

当然，也有少部分杂质，直接被炉气或空气中的氧所氧化，其反应为：

$$2(Me) + O_2 = 2[MeO]$$

这种反应，在氧化精炼中不占主导地位。

为了使空气中的氧尽量与铜反应生成 Cu$_2$O，且使 Cu$_2$O 与杂质良好接触，进而氧化杂质。就必须把空气鼓入铜熔体中，使空气形成无数小气泡，使铜熔体翻腾，以增大气—液相接触面，加快 Cu$_2$O 和杂质间的扩散，强化氧化精炼过程。

3.3.2.2 杂质在氧化过程中的行为

粗铜火法精炼的目的除了氧化与挥发除去一些杂质外，另一个重要的目的是为电解精炼浇铸出平整的阳极板，这就要求将熔铜中的硫和氧含量控制在适当水平。一般粗铜中溶有 0.05% S 和 0.5% O$_2$，采用连续炼铜时，粗铜中的硫含量增加到 0.5% ~2%，而氧含量可降到 0.2%。在这样的硫和氧的含量下，熔铜固化时，硫与氧便会化合，在阳极板内形成 SO$_2$ 气泡。按反应计算，溶解在铜中的 0.01% 的硫和 0.01% 的氧化合时，每立方厘米的铜将产生 3cm^3 的 SO$_2$ 气体。这就不能浇铸出表面平整的阳极板而是带有 SO$_2$ 逸出后留有洞穴的阳极板。

其主要杂质成分为铁、镍、硫、金银贵金属及稀有金属，所以进入火法精炼炉中的粗铜液它可能存在的杂质也不外乎这几种：

（1）铁是易除去的杂质。铁对氧的亲和力很大，再加上它的造渣性能好，可生成硅酸盐和铁酸盐炉渣，故铁在铜的火法吹炼过程中很容易除去。只是可能存在少量铁及铁的化合物被机械夹杂而进入精炼炉中，在此可继续氧化除去，可降低至十万分之一的程度。

（2）镍是难除去的杂质。镍仅先于铜氧化，且极其缓慢。氧化生产的 NiO 分布在炉渣和铜液中。渣中 NiO 可生成硅酸盐和铁酸盐造渣除去，而部分溶解在粗铜中，所以粗铜残镍在 1% 以内。

（3）硫在粗铜中，主要以 Cu_2S 和其他金属硫化物形式存在，它在精炼初期氧化的较缓慢，但在氧化后期时，便开始按 $[Cu_2S] + 2[Cu_2O] = 6[Cu] + SO_2$ 反应，激烈地放出 SO_2，使铜水沸腾，有小铜液滴喷溅射出，形成所谓"铜雨"。

由铜水中硫和氧之间的平衡关系图知，要使硫降至 0.008% 以下，在 1200℃ 时铜水含氧在 0.1% 即可。然而为了加速反应，实践中常将氧的浓度提高到 0.9% ~ 1%，保持熔体中 Cu_2O 为饱和状态。同时采用低硫的重油供热，炉气中 SO_2 浓度应低于 0.1%，防止 SO_2 溶解于铜熔体中，温度应控制在 1200℃，并使炉内为中性或微氧化性气氛。

（4）砷、锑与铜在液态时互溶，与铜生成化合物（Cu_3As、Cu_3Sb）及固溶体；与铁、镍、钴、锡生成化合物，在铜中以砷化铜、锑化铜、砷酸盐及锑酸盐存在。砷与 Cu_2O 反应为：

$$2Cu_3As + 3Cu_2O = As_2O_3 + 12Cu$$

$$2Cu_3Sb + 3Cu_2O = Sb_2O_5 + 12Cu$$

生成的 3 价砷和 3 价锑的氧化物，一部分挥发、一部分被氧化成五价氧化物，即：

$$As_2O_3 + 2Cu_2O = As_2O_5 + 4Cu$$

$$Sb_2O_3 + 2Cu_2O = Sb_2O_5 + 4Cu$$

As_2O_5 和 Sb_2O_5 都不挥发，与 Cu_2O、NiO、PbO 和 BiO 等氧化物生成各种不同组分的化合物，如砷酸铜（$Cu_2O \cdot As_2O_5$）、镍云母、砷、铅、铋化合物 $[(Pb、Bi)_2 \cdot (As、Sb) \cdot O_{12}]$ 等。这些化合物都溶于铜液中，增加了脱除的难度。常用的除砷、锑方法有两种类型：

1）挥发法。As_2O_3 和 Sb_2O_3 沸点较低（As_2O_3 在 465℃ 为 0.1MPa），利用这个特性，在生产中，采用氧化—还原—氧化—还原，重复作业除砷、锑。实践表明，单独用挥发法时，存在着重复作业、时间长、消耗高、脱砷（锑）效率低的问题。这主要是因为：一是多数转炉粗铜含氧为 0.1% ~ 0.3%，在此氧化程度下，砷与锑可能已被氧化成五价氧化物，这已经为韶关冶炼厂用 X 衍射法分析所证实；其二，在精炼炉内的氧化气氛下，砷、锑的氧化不可能完全按照先氧化成三价氧化物，再进一步氧化成五价氧化物的顺序进行，直接氧化成五价氧化物的可能性是很大的；此外，在粗铜中，砷、锑五价氧化物不是单独存在，而是与 Cu_2O、NiO、PbO 和 BiO 等生成不同形式的复杂化合物，降低了活度，难以被还原成易挥发的三价氧化物。

2）加熔剂法。采用碱性熔剂苏打与石灰除砷、锑的历史已有半个多世纪，被认为是较有效的方法。A. Yazawa、Kojo 等人，对砷、锑与熔剂相关的化学体系进行了热力学及动力学研究。根据 Kojo 等人用电子探针和 X 射线的分析证实，Na_2CO_3 与 As、Sb 的化学反应为：

$$2As + 5/2O_2 + 3Na_2CO_3 \Longrightarrow 3Na_2O \cdot As_2O_5 + 3CO_2$$

$$2Sb + 5/2O_2 + 3Na_2CO_3 \Longrightarrow 3Na_2O \cdot Sb_2O_5 + 3CO_2$$

碳酸钠过量时生成 Na_2SbO_4 量不足时生成 Na_2SbO_3。

（5）在液态时，铜与铅形成均匀的合金。铅易氧化成 PbO，PbO 的密度为 $9.2g/cm^3$，单独存在时沉于熔池下部，与砷、锑氧化物，生成砷酸铅或锑酸铅，在砷、锑、铋、铅四种氧化物共存时，生成化合物$(Pb、Bi)_2(AsSb)_4 \cdot O_{12}$，并溶解于铜液中。PbO 与 SiO_2 造渣，生成熔点低（700～800℃）、密度小的 $xPbO \cdot ySiO_2$，浮于熔池表面。由于 PbO 密度较熔剂需用压缩风吹入熔池内部或在进料前将石英沙加在炉底，以利于造渣。

（6）在液态时，铋与铜能互溶，铋与铜不生成化合物或固熔体。据物相分析铋易氧化成 Bi_2O_3，并与砷、锑、铅的氧化物生成化合物，溶解于铜液中。Bi_2O_3 不与二氧化硅造渣，也不与苏打造渣。有人曾用 Li_2CO_3 作除铋试验，在1220℃、铜液含氧 0.6% 条件下，接触 30min，除铋率为 35%。Bi_2O_3 在精炼温度下的蒸气压极低。火法精炼难以除铋。

（7）硒和碲能溶于铜液中，能生成化合物 Cu_2Se、Cu_2Te，在氧化时有少量氧化成 SeO_2、TeO_2 挥发。在加苏打造渣时生成硒酸钠、碲酸钠渣。智利某铜厂对高硒粗铜作过试验，在还原末期往熔池吹入苏打和煤粉进行还原造渣脱硒、碲。其主要反应为：

$$Na_2CO_3 + 2C \Longrightarrow 2Na + 3CO$$

$$2Na(g) + \{Se\} \Longrightarrow \{Na_2Se\}$$

Na_2Se 是稳定的化合物。试验脱硒率为 15%～80%。一般粗铜含硒、碲较低不进行脱除作业，在电解时从阳极泥回收。

（8）金银等贵金属在氧化精炼时不会氧化，只有极少部分被挥发性化合物带入烟尘，大多数都随阳极板进行电解精炼，最后从阳极泥中将贵金属提取。

3.3.2.3 阳极炉精炼还原原理及主要物理化学变化

在氧化精炼过程中，为了有效地除杂脱硫，必须使 Cu_2O 在熔体中达到饱和的程度，这样在氧化精炼结束时，铜熔体中仍残留着相对数量的 Cu_2O。为了满足阳极铜的要求，必须把这部分 Cu_2O 还原成金属铜。

我国铜火法精炼中常用的还原剂有木炭或焦粉、粉煤以及插木法还原、重油、天然气、甲烷或液氨。其中使用气体还原剂是最简便的，但受区域影响无法普及，近年来国内各工厂大都采用重油作还原剂，虽然还原效果好，也比较经济，但油烟污染严重。随着目前环保趋势要求，使用粉煤为原料的固体还原剂开始普及。

无论采用哪种还原剂，其还原过程均为还原性物质对氧化亚铜的还原。下面以重油作还原剂为例分析其还原过程。重油主要成分为各种碳氢化合物，高温下分解成氢和碳，而碳燃烧成 CO。所以重油还原实际上是氢、碳、一氧化碳及碳氢化合物对氧化亚铜的还原（把 C 作为例子）：

$$Cu_2O + H_2 == 2Cu + H_2O$$
$$Cu_2O + C == 2Cu + CO$$
$$Cu_2O + CO == 2Cu + CO_2$$
$$4Cu_2O + CH_4 == 8Cu + CO_2 + 2H_2$$
$$4Cu_2O + CuH_m == 8Cu + 0.5(m-2)H_2 + H_2O + CO_2 + CO$$

在用重油做还原剂时，铜熔体中出现的气体有 CO、CO_2、H_2O、N_2、H_2 和 SO_2。前四种气体基本上不溶解于铜熔体中，而后两种气体则溶解于铜熔体中。采用重油还原时，铜样断面不如插木还原的铜样光亮，其原因是插木时分解放出大量水蒸气、氢气和甲烷等，水蒸气的存在稀释了氢气的浓度，降低了氢的分压。而用重油还原时，分解出来的水蒸气很少，故氢气浓度大、氢的分压较大。而氢在铜水中的溶解度与其分压的平方根成正比。所以用重油还原时吸收的氢比插木还原多，当铜凝固时，部分氢析出，铜样断面出现许多微观小孔，使其外观金属光泽不亮。

铜中含氧过多会使铜变脆，延展性和导电性都变差；铜中含氢过多，在铸成的阳极板内会有气孔，对电解精炼非常不利，若制成铜线锭，则在加热时铜中的氢与氧化亚铜作用产生水蒸气，使铜变脆，发生龟裂（也称氢病），导致力学性能变坏。

在用碳质固体还原剂还原时，先是碳与铜液作用燃烧生成一定量的 CO，再将 Cu_2O 还原成金属铜，其反应原理如下：

$$C + O_2 == CO \qquad\qquad C + O_2 == CO_2$$
$$Cu_2O + C == 2Cu + CO \qquad Cu_2O + CO == 2Cu + CO_2$$

随着还原过程的进行，由于 Cu_2O 被还原，铜熔体中含氧量逐渐降低，当其减少至 $0.03\% \sim 0.05\%$ 时熔体有从炉气中强烈吸收 SO_2 的可能，故还原过程应以铜熔体含氧降低至 $0.03\% \sim 0.05\%$ 为极限。还原程度应严加控制，尽可能使铜熔体中的 Cu_2O 完全还原，又不让 SO_2 溶解于其中，否则 SO_2 在浇铸阳极板时重新排出而留下气孔，降低质量。

SO_2 在铜中的溶解度随温度而变化，温度越高溶解度越大，为了防止 SO_2 溶解于铜熔体中，要求还原剂含硫不宜超过 0.5%，控制铜液温度不超过 $1180 \sim 1220℃$。

3.3.2.4 过还原精炼的危害

阳极炉还原无论是用重油还是固体还原剂进行还原作业，当铜液中氧含量低于 0.05% 左右时，H_2 和 SO_2 含量急剧上升，溶解度升高，使 H_2 和 SO_2 易溶于铜液中，浇铸阳极板时当气体析出时，形成许多气孔，如果气体未及时析出，形成鼓包板，都将影响阳极板质量。

因此还原作业要注意以下 3 点：

（1）还原不要过度，要及时、准确判断终点，宁可让铜熔体中残留微量的氧，也不能让过多的 H_2 和 SO_2 溶解进来。

（2）要求还原剂中含硫量不能超过 0.5%。

（3）控制还原期温度不超过 $1180 \sim 1220℃$。

3.3.3 阳极炉精炼的其他方法

3.3.3.1 固定式反射炉阳极精炼

反射炉是传统的火法精炼设备如图 3-8 所示，是一种表面的膛式炉、结构简单，操作方便，这种反射炉与造锍熔炼反射炉在结构与尺寸上都有所不同，因为火法精炼过程是周期性的，过程要求的温度较熔炼炉低，但熔体温度应保持均匀一致，炉内物料与熔炼炉的物料也完全不同。为了在精炼时使各部分熔体的温度保持均匀，从而使熔体各部分的杂质（特别是气体）含量及浇铸温度均匀，炉子作业空间不能太长，以免发生温度降。为使熔池温度趋于一致，精炼炉特别设有 1.5~2m 的燃烧前室，而且把炉顶做成下垂式，保证炉尾温度与炉子中央的温度相近，云铜公司已将传统的燃烧前室取消，炉子容积由设计时的160t 扩大到200t。

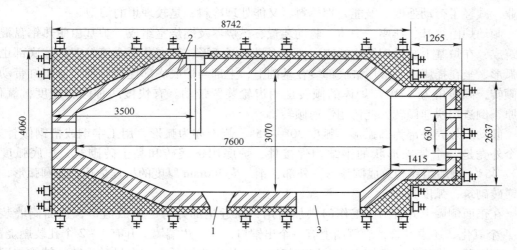

图 3-8　精炼反射炉的垂直和水平剖面
1—操作炉门；2—出铜口；3—加料炉门

由于精炼产出的渣量不多，且铜与渣的密度差别大，故精炼炉不需要澄清分离区，现代精炼反射炉的作业空间长度一般为 10~15m，宽度为 4~5m。炉长与炉宽之比为 1.7~3.5，其容量为 50~400t，精炼炉的熔池深为 0.6~1.2m，以便使炉内维持一定的热量储备，可在一定程度内补偿炉内作业空间温度的波动。

精炼反射炉的炉墙由镁砖、铝镁砖或镁铬质砌筑。传统的大型炉子采用固定在炉体立柱上端的吊挂炉顶，采用此种吊挂系统，炉子安装复杂，且备件费用高，云铜公司经过长期的生产实践，通过改变炉顶砖的结构形式及材质，已成功地取消了传统炉顶吊挂系统。

反射炉是一种对燃料适应性较强的炉子，固体、液体及气体燃料都可以使用，对燃料的要求是：含硫小于 2%，而以小于 1% 较为理想，因为含硫的燃料燃烧时，在炉内生成大量的 SO_2 易被铜液吸收，致使铜液内含硫过高，影响铜的质量，煤的灰分含量小于15%、发热值要高。

无论采用固体、液体或气体燃料，燃烧过程的好坏是决定反射炉供热状况的首要条件，燃烧过程与烧嘴构造、烧嘴性能、燃烧条件以及操作等因素有关，诸如燃料与空气混合均匀、燃料入炉的扩散角度适当、入炉后能尽快着火及合理的火焰长度和温度等都是保证燃料燃烧的重要条件。

采用预热空气燃烧，可使燃料预热、提前着火，促进燃料充分燃烧，特别是对着火点较高的煤粉尤有好处，预热空气带进的物理热，可提高燃料燃烧温度。降低燃料消耗，空气在烟道中预热 300~500℃。燃烧温度可提高 100~200℃，燃料消耗可降低 10%~20%。

3.3.3.2　旋转式倾动炉阳极精炼

A　旋转式倾动炉结构

倾动式精炼炉是吸取了反射炉和回转炉的长处而设计的。炉膛形状像反射炉，保持其较大的热交换面积，采取了回转炉可转动的方式，增设了固定风口，取消了插风管和扒渣作业，减轻了劳动强度。既能处理热料，又能处理冷料，是较理想的炉型。

倾动炉由炉基、摇座、炉体、驱动装置、燃烧器及燃烧室组成。炉基由耐热钢盘混凝土筑成，在炉基上装设钢结构摇座，摇座上沿为圆弧形，装有若干个滚轮，炉体底部也是圆弧形，坐在摇座上，液压缸底部装在基础上，上部与炉底底部连接。伸缩液压缸带动炉体倾转，倾转角为 ±30°。炉体的倾转也用齿轮装置带动。有快慢两种倾转速度，氧化、还原、倒渣用快速倾转，浇铸用慢速倾转。

倾动炉外壳底部为圆弧形，弧度 30°~45°，侧面亦为弧形，用工字钢或槽钢做骨架，整个外壳是一个特殊形状的钢结构焊接件，炉底用铬镁砖和黏土砖砌筑，炉底弧度为 30°~45°。侧墙用镁砖筑成圆弧形，外部是钢外壳 300mm 厚度的吊挂炉顶，为圆弧形，用铬镁砖砌筑，弧度为 45°。

在正面侧墙上开有两个工作门供加料用，靠近尾部开有一个放渣口，正面侧墙装有 2~4 个氧化、还原风管，后侧墙上有一个出铜口，在一边端墙上开有 1~2 个孔装燃烧器，另一端墙开有排烟孔。经烟道与燃烧室相连。燃烧室为钢外壳，内衬黏土砖，结构与回转炉相似。

B　旋转式倾动炉工艺

某厂采用倾动炉处理紫杂铜与残极。处理这种废杂铜时按冶炼过程中所发生的物理、化学变化的特点可分为 4 个阶段：第一个阶段为加料、熔化期；第二个阶段为氧化、造渣期；第三个阶段为还原期；第四个阶段为浇铸期。

该厂采用倾动炉主要参数如下：

能力（液态铜水）：250 吨

熔池长：11962mm

熔池宽：5000mm

熔池面积：60m²

熔池深：950mm

浇铸侧倾转角度：最大 28.5°

精炼倾转角度：最大 15.0°~17.0°

加料侧倾转角度：最大 10°

倾动炉与反射炉和回转炉比较，具有以下优点：

（1）炉膛具有反射炉炉膛的形状，断面合理，受热面积大，热交换条件好，炉料熔化速度快。

（2）配有两个加料门，铜料能快速均匀地加到炉膛各部位，冷热料都能处理。

（3）侧墙装有固定风管、倾转炉体可以撇出炉渣，不需要扒渣。侧墙上开有放铜口，侧转炉体可放出铜水，流量调节较为灵活。

（4）机械化程度高，取消了繁重的人工操作，劳动生产率高。

倾动炉与反射炉和回转炉比较，也存在着不足之处：

（1）炉体形状特殊，结构复杂。加工困难，投资高，热料无法处理。

（2）操作时，倾转炉体重心偏移、处于不平衡状态工作，倾转机构一直处于受力状态。

（3）在炉体倾转时、排烟口不与炉体同心转动，密封较困难。

这些不足之处影响了倾动炉的推广和发展，目前只有少数杂钢冶炼厂采用这种炉型。

4 精矿蒸汽干燥工艺

4.1 蒸汽干燥基本原理及工艺流程

4.1.1 蒸汽干燥基本原理

蒸汽干燥是指利用饱和（或过热）蒸汽通过蒸汽排管，蒸汽排管与被干燥物料接触而去除水分的一种干燥方式。按一定配比混合好后的湿铜精矿通过移动式皮带送入低速旋转的密闭型蒸汽管回转干燥机内，干燥机筒体设有一定的倾角，物料随着筒体的转动不停翻动，在向前移动的同时，通过筒体内的蒸汽管与饱和（或过热）蒸汽进行间接换热。干燥后的铜精矿由叶片导料装置从回转干燥机中心出料管排入沉尘室。干燥尾气采用顺流排气，携带干燥过程中蒸发的湿气体从干燥机出料端排出，进入布袋收尘器净化后排空。其中，物料通过湿精矿仓下的定量给料机计量，由移动式皮带输送机送入干燥机进料端，物料在干燥机中的停留时间由变频调节回转圆筒的转速来控制。

4.1.2 蒸汽干燥工艺流程

干精矿制备系统主要由原料输送、湿精矿配料、精矿干燥、干精矿输送和干燥收尘等几个部分组成。其工艺流程如图 4-1 所示。

4.1.3 蒸汽干燥技术优势

经过研究比较，蒸汽干燥工艺具有以下优势：

（1）脱水的能耗与三段气流干燥相比降低约 17%（三段 1.3kW·h/kg 水；蒸汽 1.08kW·h/kg 水）。

（2）配置简单紧凑。

（3）由于尾气流量小，尾气含尘可使用布袋收尘器回收，因而投资省。

（4）低温干燥，脱硫率几乎为零。

（5）使用蒸汽作为热源，操作简单，且冷凝水可循环使用。

（6）设备少，维护工作量小，有效作业率高。

4.2 蒸汽干燥工艺配置

4.2.1 原料输送

原料输送系统主要是将存储于铜原料仓中的不同成分的外购铜精矿，分别由桥式起重

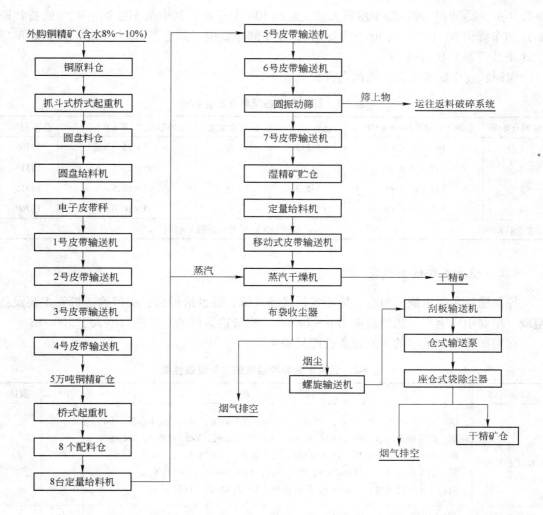

图4-1 干精矿制备系统工艺流程图

机抓入圆盘料仓内，再通过圆盘给料机、皮带输送机等配合倒运到5万吨室内精矿仓存放。

4.2.1.1 流程介绍

原料输送系统的工艺流程如下：外购铜精矿通过铁路运输至铜原料仓后，根据铜原料的产地和成分不同，分别卸入原料车间储料仓中存放。再通过桥式起重机将这些铜精矿分别抓入4台圆盘料仓内，并依次通过圆盘给料机和皮带输送机配合，输送到1号皮带输送机，经由2号皮带、3号皮带和4号皮带输送机倒运到5万吨室内精矿仓内的各个储料仓中分类存放，避免铜原料的混合。

4.2.1.2 铜原料仓

铜原料场占地总面积约220000m²。各原料储仓均为半封闭式（吊车轨面以上至屋檐部分敞开），可基本消除刮风天造成的粉尘飞扬和物料损失。铜原料仓设有停、卸车铁路路线 9 条，（同时）停、卸车皮最大货位量约 130 个车皮。其中敞车装铜精矿（或粉状原矿）卸车货位 80 个车皮（30 个为备用），罐车卸车货位（站台）10 个车皮，杂铜卸车货位（集装箱等）10 个车皮。

铜原料仓中的各个储料仓的仓容积见表 4-1。

表 4-1　铜原料仓各储料仓的仓容积

储料仓编号	仓外形尺寸($W \times B \times H$)/m	仓容积/m³	储料仓编号	仓外形尺寸($W \times B \times H$)/m	仓容积/m³
1 仓	$147 \times 16.0 \times 6$	14112	5 仓	$185 \times 16.0 \times 6$	17760
2 仓	$147 \times 16.5 \times 6$	14553	6 仓	$185 \times 16.5 \times 6$	18315
3 仓	$147 \times 16.5 \times 6$	14553	7 仓	$185 \times 16.5 \times 6$	18315
4 仓	$147 \times 16.0 \times 6$	14112	8 仓	$185 \times 16.0 \times 6$	17760
总仓容积/m³		129480 × 1.4(堆积系数) = 181272			

4.2.1.3　主要设备性能

原料输送主要由铜原料仓、抓斗式桥式起重机、圆盘给料机、皮带输送机等主要设备组成。单套中间上料系统给料能力 0～200t/h，皮带输送机的输送能力不大于 500t/h。

湿精矿储存和运输的主要设备性能见表 4-2。

表 4-2　湿精矿储存和运输的主要设备性能

设备名称	技 术 参 数	单位	数量
吊、抓两用桥式起重机	QD 型；额定起重量：16/5t；跨度：34.5m；起升高度：18m；抓斗容积：3m³ 附：抓斗提升/关闭运行速度：36.4m/min。附电动机：YZR315M-8，2×90kW 附：副钩提升运行速度：18.5m/min。附电动机：YZR180L-6，17kW 附：大车运行速度：118m/min。附电动机：YZR200L-6，2×22kW 附：小车运行速度：47m/min。附电动机：YZR160L-6，11kW	台	8
圆盘给料机	ϕ2500，附减速机：BWD8-87-22	台	4
电子皮带秤	$B = 1000$mm，$L = 6750$mm，$r = 1.25$m/s；附电动滚筒：YD-320-4.0-1240，4kW	台	4
1 号皮带输送机	$B = 1000$mm，$L_h = 129.225$m；$H = 1.95$m；倾角：1°41′39″；$r = 1.25$m/s 附电动机：YII-220-125-10080，22kW	台	1
2 号皮带输送机	$B = 1000$mm，$L_h = 116.6$m；$H = 112.1$m；倾角：14°；$r = 1.25$m/s 附电动机：YII-220-125-10080，22kW	台	1
3 号皮带输送机	$B = 1000$mm，$L = 17.25$m；$r = 1$m/s 附电动滚筒：TDY-75-100-1063N = 7.5kW	台	1
4 号皮带输送机	$B = 1000$mm，$L = 169.84$m；$r = 1$m/s 附电动机：Y280M-655kW；减速机：ZQ85　$i = 40$	台	1

4.2.1.4　工艺过程控制

5 万吨铜精矿仓设有 6 个精矿储仓，4 号皮带输送机带有头部卸料小车。根据铜精矿种类的不同，控制 4 号皮带卸料小车的下料点，将铜精矿分别卸入各个储料仓中。

4.2.2 湿精矿配料

4.2.2.1 流程介绍

湿精矿配料的工艺流程如下：5 万吨铜精矿仓配备有 8 套配料仓和定量给料机，根据合成熔炼对铜精矿成分的要求，经过核算后将来自铜原料仓的不同成分的铜精矿由抓斗式桥式起重机分别抓入配料仓中，按照配料比控制给料量，经过定量给料机计量后，由 5 号皮带输送机和 6 号皮带输送机运至精矿干燥厂房，通过圆振动筛筛分除杂后再由 7 号皮带输送机倒运至铜湿精矿仓（仓容积 99m³）存放，供精矿干燥用。

4.2.2.2 主要设备构成及技术性能

湿精矿配料主要由抓斗式桥式起重机、定量给料机、皮带输送机和圆振动筛等设备组成。皮带输送机的输送能力不大于 250t/h。

湿精矿配料的主要设备性能见表 4-3。

表 4-3 湿精矿配料的主要设备性能

设备名称	技 术 参 数	单位	数量
抓斗桥式起重机	QZ 型；额定起重量：10t；跨度：22.5m；起升高度：20m，抓斗容积：2.5m³ 附：抓斗提升/关闭运行速度：39.2m/min。附电动机：YZR280M-10，2×45kW 附：大车运行速度：113.1m/min。附电动机：YZR160L-6，2×11kW 附：小车运行速度：45.4m/min。附电动机：YZR132M2-6，3.7kW	台	3
定量给料机	$B=1000mm$，$L=7625mm$，$N=5.5kW$	台	8
5 号皮带输送机	$B=1000mm$，$L=63.6m$；$r=1m/s$ 附电动机：Y250S-6，37kW；附减速机：ZQ75，$i=40$	台	1
6 号皮带输送机	$B=1000mm$，$L_h=120.48m$；$H=29.799m$，倾角：13.894°；$r=1m/s$ 附电动机：Y315S-6，75kW；附减速机：ZQ100，$i=40$	台	1
7 号皮带输送机	$B=1000mm$，$L_h=18.85m$；$H=3.45m$，倾角：10.566°；$r=1m/s$ 附电动滚筒：TDY-75-100-1063N=7.5kW	台	1
圆振动筛	$Q=350t/h$；筛面倾角：15° 附电动机：Y160M-411kW	台	1

4.2.2.3 工艺过程控制

湿精矿配料系统有 8 台配料用定量给料机，根据铜精矿种类，可多台同时运行。铜精矿通过定量给料机准确计量后由皮带输送机输送到湿精矿中间仓，给料量通过人工在计算机手动设定，计算机自动跟踪。

所有设备均可以在计算机上手动开、停车，也可以通过计算机延时连锁停车。

4.2.3 精矿干燥

精矿干燥系统主要是将来自湿精矿配料的铜精矿经过计量后送入蒸汽干燥机内进行干

燥，产出含水小于0.3%的干精矿供合成熔炼用，干燥尾气经过布袋收尘器净化后排空。

4.2.3.1 流程介绍

精矿干燥主要包括精矿干燥、精矿干燥收尘。

A 精矿干燥

贮存在铜湿精矿仓中的按一定配比配好后的混合湿铜精矿（铜精矿的成分见表4-4），经过定量给料机精确计量后，由移动式皮带送入低速旋转的蒸汽干燥机中。在蒸汽干燥机中均匀排列着直径不同的蒸汽管，通入来自合成炉余热锅炉产出的中压饱和蒸汽。物料随着筒体的转动不停翻动，在向前移动的同时，与蒸汽管进行间接换热，将铜精矿干燥到含水小于0.3%以下后，由中心出料端排入沉尘室中。少量的载气从蒸汽干燥机的进料口进入，携带干燥过程中蒸发的湿分气体先后经过干燥机出料端和沉尘室后，进入布袋收尘器处理。

表4-4 铜精矿成分 （质量分数/%）

$w(Cu)$	$w(Fe)$	$w(S)$	$w(SiO_2)$	$w(CaO)$	$w(MgO)$
25.0	27.0	33.0	7.0	0.5	1.0
$w(Pb)$	$w(Zn)$	$w(As)$	$w(Sb)$	$w(Bi)$	
1	2	0.35	0.08	0.06	

铜精矿干燥采用两种压力的饱和蒸汽，其中一种为0.8MPa的低压饱和蒸汽，用于蒸汽伴管保温；另一种为2.0MPa的中压饱和蒸汽，作为蒸汽管回转干燥机的加热介质。饱和蒸汽通过过滤器、阀门组件进入干燥机蒸汽管的换热管中，换热后形成的冷凝水由疏水装置排出。

B 精矿干燥收尘

烟气条件：精矿干燥收尘的烟气条件见表4-5。

表4-5 精矿干燥收尘的烟气条件

项　目		单　位	技 术 参 数
干燥前精矿含水		%	8~10
蒸汽干燥机能力		t/h	120~145
烟气量		m^3/h	40000~80000
烟气温度		℃	120
烟气含尘		g/m^3	60
烟气成分	O_2	%	12~13.20
	H_2O	%	37.15~43
	N_2	%	45~49.65

流程介绍：干燥尾气主要是湿精矿干燥时蒸发出来的水蒸气和空气载体，蒸汽干燥机出口烟气含尘浓度约60g/m^3。干燥尾气经过1650m^2布袋收尘器净化后，其烟气含尘浓度降至约80mg/m^3，再通过排烟机排入大气。布袋收尘器收下的烟尘则由2台螺旋输送机送入刮板，再由仓式泵送入10楼精矿仓。

布袋收尘器喷吹气源采用来自厂区综合管网的氮气或压缩风。

4.2.3.2　主要设备构成及设备性能

精矿干燥主要由定量给料机、移动式皮带输送机、蒸汽干燥机、布袋收尘器、引风机、刮板、仓式泵、螺旋输送机等设备组成。精矿干燥的主要设备性能见表4-6。

表4-6　精矿干燥的主要设备性能

设备名称	技 术 参 数	单 位	数 量
定量给料机	$B=1000mm$, $L=7460mm$, $N=7.5kW$	台	1
蒸汽干燥机	$Q=145t/h$(干基), $\phi4200\times17000mm$ 详见表4-7:回转式蒸汽干燥机的主要设备性能	台	1
低压脉冲袋式收尘器	DMC-Ⅱ, $F=1650m^2$	台	1
螺旋输送机	$L=5000mm$ 附电动机:Y160M-4, $N=5.5kW$, $1500r/min$	台	2
刮 板	$B=400mm$, $L=9234mm$, 处理能力:10t/h	台	1
刮 板	$B=800mm$, $L=28150mm$, 处理能力:160t/h	台	1
锁风给料机	DXC-300, 处理能力100t/h	台	3
引风机	Y 全压:4854~4611Pa, 流量:40078~93516m^3/h 附电动机:YJTG315L1-4, 160kW, $r=1480r/min$	台	1
仓式泵	NCD10.0	台	3
仓式泵	NCD2.0	台	2

4.2.4　精矿输送

干精矿输送:由于合成炉顶干精矿仓距蒸汽干燥机的排料口垂直距离达50m,且输送量大,因此,采用5台气力输送泵交替进行作业(3台10m^3仓泵用于输送刮板前部及中部沉尘室加入刮板的精矿,2台2m^3仓泵用于输送刮板余料)。

干燥后的铜精矿从蒸汽干燥机的中心出料口排入沉尘室,通过3台锁风给料机将铜精矿加入刮板中,由刮板拉入3台10m^3仓式泵中,3台仓式泵呈"一"字形南北向排列。

布袋收尘器收下的烟尘则由2台螺旋输送机送入刮板,由刮板拉入2台2m^3仓式泵中,2台仓式泵呈"一"字形东西向排列。

输送管道规格$\phi300/\phi200mm$,材质KMTBCr28。

吹送气源来自厂区氮气管网的$0.5~0.7MPa$氮气。作为空分装置的副产品,氮气为比较理想的洁净气体,无水无油,对输送介质不会产生氧化作用,可避免造成二次污染或吸潮。在非正常状态(氮气压力过低、仓式泵检修等情况)可以切换为压缩空气,压缩空气来自厂区压缩空气管网,压力$0.4~0.6MPa$。

铜精矿经仓式泵输送到合成炉顶干精矿仓存放,输送气体经2座400m^2仓式收尘器净化后放空。

4.3 蒸汽干燥系统主体设备简介

4.3.1 回转式干燥机

回转式蒸汽干燥机的主要设备性能见表4-7。

表 4-7 回转式蒸汽干燥机的主要设备性能

项 目	单 位	技 术 参 数
型 号		HZG736-TJT
规 格	mm	$\phi 4200 \times 17000$，$Q = 145t/h$（干矿）
筒体内径	mm	$\phi 4200mm$
传热面积	m²	1400
筒体转速	r/min	0.71～2.36
筒体倾斜度	%	2.0/100
工作压力	MPa	2
工作温度	℃	214
附主电动机	—	YPTQ355-4，280kW，1489r/min，380V
附主减速机	—	PHA9121P4RL100，速比：1：101.6
齿轮速比	—	27/168
附盘车系统	—	
附盘车电动机	—	Y160M-4，11kW，1440r/min
附盘车减速机	—	CHHM15-6185-35，速比：1：35
附超越离合器	—	CY1-210
输出转速	—	41.4r/min
干燥机外形尺寸	mm	28590（长）×7524（宽）×8396（高）
设备总重	kg	374000

4.3.2 干燥系统布袋收尘器

由于蒸汽干燥机出口烟气含尘浓度约 $60g/m^3$，所以烟气处理只需一段布袋收尘器。布袋收尘器选用低压脉冲袋式收尘器，DMC-Ⅱ低压脉冲袋式收尘器是在国外同类产品先进技术经改进后设计而成的中小型袋式除尘器，具有清灰动能大、清灰效率高的特点。并且体积小，质量轻结构简单紧凑、安装容易、维护方便，广泛用于建材、冶金、矿山、化工、煤炭、非金属矿超细粉加工等行业的含尘气体净化处理系统，是环保的理想设备。

4.3.2.1 布袋收尘器的工作原理

含尘气体由进气口进入灰斗或通过敞开法兰口进入滤袋室，含尘气体透过滤袋过滤为净气进入净气室，再经净气室排气口，由风机排走。粉尘积附在滤袋的外表，且不断增加，使袋除尘器的阻力不断上升，为使设备阻力不超过 1600Pa，袋除尘器能继续工作，需定期清除滤袋上的粉尘。清灰是由程序控制器定时顺序启动脉冲阀，使包内压缩空气由喷吹管孔眼喷出（称一次风）通过文氏管诱导数倍于一次风的周围空气（称二次风）进入滤袋在瞬间急剧膨胀，并伴随着气流的反向作用抖落粉尘，达到清灰的目的。

4.3.2.2 布袋收尘器的主要设备构成

低压脉冲袋式收尘器包括除尘器本体、输送系统、气源系统、控制系统等。

A 除尘器本体

除尘器本体包括上箱体、中箱体和下箱体。上箱体为净气室清灰系统，主要包括汽缸、电磁阀和喷吹系统；中箱体为过滤室，主要包括滤袋、袋笼、进出风口、室隔板；下箱体为灰斗输灰系统、蒸汽加热管、仓壁振动器等。

B 输送系统

输送系统主要包括清灰系统、螺旋输送机及 PLC 自动控制系统等，进入除尘器内的烟气在负压作用下进入过滤布袋进行过滤，并且在清灰系统完成清灰后，灰尘落入灰斗，通过螺旋输送机将灰斗内的灰尘输送至刮板。输送系统的全部工作过程通过 PLC 定时控制。

C 气源系统

气源系统主要包括气包和气源三联体。气源三联体包括水、油过滤器、手动调压螺丝和压力表等，主要过滤水、油等污物，并通过机械方式调整进气压力。

D 控制系统

控制系统由装有 S7-200 的 PLC 控制柜组成，控制柜上设有调节按钮和液晶显示屏，主要调节压力、风量和喷吹周期，并在显示屏上显示喷吹周期、工作状态等。控制系统能够实现压差控制、定时控制、手动控制。控制系统能够接受来自收尘管道流量调节阀的信号，并自动调节风机的风量及转速。控制系统具有故障监测功能，要求具有 DCS 通讯功能。

4.3.2.3 单体设备说明

DMC-Ⅱ低压脉冲袋式收尘器主要配件清单见表4-8。

表 4-8 DMC-Ⅱ低压脉冲袋式收尘器主要配件

序 号	配件名称	规格型号	数量/台(套)	材 质	生产厂家
1	滤 袋	$\phi 130mm \times 3100mm$	1280	P84 覆膜针刺毡	泊头科盛
2	袋 笼	$\phi 124mm \times 3080mm$	1280	材质 SUS304	泊头科盛
3	脉冲阀	2″淹没式	80	铝合金外壳	美国 ASCO
4	上箱体	DMC-Ⅱ	1	SUS304 $\delta = 5mm$	泊头科盛
5	中箱体	DMC-Ⅱ	1	SUS304 $\delta = 5mm$	泊头科盛
6	下箱体	DMC-Ⅱ	1	SUS304 $\delta = 5mm$	泊头科盛

4.3.2.4 布袋收尘器的主要设备性能

布袋收尘器的主要设备性能见表4-9。

表 4-9　布袋收尘器的主要设备性能

项　目	单　位	技　术　参　数	项　目	单　位	技　术　参　数
型　号		DMC-Ⅱ	总过滤面积	m²	1650
处理风量	m³/h	50000 ~ 80000	设备外形尺寸	mm	长×宽×高: 8520×7000×8080
除尘效率	%	不小于 99.9	设备总重	kg	40098
压　降	Pa	1200 ~ 1600			

4.3.3　48m 平面干精矿仓布袋收尘器

布袋除尘器选用气箱脉冲袋收尘器,这种收尘器集喷吹脉冲和分室反吹等诸类袋收尘器的优点,克服了喷吹脉冲袋收尘器所需的脉冲阀数量多、换袋不便、过滤与清灰同时进行,以及分室反吹袋收尘器清灰强度小等缺点。采用单个脉冲阀对相应袋室进行整箱喷吹,袋口上方无需喷吹管,拆换袋极为方便。该产品清灰强度大,动作迅速,除尘效率高,一个周期的清灰动作可在很短的时间内完成。在无预收尘设备且收尘装备投资不增加的情况下,能一次性处理含尘浓度(标态)高达 $1000g/(m^3 \cdot h)$ 的烟尘,确保排放达标。

4.3.3.1　布袋收尘器的工作原理

设备正常工作时,含尘气体由进风口进入灰斗,一部分较粗的尘粒由于惯性碰撞或自然沉降等原因落入灰斗,其余大部分尘粒随气流上升进入袋室。经滤袋过滤后,尘粒被滞留在滤袋的外侧,净化后的气体由滤袋内部进入上箱体,再由阀板孔、排风口排入大气,从而达到收尘的目的。随着过滤的不断进行,收尘器阻力也随之上升,当阻力达到一定值时,清灰控制器发出清灰命令。首先将提升阀板关闭,切断过滤气流;然后,清灰控制器向袋迅速鼓胀,并产生强烈抖动,导致滤袋外侧的粉尘抖落,达到清灰的目的。由于设备分为若干个箱区,所以上述过程是逐箱进行的,一个箱区在清灰时,其余箱区仍在正常工作,保证了设备的连续正常运转。

4.3.3.2　布袋收尘器的主要设备构成

布袋收尘器主要由壳体、滤袋、笼骨、压缩空气气室、脉冲电磁阀、脉冲控制仪等部分组成。

4.3.3.3　布袋收尘器的主要设备性能

布袋收尘器的主要设备性能见表 4-10。

表 4-10　布袋收尘器的主要设备性能

项　目	单　位	技　术　参　数	项　目	单　位	技　术　参　数
型　号		FGM96-4F, 4-72　NO4.5A, 左旋90°	除尘效率	%	不小于 99.9
处理风量	m³/h	约 9702	总过滤面积	m²	800

4.3.4　仓式泵

正压流态化仓式泵(NCD 型)是罐式输送装置的一种,它用于压送式气力输送系统中，可作远距离输送。泵体内的粉粒状物料与充入的介质气体相混合，形成似流体状的气固混合物，借助泵体内的压力差实现混合物的流动，经由输料管输送至储料设备。

4.3.4.1 仓式泵的工作原理

正常工作时，一次风、二次风电磁阀关闭，仓泵的预隔断阀、进料阀、透气阀打开。此时物料通过进料阀从灰斗进入仓泵，当物料充满仓泵（充满系数 75%～85%）后，仓泵上料位计自动发讯。预隔断阀、进料阀、透气阀关闭，一次风、二次风电磁阀相继打开。氮气（压缩空气，压力 0.4～0.7MPa）通过管道充入仓泵内，使仓泵内流化床上面的物料呈流态化，呈流态化的物料在气压作用下进入输料管吹送到料仓。随着物料的减少，泵内压力逐渐降低，降低到设定值时一次风电磁阀首先关闭停止吹送，二次风经短时间的吹扫输送管道后关闭，预隔断阀、进料阀、透气阀打开，开始下一轮循环。

4.3.4.2 仓式泵主要设备构成和设备性能

仓式泵主要由泵体和辅件组成。其设备性能见表 4-11、表 4-12。

表 4-11 单台 10m³ 仓式泵及其辅件的主要设备性能

设备名称	规格型号	单位	数量	材 料	备 注
仓式泵	NCD10.0	台	3	16MnR，Q235-C	125T/H/套
现场控制柜	（单泵）	只	1	电磁阀亚德克	
PLC 控制柜	CB-3	套	1	PLC 西门子 S7 系列	
出料阀（陶瓷耐磨阀）	BFJZ-10Q-200	台	1	阀板 1Cr15 铸陶瓷	气 动
预隔断阀（陶瓷耐磨阀）	BFJZ-10Q-300	台	1	阀板 1Cr15 铸陶瓷	气 动
进料阀（陶瓷耐磨阀）	BFJZ-10Q-325	台	1	阀板 1Cr15 铸陶瓷	气 动
透气阀（陶瓷耐磨阀）	BFJZ-10Q-150	台	1	阀板 1Cr15 铸陶瓷	气 动

表 4-12 单台 2m³ 仓式泵及其辅件的主要设备性能

设备名称	规格型号	单位	数量	材 料	备 注
仓式泵	NCD2.0	台	2	16MnR，Q235-C	
现场控制柜	（单泵）	只	1	电磁阀亚德克	
PLC 控制柜	CB-3	套	1	PLC 西门子 S7 系列	
出料阀（陶瓷耐磨阀）	BFJZ-10Q-100	台	1	阀板 1Cr15 铸陶瓷	气 动
预隔断阀（对夹蝶阀）	DN300	台	1		气 动
进料阀（陶瓷耐磨阀）	BFJZ-10Q-325	台	1	阀板 1Cr15 铸陶瓷	气 动
透气阀（陶瓷耐磨阀）	BFJZ-10Q-50	台	1	阀板 1Cr15 铸陶瓷	气 动

4.4 蒸汽干燥系统附属设备简介

精矿干燥的附属设备主要包括刮板、电磁除铁器、电动葫芦等。其主要设备性能见表 4-13。

表 4-13 附属设备的主要设备性能

设备名称	技 术 参 数	单 位	数 量
电动葫芦	CD I 5-60D，$Q=5t$，$H=60m$ 附：提升速度：8m/min；附电动机：YZR280M-10，7.5kW 附：运行速度：20m/min；附电动机：YZR160L-6，0.8kW	台	1
电磁除铁器	RCQB-10，$N=4kW$	台	1
箱式载货电梯	$Q=3t$，$V=0.4m/s$，$H=46.5m$，箱体尺寸：2500mm×3500mm 附电动机：15kW	台	1
储气罐	C-4.0/0.8，容积：4.0m³	个	1

5 合成炉熔炼工艺

5.1 合成炉炼铜设备及工艺配置

5.1.1 合成炉主体设备

合成炉由反应塔、沉淀池、上升烟道和贫化区四个部分组成，其主体设备如下。

5.1.1.1 炉型

采用带贫化区的熔炼炉。将熔炼炉和贫化电炉合二为一，即在一般熔炼炉的后段增加一个贫化区，插入两组电极对炉渣进行加热和贫化，使炉渣含铜降低。

5.1.1.2 反应塔

根据生产规模，反应塔的规格为 $\phi6000mm$，高 7000mm。由于反应塔高温操作，为保证其寿命，除用优质镁铬砖砌筑之外，还加大了冷却强度。反应塔顶采用吊挂平顶结构，延长寿命，方便维护检修；塔身冷却水套的间距减小，约为 390mm，共设 12 层冷却平水套，每层 20 块水套，水套厚度 80mm。

反应塔最下端采用吊挂的齿形冷却水套，水套高度 1360mm，宽度 500mm，共 40 块，水套厚度 180mm，水套呈锯齿形，内砌筑耐火材料。其吊挂结构方便水套检修更换。

反应塔仍采用上部吊挂结构，塔身处于悬吊状态，塔身可向下自由膨胀。

5.1.1.3 沉淀池

沉淀池炉墙采用向上倾斜 10° 的炉墙，这种结构稳定、有利于砖体的膨胀、增大炉墙的冷却强度、加大了上部炉膛空间、降低了烟气速度和烟气含尘、水套漏水可流到炉外，保证了安全生产。渣线区炉墙采用平水套冷却，熔池部分采用立水套冷却。炉底兼顾沉淀池和贫化区的需要，其厚度是 1550mm；沉淀池的炉顶采用分段吊挂的止推炉顶，不采用 H 形水冷钢梁，每段拱顶之间设吊挂铜水套；贫化区拱形炉顶是采用拱高 200mm 的 H 形水冷钢梁支撑、耐火浇注料浇注的整体炉盖。

炉体骨架采用整体弹性骨架，即用夹持梁夹持立柱，用拉杆弹簧拉紧夹持梁，夹持梁起到了平衡和保持炉体同步均匀膨胀的作用。底梁采用 32 工字钢制作的双层网状结构，只承受炉体及熔体的质量，不再起底拉杆的作用。底部单独设计 18 根直通的 $\phi80mm$ 纵向拉杆，65 根 $\phi80mm$ 直通的横向拉杆，拉紧炉体下部。沉淀池上部纵向拉杆有所加强，每侧布置 $3 \times 2 = 6$ 根 $\phi80mm$ 拉杆，上部纵向拉杆共 12 根。沉淀池上部横向仍采用拉紧梁加短拉杆的形式拉紧，共 6 组，每组 8 根弹簧。纵向拉杆全部采用进口的特殊设计的 45t 涡卷弹簧拉紧，炉底横向拉杆采用进口的 35t 涡卷弹簧拉紧。上端梁按应力曲线设计组合梁，提高上端梁的强度和刚度。整个骨架的设计能够确保炉体的整体性并允许均匀的膨胀。炉底、炉墙均采用特殊设计的优质镁铬砖砌筑。

铜合成熔炼炉从反应塔到贫化区共设置了 6 个冰铜排放口，高 0.4m，放出口结构为三层水套冷却，由内向外依次为立水套、中间水套和压板水套。其中在立水套和中间水套开孔 302mm×302mm，内砌筑耐火砖，压板水套开孔 ϕ55mm。炉渣放出口布置在贫化区端墙，设置两个渣口，高 1.2m。

在炉体两个端墙考虑了两个事故排放口，放出口周围采用特制的熔粒砖，在炉墙立水套上开孔 ϕ50mm，与冰铜放出口不同的是没有配置压板水套和流槽。

5.1.1.4　上升烟道

上升烟道仍采用上部吊挂、悬吊式的上升烟道。参照镍闪速炉的生产实践，对多处进行了改进设计。主要有：

(1) 将上升烟道后墙由斜墙改为垂直吊挂的直墙，并加设冷却水套。

(2) 副烟道口向出口反方向移位 1000mm，副烟道口座和副烟道盖均为特殊设计的铜水套结构，减小烟气对副烟道口的冲刷和烟尘黏结。

(3) 上升烟道出口的水套布置及结构更为合理、简单可靠。

(4) 取消了沉淀池、贫化区到上升烟道的过渡段，以与反应塔下部相似的齿形水套，取代原来的过渡段斜水套。

(5) 迎火面墙增加了冷却水套；清理烟灰的工作门改为焊接结构。

(6) 上升烟道炉顶，镍闪速炉为吊挂砖平顶，现改为 H 形水冷梁支撑的整体浇注炉顶。

所有这些改进，可达到延长上升烟道寿命、减少维修工作量的目的。

5.1.1.5　贫化区

贫化区装设两组电极，每组电极功率为 4000kV·A，电极直径 ϕ900mm，电极节圆直径 ϕ3000mm，贫化区长度 16400mm。电极采用水冷铜管短网、水冷铜管集电环、软铜带、移动集电环、导电铜瓦组成的导电系统，这种导电系统压降小、电损小、功率因数高。电极采用液压升降、液压压放、计算机控制。

5.1.1.6　水冷件

铜合成熔炼炉是一种强化冶炼设备，炉温高、热强度大，炉体受炽热的熔体与气流的机械冲刷和化学侵蚀，工作条件恶劣，合理地采用水冷技术是保证合成炉寿命至关重要的因素。反应塔塔壁采用 12 层水平放置的铜板水套，反应塔与沉淀池的连接部采用悬吊齿形铜水套 20 块。反应塔下的沉淀池墙，设置 3 层平水套和一圈立水套，第一层平水套与第二层平水套之间还设有 E 形水套，贫化区炉墙设置一层平水套和一圈立水套，渣层和冰铜层的立水套联成整块。整个炉墙共设置平水套 58 块，E 形水套 20 块，立水套 52 块。沉淀池炉顶采用分段吊挂结构，每段之间有吊挂铜板水套。沉淀池平顶共设置吊挂水套 16 块，沉淀池拱顶共设置吊挂水套 45 块。贫化区炉顶采用 H 形水冷钢梁，共设置 13 根 H 形水冷钢梁。贫化区与上升烟道连接处采用 3 块吊挂铜水套冷却。上升烟道与沉淀池和贫化区连接部各采用 8 块齿形水套冷却，齿形水套吊挂在上升烟道东西侧墙上，共 16 块。上升烟道迎火面的墙上设置 12 层平水套，共 44 块，后墙（北侧）设置 6 层平水套共 6 块，背火面（东侧）墙上设置 6 层平水套共 28 块。上升烟道出口处的烟道闸门框也采用水套结构，烟道闸门框下方设置 5 层平水套共 5 块。上升烟道炉顶采用 H 形水冷梁冷却支撑，共 6 根 H 形水冷梁。上升烟道炉顶与烟道闸门框连接处采用 3 块吊挂铜水套冷却。铜锍放出口及渣放出口处均设计了特殊的水冷结构。

所有这些水冷件的设置，都是为了保证提高炉寿命，满足工艺的需要。所有水套（除副烟道口为紫铜铸造水套之外）都是采用轧制紫铜板钻孔加工而成，工艺孔有三道密封，采用金川集团公司机械制造公司研发的专项技术，确保工艺孔不漏水。H 形水冷梁经过特殊焊接制成，所用冷却铜管用整根铜管加工，没有焊接接头，确保不开裂、不漏水。

合理使用水冷件可提高炉寿命，确保水冷件的安全性是至关重要的，在设计中给予了高度重视，水冷件全部采用软化水循环冷却。

5.1.1.7　精矿喷嘴

铜合成炉从 2005 年 9 月投产至 2012 年 5 月为止，精矿喷嘴一直采用金川集团股份有限公司铜冶炼厂自主研发的精矿喷嘴，即在塔顶布置 4 个同时工作的精矿喷嘴。

四喷嘴结构对风速控制、物料掺混、热负荷均衡控制都存在一定的局限性，使合成炉炉况的控制难度增大，反应不完全，导致下"生料"，烟尘产率升高，给后序的锅炉和电场系统安全运行造成很大的影响，使原本能力不足的余热锅炉频繁出现泄漏，更加成为制约产能提升的瓶颈。在金川镍闪速炉精矿喷嘴改造的基础上，通过大量模拟计算和论证，于 2012 年 5 月对合成炉精矿喷嘴进行了改造，四喷嘴结构改为单喷嘴结构。

A　单喷嘴主要设备构成

单喷嘴由芬兰奥图泰公司制造，单喷嘴示意图如图 5-1 所示，其主要设备构成如下：

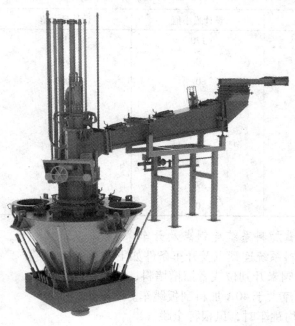

图 5-1　铜合成炉单喷嘴示意图

1 个中央喷射分配器（壳体和分配器）；

1 个中央油枪；

1 个风箱；

1 个水冷鸟巢水套；

1 个水冷环绕水套；

1 个精矿喷嘴综合阀站；

1 个中央油枪阀站；

1 个流速调节套筒；

1 个风动溜槽；

1 个喷嘴控制系统。

B 单喷嘴设计工艺参数

单喷嘴设计工艺参数见表5-1。

表 5-1 单喷嘴设计工艺参数

固体物料量			
	设计最低	设计最高	实际平均
精矿/t·h^{-1}	70	160	125
石英/t·h^{-1}	8.4	22.4	16.5
烟灰/t·h^{-1}	7.0	11.2	10.0
粉煤/t·h^{-1}	0.4	1.0	0.8
返料/t·h^{-1}	2.7	6	4.7
总料量/t·h^{-1}	89.1	200	157
工 艺 参 数			
	设计最小值	设计最大值	额定值
氧单耗(标态)/m^3·t^{-1}	170	210	190
中央氧(标态)/m^3·h^{-1}	0	1600	
中央油(标态)/kg·h^{-1}	0	1000	
雾化风(标态)/m^3·h^{-1}	80	220	
分配风(标态)/m^3·h^{-1}	500	3500	
溜槽风(标态)/m^3·h^{-1}	0	200	
分散角度/(°)	2	10	
风速/m·s^{-1}	60	120	
套筒位置/mm	0	250	

C 合成炉单喷嘴加料系统连锁点及开车条件

合成炉单喷嘴加料系统连锁点及开车条件如下：

(1) 单喷嘴闸板阀未开到位或者溜槽堵料，加料系统全跳。

(2) 加料刮板电流大于40A加料刮板跳车。

(3) 2台埋刮板均跳车时，风根秤全跳。

(4) 所有集中信号没有时，相应设备跳车。

5.1.2　合成炉主要结构性能

合成炉主要结构性能见表5-2。

表5-2　合成炉主要结构性能

序　号	项　目	单　位	数　量
1	铜精矿处理量	t/h	125
2	反应塔直径	mm	6000
3	反应塔高度	mm	7000
4	精矿喷嘴数	个	1
5	停留时间	s	3.2
6	烟气速度	m/s	约2.2
7	容积热强度	MJ/(m³·h)	4580
8	沉淀池熔池深度	mm	1300
9	沉淀池渣线宽度	mm	7050
10	沉淀池渣线长度	mm	约16000
11	沉淀池烟气流速	m/s	4.7
12	上升烟道出口断面	m²	3×4.5=13.5
13	出炉烟量	m³/h	约95000
14	出炉烟气温度	℃	约1250
15	上升烟道出口烟气速度	m/s	5.6
16	贫化区高度	mm	2660
17	贫化区渣线长度	mm	16400
18	渣层厚度	mm	700~800
19	贫化区面积	m²	116
20	贫化区变压器	kV·A	4000
21	炉用变压器数量	台	2
22	变压器低压侧电压	V	70~100~200
23	变压器低压侧最大电流	A	23094
24	电极根数	根	6
25	电极直径	mm	900
26	电极分布圆直径	mm	3000
27	电极液压传动工作油压	kPa	4905
28	电极升降柱塞直径	mm	200
29	电极上、下环柱塞直径	mm	250
30	炉体总重	t	约3464
	其中：钢结构质量	t	961
	铜水套质量	t	329
	耐火材料质量	t	2174
31	冷却水用量	t/h(软水)	2500~2700
32	冷却水压力	MPa	大于0.25

5.1.3　合成炉工艺配置

合成炉熔炼工艺过程是围绕着冶炼过程的三大控制参数：冰铜温度、炉渣 Fe/SiO$_2$ 和冰铜品位来进行的。冶炼操作温度的控制是根据反应过程热平衡原理，通过物料的化验分析结果、熔炼氧气浓度、燃料和电能的补充达到控制的目的；合理的炉渣组成是通过物料的合理配料来实现的；冰铜品位的控制是通过控制熔炼过程氧化的深度来实现的，具体是通过控制精矿的氧气单耗来实现的。

在合成炉干燥厂房上部设计有干精矿仓、熔剂（石英粉）仓和烟尘仓，精矿、熔剂和烟尘等物料，按照合成炉炉况控制的需要配比，经设置于各料仓出料口的风根秤准确计量后配入配料刮板（两条并列运行），再转运至加料刮板（两条并列运行）加入反应塔喷嘴。物料在刮板运输过程中充分混合均匀。

从氧气站送来的氧气一路经合成炉单喷嘴中央氧管道进入合成炉 23.5m 平面（五楼）综合阀站，经综合阀站设定流量后再进入反应塔单喷嘴。另一路与从反应塔专用通风机送来的空气按给定的氧气浓度混合，按给定的流量鼓入反应塔单喷嘴风箱。其他一路沿厂房外管网桥架铺设至合成炉 23.5m 平面，再经设在 18.0m 平面的氧气调压阀分配至沉淀池顶五根鼓氧管道。单喷嘴中央氧、工艺风、工艺氧系统分别设有气体流量检测与调节设备。

单喷嘴分散风从厂区现有的空压风管网接入，经单喷嘴分散风管道进入合成炉 23.5m 平面（五楼）综合阀站，根据单喷嘴运行状况自动调节流量后进入反应塔单喷嘴。

合成炉自 2012 年 5 月进行单喷嘴改造后，实现了完全自热，不再使用重油作为辅助燃料进行生产，重油只是在合成炉保温时使用。保温时，从重油间送来的燃料重油经流量检测和流量调节后，送入合成炉 18.0m 平面（四楼）重油阀站，经重油阀站再次调节流量后进入反应塔喷嘴。重油采用来自厂区蒸汽管网的蒸汽保温。重油雾化空气及燃烧喷嘴冷却风从单喷嘴分散风管网接入，经过重油阀站自动调节流量后送入反应塔精矿喷嘴。

单喷嘴风动溜槽风来自于单喷嘴分散风管网，按设定流量进入单喷嘴风动溜槽。

进入喷嘴的混合物料、富氧空气、中央氧、分散风在精矿喷嘴喷出口处相互掺混达到充分混合，并使物料被点燃。物料在从反应塔顶下落的过程中发生剧烈反应，完成脱硫氧化过程。

熔炼产出的高温熔体从沉淀池向贫化区流动过程中，由于冰铜和炉渣存在密度差且不互溶而澄清分离，冰铜从炉子下部放出口排出，通过冰铜包子加入转炉吹炼。炉渣从炉后渣口排出经渣车运送至渣选矿。

炉渣向贫化区流动中温度逐渐降低，为便于渣铜澄清分离和排放，在贫化区设立两组电极向炉内补充热量。同时为改善渣型，更有利于渣铜澄清分离，在贫化区加入石英石造渣。石英石来自焙烧车间，通过上料 7 号～21 号皮带转运至贫化区炉顶料仓，经过计量后，通过皮带和埋刮板运输机加入贫化区炉内。

铜合成炉产生的高温烟气进入余热锅炉，其烟气温度最高为 1300℃，烟气量（标态）可达到 95000m^3/h。余热锅炉入炉烟气含尘 115.13g/m^3，烟气先经过余热炉的辐射区，与辐射区内的水冷壁及受热面进行热交换，使烟气温度降至 750℃ 左右后再经过对流区，与对流区内的管屏及对流管束等受热面继续进行热交换，使烟气温度降至350℃左右，出炉烟气含尘降低到95.72g/m³。冷却后的烟气先经球形烟道初收尘后再进入电收尘器收尘净化。

余热锅炉采用强制循环。在辐射区和对流区内，水冷壁及对流管束等受热面里的水与高温烟气热交换后，产生的汽水混合物进入汽包后经汽水分离器分离，蒸汽经减压后通过热力管网供用户使用，而汽包内的水经过热循环再次进入锅炉受热面进行热交换，产生蒸汽继续送入外部管网。

高温烟气经过辐射冷却室和对流区，可使烟气气流平缓，从而减少炉内结焦。依附在炉管上的灰渣经过振打的振动得到清除，由刮板机刮出炉内。而烟气中所含的有害气体因露点的关系，经降温后也将得到有效的抑制。

铜合成熔炼炉收尘采用2台单室五电场50m²的电收尘器，烟气在电场内的过滤速度为0.46m/s。

从电收尘器出来的烟气含尘约为0.35g/m³，用排烟机送往硫酸系统，排烟机通过变频电动机驱动并调速，以便于调节炉子的负压。

沉降室及电收尘器烟灰由电液动插板阀卸灰，经埋刮板输送机送到总刮板输送机头部的集尘仓，再用NCD仓式泵气力输送到合成熔炼炉烟尘仓。

当电收尘器第五电场收下的烟尘含Pb、Zn氧化物较多时，可采用烟尘开路的方式将该部分烟尘集中另行处理。

综上所述，合成炉是一个庞大的、复杂的系统，围绕着合成炉工艺过程的实现，合成炉又可以分为配加料、燃油、供风、电极、熔体排放、冷却水、余热回收、排烟收尘、环保排烟和事故排烟等10个系统，还有部分附属设备。

5.1.3.1 配加料系统

反应塔配加料是根据冶金计算，为合成炉精矿喷嘴提供经过准确计量的合理配比的铜精矿、石英粉和烟尘；贫化区配加料是为贫化区贫化合成炉炉渣供给准确计量的石英。

A 流程介绍

反应塔配加料系统作业制度是连续的，合成炉厂房48.0m平面处（十楼）设置2个干精矿仓、1个石英仓和1个烟尘仓。石英和烟灰经过配置料仓出料口的风根秤连续精确计量后经过分料阀和溜管相对均匀地进入两条配料刮板运输后，经过料管进入加料刮板运输机，干精矿经过配置其料仓出料口的风根秤连续精确计量后通过分料阀和溜管相对均匀地在分配给两条加料埋刮板运输机；两条加料埋刮板运输机内的物料，通过其头部下料管中的分料阀相对均匀流入风动溜槽。物料在加料刮板运输和溜管下料过程中将熔剂、烟灰与铜精矿混合均匀，达到配料目的。

B 主要设备构成及其技术性能

反应塔配加料主要设备包括：

2台精矿风根秤、1台石英风根秤、1台烟尘风根秤。

2台配料埋刮板输送机。

2台加料埋刮板输送机。

反应塔配加料主要设备技术性能见表5-3。

表 5-3 反应塔配加料主要设备技术性能 (t/h)

设备名称	规 格	最大能力
精矿风根秤	给料机电动机功率：11kW；环形秤电动机：1.5kW	50~150
石英风根秤	给料机电动机功率：11kW；环形秤电动机：1.5kW	3~25
烟尘风根秤	给料机电动机功率：7kW；环形秤电动机：0.75kW	3~20
配料埋刮板输送机	$B=800$，$L=27240$，$v=0.1$m/s；附电动机：37kW	160
配料埋刮板输送机	$B=800$，$L=28150$，$v=0.1$m/s；附电动机：37kW	160
加料埋刮板输送机	$B=800$，$L=17034$，$v=0.09$m/s；附电动机：37kW	125

C 工艺过程控制

手动控制：由操作人员在计算机上（或现场）按顺序逐台开启设备，计算机上设定各台风根秤给料量，计算机自动调节，保持稳定的给料量；停车时在计算机（或现场）按顺序逐台延时停车。

自动控制：根据冶金原理建立合成炉熔炼工艺过程的冶金计算数学模型，或局部数学模型，人为给定计算初始条件，由计算机完成计算，根据计算结果由计算机在线或离线指导控制。

5.1.3.2 燃油系统

2012 年 5 月合成炉单喷嘴改造完成后，充分利用了精矿的潜热，不再需要重油作为辅助燃料进行生产，重油只在合成炉保温时使用。

焙烧车间重油间经过改造增加 2 个重油罐和 1 个柴油罐，供给合成炉专用，整个燃油系统包括柴油和重油两部分。系统柴油在合成炉厂房重油加热器后并入重油管路，不单独设置柴油燃油阀站。

A 流程介绍

在供销公司油库设两个专门为合成炉提供重油的储油罐，通过油泵打入焙烧车间重油间合成炉油罐，通过螺杆泵供给设置在合成炉厂房 18.00m 平面的燃油综合阀站，经过电加热器加热后供给各个燃油阀站。系统配置为合成炉提供 2000kg/h 的最大用油量。

柴油为现用现供，汽车拉来的柴油通过隔膜泵，打入柴油罐，经过螺杆泵送合成炉厂房，在重油加热器后用金属软管连接到重油管网，软管前后设截止阀，不用时拆除软管。

反应塔、沉淀池和上升烟道燃油烧嘴设流量检测和自动调节装置，贫化区烧嘴不设重油流量检测装置。燃油阀站流程如图 5-2 所示。

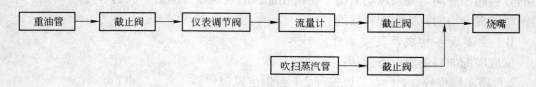

图 5-2 燃油阀站流程图

燃油系统工艺流程图如图 5-3 所示。

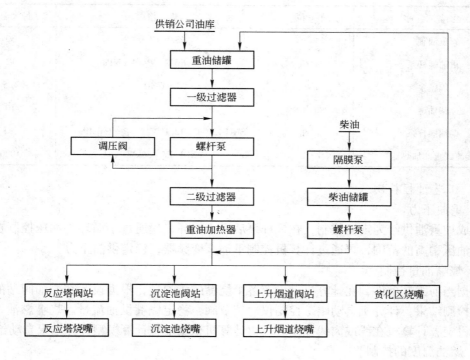

图 5-3 燃油系统工艺流程图

B 主要设备构成及技术性能

a 重油

重油部分主要设备包括：

2 台 30m³ 的重油罐（焙烧重油间）；

2 台螺杆泵（焙烧重油间）；

2 台重油电加热器（18.0m 平面）；

1 台重油阀站（18.0m 平面）；

4 个燃油阀站（3 个辅助烧嘴）；

沉淀池 5 个燃油阀站（9 个烧嘴）；

上升烟道 2 个燃油阀站（4 个烧嘴）；

贫化区 7 个燃油烧嘴。

b 柴油

柴油部分主要设备包括：

1 台 10m³ 柴油罐（焙烧柴油间）；

1 台螺杆泵（焙烧柴油间）；

1 台隔膜泵（焙烧柴油间）。

C 燃油系统主要设备技术性能

燃油系统主要设备技术性能见表5-4。

表 5-4　燃油系统主要设备技术性能

设 备 名 称	单 位	规 格	最大能力
重油罐	m^3	$\phi 3.6 \times 3.0$	30
重油螺杆泵	m^3/h	$3Gr42 \times 6A\text{-}2$　$P = 4.0MPa$	12
隔膜泵	kW	DBY-40	1.5
柴油罐	m^3		10
柴油螺杆泵	m^3/h	SNH-120-42U12.1-W21　$P = 1.0MPa$	5.1
旋流式重油加热器	kg/h	XDR-IV，36kW	1000

D　工艺过程控制

a　重油压力

合成炉重油供给为定压控制，在螺杆泵后设小循环，先通过小循环将油压控制在计算机设定油压稍高的范围，再通过计算机控制重油泵变频器，稳定供油压力。

b　烧嘴油量控制

根据当前工艺条件，在计算机上设定各个烧嘴的燃油量，根据设置在燃油阀站的仪表流量计检测结果，计算机自动跟踪控制仪表调节阀，稳定烧嘴供油流量。烧嘴燃油量可以是手动设定，计算机在线或离线控制时，由计算机根据冶金计算模型计算结果自动给定。

c　燃油温度的控制

燃油需要温度 100～130℃。计算机设定加热器出口燃油温度，由计算机自动跟踪调节加热器功率，维持稳定的燃油温度。

5.1.3.3　供风、氧系统

供风、氧系统主要供给反应塔反应用的中央氧、工艺风、工艺氧、分散风、沉淀池盐化风和沉淀池鼓氧。

反应塔 3 台通风机，沉淀池 1 台通风机，配置在高压鼓风机房。在正常生产的情况下，反应塔 1 台通风机供风，沉淀池一台通风机供风。当反应塔二次风量不够时，反应塔 2 台通风机供风用于炉内物料充分混合和反应，沉淀池一台通风机供风主要用于合成炉炉底冷却通风和沉淀池盐化用风。4 台风机中总有一台留作备用。

空压机站为合成炉熔炼系统提供压缩空气。空压机站有一台 $40m^3/min$ 空压机、五台 $150m^3/min$ 空压机。

A　流程介绍

a　反应塔二次风

来自氧气站的氧气和高压鼓风机房通风机的空气，在综合管桥架上混合，不经过预热，直接通过反应塔单喷嘴旁的 U 形风管供给反应塔单喷嘴风箱。

b　沉淀池盐化风

来自高压鼓风机房通风机的沉淀池盐化风，不经过预热，直接供给沉淀池盐化用风和合成炉炉底冷却用风。

c　压缩风

来自空压机站的压缩风，一部分经 23.5m 平面（五楼）综合阀站自动调节流量后用于单喷嘴分散风和中央氧冷却风，另一部分经 18.0m 平面（四楼）重油阀站自动调节流量后用于精矿燃油烧嘴雾化风和燃烧油嘴冷却风，剩余的一部分按设定流量直接进入单喷嘴风动溜槽。

d　单喷嘴中央氧

来自氧气站的氧气经综合管桥架铺设的氧气管道进入合成炉 23.5m 平面（五楼）综合阀站按设定流量后进入合成炉单喷嘴。该氧气管道在 23.5m 平面综合阀站前与沉淀池鼓氧管道汇合，二者可互为备用。

e　沉淀池鼓氧

来自氧气站的氧气经综合管桥架铺设的氧气管道进入合成炉 23.5m 平面（五楼），再经过设在 18.0m 平面的氧气调压阀分别进入沉淀池顶的 5 根鼓氧管道。

B　工艺过程控制

a　反应塔二次风

根据当前工艺状况，由操作人员在计算机上设定氧气单耗和工艺风（包括工艺氧）总量，由计算机自动调节混氧阀和通风机入口阀来实现鼓风控制。

b　沉淀池盐化风

通过调节通风机入口的进口导叶，粗调总风量，在每个管道入口设截止阀，通过调节阀门开度，粗略控制入炉风量。

c　压缩风

单喷嘴分散风和中央氧冷却风根据喷嘴运行情况自动调节，精矿燃烧油嘴雾化风和燃烧油嘴吹扫风根据设定油量和喷嘴运行情况自动调节，风动溜槽风按照设定流量自动调节。

d　单喷嘴中央氧

单喷嘴中央氧由合成炉中控室设定中央氧流量，23.5m 平面单喷嘴综合阀站自动调整阀门开度，控制中央氧流量。

e　沉淀池鼓氧

岗位操作人员手动打开 3、4 阳极板广场对面管桥架上的氧气阀门，中控室设定合成炉沉淀池鼓氧量，设在 18.0m 平面的氧气流量自动调节阀根据设定值自动调节阀门开度控制沉淀池鼓氧量。

5.1.3.4　贫化区电极液压系统

合成炉贫化区有 2 台容量为 4000kV·A 的变压器，2 组电极，每组三根，电极直径为 900mm，为连续自焙式电极，电极采用液压传动进行升降和压放，配置专用的液压站。

A　系统工作原理

a　正常工作时控制原理

正常工作时，电极下闸环抱紧、上闸环松开，电极升降缸运动，则下闸环随升降缸运动，这样就通过控制升降缸的上升与下降，控制电极插入渣层的厚度，从而达到控制使用功率的目的。电极的升降是通过计算机控制液压站电极升降缸的进、回油电磁阀开关来实现的。

b 压放（或倒拔）时的控制原理

电极工作一段时间后，消耗（或事故）等原因造成升降缸下限（或上限）时，电极功率仍不够（或过大），此时必须对电极进行压放（或倒拔）。

电极需要压放时，上闸环通油抱紧、下闸环通油松开，升降缸上升至需要值。此过程中电极不动，然后下闸环断油抱紧、上闸环断油松开，就可以正常调节其电流大小。电极压放过程是通过计算机控制液压站电极上下抱闸和升降缸的进、回油电磁阀开关来实现的。

电极需要倒拔时，上抱闸通油抱紧—下抱闸通油松开—升降缸下降需要长度—下抱闸断油靠弹簧抱紧—上抱闸断油靠弹簧松开。

c 蓄能器

蓄能器依靠油泵将液压油注入后，压缩上部氮气蓄满势能，通过氮气的膨胀挤压蓄能器下部液压油，给电极工作油缸提供压力油。蓄能器有高、中、低 3 个液位点，它与油泵连锁。当蓄能器处于低液位时，油泵打压，打到中液位时油泵卸压。正常工作时蓄能器液位在低液位与中液位之间。

蓄能器充氮气有两种方式。运行中蓄能器应与氮气压缩机连锁，压力若不够 6MPa 时，来自厂区氮气管网的氮气通过氮气压缩机，供给蓄能器，压力达到 6MPa 时，氮气压缩机自动卸荷。当氮气压缩机故障或厂区管网氮气停止供给时，通过蓄能器下部氮气房，用氮气瓶供给蓄能器氮气。

d 电极补充

贫化区为连续自焙式电极。当电极在生产中消耗后，在电极壳上部加入适量的电极糊加以补充，电极糊在电极下降消耗的过程中，通过电极传导的热量焙烧后与原来的部分结合在一起。当电极壳高度接近或低于加糊平台时，在电极壳上部焊接电极壳补充。

B 主要设备构成及技术性能

a 主要设备构成

合成炉贫化区电极液压系统主要设备包括：

6 根电极液压传动系统（电极）：包括上抱闸、下抱闸、升降缸

液压站（23.5m 平面）

蓄能器 1 台（10.7m 平面）

同步阀

b 主要设备技术性能

贫化区电极液压系统主要设备技术性能见表 5-5。

表 5-5 贫化区电极液压系统主要设备技术性能

设备名称	主要参数名称	单 位	技术性能
上抱闸	油缸（4 个缸同步动作）	mm	$\phi 250 \times 4$
	活塞行程	mm	10
	工作油压	MPa	4.9
	油缸速度	mm/min	600

设备名称	主要参数名称	单 位	技术性能
下抱闸	油缸（4个缸同步动作）	mm	$\phi250\times4$
	活塞行程	mm	10
	工作油压	MPa	4.9
	油缸速度	mm/min	600
升降缸	升降荷载	t	15
	柱塞直径	mm	$\phi200$
	柱塞行程	mm	1400
	工作油压	MPa	4.9
	升降速度	m/min	0.5~1.0
液压站	最大需油量（一个油缸）	L/min	31.4
	试验压力	MPa	735
	工作压力	MPa	6
	油泵额定压力	MPa	7
	油泵额定流量	L/min	164
	油箱容积/有效容积	m^3	4/3.2
	冷却水量	t/h	2
	工作介质		20号抗磨液压油
	工作温度	℃	20~55
	附电动机	kW	22/380V
	附电加热器（两台）	kW	3
蓄能器	公称容积	m^3	5
	工作容积	m^3	0.5
	工作压力	MPa	6
	耐压试验压力	MPa	9
	罐体直径	mm	$\phi1460$
	罐体高度	mm	4200
	氮气压力	MPa	6
	氮气耗量	m^3/d	小于3
	附空气压缩机型号		1-0.27/150/A
同步阀	型 号		ZFTS2-L40-130

C 工艺过程控制

贫化区电极的控制主要是控制变压器的输出功率，根据工况，计算出贫化区变压器需要输出的总功率，再分摊到两组变压器。通过在计算机上设定电极二次侧电流量，使得与所给功率相接近，由计算机自动跟踪调节电极插入熔体的深度，给贫化区补充能量。

D 电极模拟显示及操作

中央控制室不设电极操作台和模拟屏，所有的电极操作和数据显示、模拟显示都由计算机来显示。

电极的压放、倒拔以及电压级的切换都在计算机上完成。但是要求升降缸的按钮点击时动作，鼠标离开时停止。电极的操作为单根，每组电极不设三根电极同时完成压放或倒拔工作。

5.1.3.5　熔体排放系统

合成炉熔炼产出炉渣和冰铜。炉渣不需要经过处理，排入渣包车，运至渣选矿；冰铜进入下道工序吹炼。

A　流程介绍

a　冰铜排放

通过炉前放出口和溜槽，将冰铜排放到坐在钢包车上的冰铜包内，冰铜包满后，钢包车开出包子房，有转炉主厂房50t液体吊车，运到转炉。

b　炉渣排放

合成炉产出的炉渣通过渣口和放渣溜槽排入渣包车，由火车运到渣选矿。

B　主要设备构成及技术性能

a　冰铜排放

合成炉设置了6个冰铜排放口和排放溜槽（从反应塔到贫化区依次为1~6），配置在5.750m平面。其中第一个溜槽为铜水套冷却溜槽，其他为石墨溜槽，溜槽采用黏土砖或铝碳砖加耐火泥砌筑。

配置4个包子房，从反应塔到贫化区依次为1~4号，配置在1.735m平面。1放出口用1号包子房，2和3放出口共用2号包子房，4放出口用3号包子房，5和6放出口共用4号包子房。

配置4台钢包车，从反应塔到贫化区依次为1~4，配置在1.735m平面。其中1放出口用1钢包车；2和3放出口共用2钢包车，4放出口用3钢包车，5和6放出口共用4钢包车。

b　炉渣排放

合成炉设置2个放渣口，在贫化区端墙，配置了紫铜轧制放渣溜槽。

c　主要设备技术性能

主要设备技术性能见表5-6。

表 5-6　合成炉熔体排放系统主要设备技术性能

设备名称	单　位	规　格
钢包车	t	50t，附电动机7.5kW
冰铜包子	m^3	6

C　工艺过程控制

合成炉冶炼过程的主要控制三大参数为：炉渣温度、炉渣 Fe/SiO$_2$ 和冰铜品位。熔体温度的控制是冶金炉安全正常生产的前提，合理的炉渣组成和冰铜成分是冶炼过程顺利进行的保障。合成炉设置了熔体温度检测装置，熔炼产出的冰铜和炉渣要定时采样分析，这样便于炉况的调整。控制合理的熔体面高度是合成炉熔炼系统正常、顺利生产的保证，也是炉体安全的保证。

冰铜面高度的控制是通过反应塔的投料量和冰铜的排放量来实现的。冰铜面控制在850mm 以下。渣面控制是根据反应塔投料量、冰铜排放量和炉渣排放量来控制，控制在1450mm 以下。熔体面高度通过设置在贫化区的检测装置可以检测到。

熔体温度的控制主要是通过控制反应塔和贫化区的生产参数来实现的。

5.1.3.6 冷却水系统

铜合成炉冷却循环水系统水套配水管网设计，参照镍闪速炉的生产实践针对管网系统工艺专业点检、操作和检修炉体影响的诸多问题，对整个系统进行了改进设计。主要有：

（1）原镍闪速炉循环水系统主干管网从高位水箱至炉体 $\phi 500$ 总管引至 ±0.00m 平面以下埋地敷设一段后接至闪速炉，这样对诸如喉口部等位置较高的水套延程阻力损失大，水压小，冷却强度受影响。铜合成炉设计采用 $\phi 600$ 总管引至 +26.50m 平面，循环水主干管网多路环行设计，相对使循环水系统水量分布均匀，冷却强度提高。

（2）设计时因地制宜、大部分双水道水套配水管组内外水道分开，保证在检修阀门时，单水道可正常通水，达到延长水套寿命的目的。

（3）反应塔配水管组内外水道分开，整个反应塔纵向 12 块水套 24 个水点一组，管网从上到下纵向规则分布的模式；反应塔与沉淀池连接处水套为内外水道分开，用不同配水管组独立配水的模式，若单水道烧坏或阀门损坏，仍可保证单水道通水，延长水套寿命，方便点检，并在设计时尽量让开更换反应塔连接部齿型水套的检修空间。

（4）沉淀池和贫化区炉墙水套配水采用水套水点就近布置配水管组和回水箱的原则，大大减少了配水管网在炉体立柱周围的纵向分布，给弹簧点检、检修，炉体膨胀测量、冰铜口的放铜操作让开空间。

（5）上升烟道配水采用水套水点就近布置配水管组和回水箱的原则，减少了配水管网在上升烟道两侧的分布，给人孔门处操作及上升烟道下部齿型水套的检修更换让开空间。

A 流程介绍

为了延长铜合成炉耐火材料的寿命和稳定铜合成炉的生产，铜合成炉采用了强制冷却系统进行冷却。强制冷却系统由软化冷却循环水系统和冷却元件（即水套）组成。此外，铜合成炉变压器油水冷却器、余热炉锅炉循环泵用设备循环水冷却；上升烟道喷雾室用新水喷雾冷却。其流程如图 5-4 所示。

a 软化水冷却系统

软化水冷却系统主要用于合成炉的炉体冷却，它是一个闭路循环冷却系统。软化水由熔炼循环水泵房（新建 2 泵房）送至精矿干燥主厂房 +42.50m 平面 2 台 300m³ 高位水箱，利用高位水箱自然压力通过软化水冷却系统主干管线供给各配水管组，然后经各配水管组分流至各水冷件用水点；其回水返到回水箱，然后通过循环回水系统自流回泵房，经冷却塔冷却后再送至高位水箱。由泵房软化水站补充少量新软化水以弥补冷却循环过程中水的损失。循环水系统水温和水量设检测仪表，高位水箱设液位计，信号反馈到中央控制室。冷、热水池设液位计，冷水池液位信号反馈到泵房 PLC 自动控制软化器开停，软化器开关阀门设气动（自动）和手动控制。

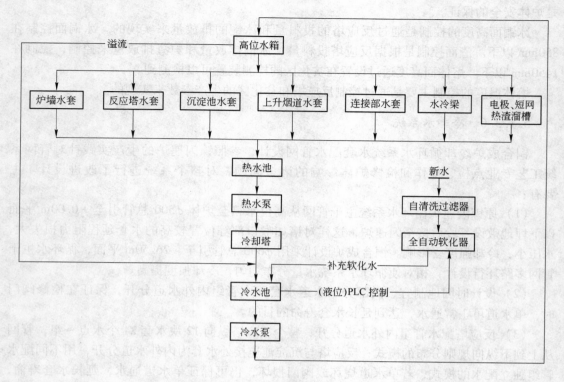

图 5-4 冷却循环水系统工艺流程图

软化水压力一般为 $(2.0 \sim 3.5) \times 10^5 Pa$，软化循环水系统由高位水箱铺设一条 DN600 供水总管供给炉体循环水干线环网。

供水总管在 2 台高位水箱出口都有各自 DN600 蝶阀控制给水。每组配水管组入口设有 DN80-DN100 蝶阀、每个水点配水支管设有 DN25-DN32 球阀控制或调节水套冷却进水。

铜合成炉各配水区配水点相应编号见表 5-7。

表 5-7 铜合成炉各配水区配水点相应编号

区 号	供水区名称	代 号	区 号	供水区名称	代 号
1	炉墙水套	Q	7	电极	D
2	沉淀池顶吊挂水套	C	8	短网	W
3	贫化区水冷梁	P	9	热渣溜槽	L
4	连接部水套	J	10	鸟巢水套	N
5	反应塔水套	F	11	环绕水套	H
6	上升烟道水套和水冷梁	S			

软化水进水平均温度为 28℃，出水平均温度为 36℃，进出水温差为 8℃，各系统冷却水管配制如下：

（1）喷雾室冷却系统：喷雾室冷却系统使用新水进行冷却，其新水供水量为 $8m^3/h$ 左右。

（2）设备冷却水：铜合成炉使用设备冷却水的有贫化区变压器油水冷却器，贫化炉变压器油水冷却器，余热炉锅炉循环泵、给水泵。

b 水冷元件配置

水冷元件配置如下：

（1）反应塔平水套及与沉淀池连接部水套水点配置。反应塔内温度较高，冲刷严重，故配置12层共240块平水套。12层平水套每层间距390mm。反应塔与沉淀池连接部设一圈齿形水套共40块。

（2）沉淀池、贫化区炉墙水套。沉淀池炉墙设水平水套3层，贫化区炉墙水平水套1层，沿炉体侧墙一周设倾斜立水套，沉淀池南北侧墙第一层和第二层平水套之间设一层20块E形水套，冰铜放出口设12块，渣口设2块水套。

（3）上升烟道水套。上升烟道烟气流量大，气温高，冲刷严重，特别是靠贫化区侧墙受气流冲刷更严重，设水平水套12层，另一侧6层。上升烟道前后端墙各设置6层平水套，上升烟道炉顶采用H形水冷梁冷却支撑。

（4）淀池拱顶、贫化区顶及上升烟道连接部水套。沉淀池拱顶及贫化区顶承受热负荷较大，沉淀池炉顶采用分段吊挂结构，每段之间有吊挂铜板水套，共45块。贫化区炉顶采用H形水冷钢梁来保护炉顶，贫化区共设13根，上升烟道与沉淀池、贫化区连接部各有齿形水套8块。贫化区靠上升烟道一侧设3块吊挂铜水套。

B 主要设备构成

合成炉供水系统4台水泵、2台柴油备用泵、2个冷水池、2个热水池、2座冷却塔、1座软化水站、2条独立的DN600供水管线送给高位水箱（专供合成炉高位水箱设2套相互独立的供水冷却系统，互为备用）。

5.1.3.7 环保排烟系统

合成炉的上升烟道、贫化区环保烟罩、渣包车环保烟罩、冰铜包子房以及冰铜放出口、炉渣放出口等处，在生产时有大量含SO_2的高温烟气产生，需设环保排烟。

合成炉环保烟气集中至排烟总管后，由环保排烟风机排入120m烟囱中。

A 主要环保排烟点和烟气量

合成炉环保排烟要求见表5-8。

表5-8 合成炉环保排烟要求

排烟点及其个数	每点排烟量/$m^3 \cdot h^{-1}$	同时排烟点/个数	总排烟量/$m^3 \cdot h^{-1}$	备 注
铜锍包子房（4个）	18000	2	36000	
铜锍放出口（6个）	10000	2	20000	同时使用
炉渣放出口（2个）	18000	1	18000	
渣包车环保烟罩（1个）	10000	1	10000	
贫化区环保烟罩（2个）	18000	2	36000	单独排放
工艺事故排烟（1个）	13000	1	13000	不计入正常环保排烟
同时排烟量小计			104000	

B　主要设备及其技术性能

合成炉设一个环保排烟系统,同时总排烟量约为 282000m³/h,配置 Y4-73-NO.24D 型离心风机一台,其 $Q = 430000$m³/h, $H = 5000$Pa,电动机功率 630kW,6kV。

C　工艺过程控制

合成炉环保排烟系统控制主要是通过配置在各个支管的阀门,从生产作业制度和管理上来实现合理的使用环保设备设施。

5.1.3.8　事故排烟系统

正常生产过程中,合成炉产生的烟气经过余热锅炉、电收尘器和排烟机,送往制酸系统。当合成炉开炉升温前期或排烟系统出现故障检修时,合成炉烟气通过上升烟道顶部事故烟道,经过事故排烟系统,排入合成炉环保排烟系统。

A　主要设备构成及技术性能

事故排烟系统包括以下主要设备:

副烟道 1 台;

喷雾室 1 台;

水冷闸门 2 扇(1 套);

吊水冷闸门电葫芦 2 台。

事故排烟系统主要设备技术性能见表 5-9。

表 5-9　合成炉事故排烟系统主要设备技术性能

设备名称	参数名称	单位	参数
喷雾室	进口烟气温度	℃	≤900
	出口烟气温度	℃	≤250
	喷水量	kg	4000 ~ 5000
	喷嘴喷水能力	kg/h(个)	约600
	进水压力	MPa	0.15 ~ 0.3
	雾化压缩风压力	MPa	0.3 ~ 0.5
	压缩空气消耗量	m³/h	800 ~ 1200
	水套软化水消耗量	m³/h	21
	通径	mm	φ900
副烟道	最大烟气通过量(标态)	m³	12000
	承受烟气温度	℃	≤850
水冷闸门	规格	m²	1570×5000×100
电葫芦	起质量	t	5
	起升高度	m	12

B　操作介绍

当切换烟气线路时,先拆除事故烟道盖冷却水管,吊走事故烟道盖,用吊车将副烟道吊起与喷雾室对接。

清理干净合成炉与余热锅炉连接处水冷闸门滑道,拆除上升烟道与锅炉连接处顶部 T

形盖板水套，用电葫芦同步放下水冷闸门，切断烟气线路。

5.1.3.9 其他附属设备设施

A 5t电动双梁吊钩桥式起重机

合成炉熔炼主厂房内配置2台5t电动双梁吊钩桥式起重机，承担着贫化区电极糊、电极壳的调运工作。检修时承担合成炉熔炼厂房内备件、设备的倒运工作。吊车的型号为：QD5t-18.2m-30m-A5-地面操纵，设备的技术性能见表5-10。

表5-10 5t电动双梁吊钩桥式起重机主要技术性能

项　目	单　位	数　据
起重机型号		QD 型
额定起质量	t	5
工作级别		A5
跨　度	m	18.2
起重机总重	t	19.4
最大轮压	kN	83.6
推荐用大车轨道型号		38kg/m
起升高度	m	30
起重机大车运行速度	m/min	29
小车运行速度	m/min	19.4
起升速度	m/min	12
起重机运行配套电动机型号及功率、台数	/kW	YZR132M2-6/2×3.7
小车运行配套电动机型号及功率、台数	/kW	YZR112M-6/1.5
起升配套电动机型号及功率、台数	/kW	YZR160L-6/13
大车轨面至桥机顶端距离	mm	1730
轨道中心至桥机外端距离	mm	230
缓冲器至大车轨面距离	mm	725
起重机最大宽度	mm	5200
吊钩中心左侧极限位置至轨道中心距离	mm	752
吊钩中心右侧极限位置至轨道中心距离	mm	1162
操纵形式		地面操纵（室内使用）

B 贫化区电极加糊底开式料斗

加电极糊底开式料斗为非标设备，规格为 $\phi 1200mm \times 1500mm$。容积为 $1.7m^3$。

5.1.3.10 合成炉系统工艺技术参数

合成炉系统工艺技术参数见表5-11。

表 5-11　合成炉系统工艺技术参数

序号	项　目	单位	参　数	序号	项　目	单位	参　数
1	精矿处理量	t/h	125	13	吨渣耗电	kW·h/t	46.5
2	作业率	%	95	14	烟尘产出率	%	约 7.5
3	精矿品位	%	约 25.00	15	脱硫率	%	约 65.6
4	石英熔剂率	%	约 15	16	回收率	%	97.5
5	烟尘返回率	%	约 7	17	吨精矿耗氧（标态）	m^3	170 ~ 210
6	冰铜铜品位	%	58 ~ 62	18	出炉总烟气量（标态）	m^3/h	约 95000
7	冰铜产出率	%	约 42	19	出炉烟气温度	℃	约 1250
8	炉渣产出率	%	约 60	20	出炉烟气成分（SO_2）	%	约 30
9	炉渣含铜	%	约 0.9	21	出炉烟气含尘（标态）	g/m^3	约 54
10	冰铜温度	℃	1160 ~ 1230	22	余热锅炉蒸发量	t/h	约 57
11	炉渣温度	℃	1250 ~ 1320	23	余热锅炉出口烟气温度	℃	350 ± 30
12	渣 Fe/SiO_2		1.00 ~ 1.40	24	电收尘器有效截面积	m^2	50

5.2　合成炉生产操作实践

　　合成炉 2005 年 9 月 12 日投料试生产，经过多次工艺调试，系统在 2006 年 8 月达产达标。合成炉系统的工艺控制及操作逐渐规范，通过生产实践修订完善了相应的生产作业指导书。主要包括：工艺控制、作业、监控参数；生产作业程序；工艺控制程序；特殊作业程序；纠正和预防控制程序。

5.2.1　合成炉工艺控制、作业监控参数

5.2.1.1　合成炉工艺控制参数

　　合成炉生产工艺控制参数见表 5-12。

表 5-12　合成炉生产工艺控制参数

序号	项　目	单位	控制范围	序号	项　目	单位	控制范围
1	冰铜温度	℃	1160 ~ 1230	3	冰铜品位	%	58 ~ 62
2	炉渣 Fe/SiO_2		1.0 ~ 1.4	4	炉渣温度	℃	1250 ~ 1320

5.2.1.2　合成炉生产作业参数

　　合成炉生产作业参数见表 5-13。

表 5-13 合成炉生产作业参数

序号	项目	单位	控制参数	序号	项目	单位	控制参数
1	反应塔熔剂量	t/h	≤20	8	沉淀池负压	Pa	−30 ~ −20
2	烟灰投入量	t/h	≤15	9	燃油压力	MPa	0.6 ~ 1.0
3	反应塔富氧空气总量(标态)	m^3/h	24000 ~ 35000	10	常用电压级	级	7 ~ 11
4	吨铜精矿耗氧(标态)	m^3/t	根据品位调节	11	电极一次电流	A	≤300
5	渣面	mm	≤1400	12	电极每次压放量	mm	≤200
6	冰铜面	mm	600 ~ 850	13	二次电压	V	50 ~ 200
7	合成炉精矿处理量	t/h	125				

5.2.1.3 合成炉生产监控参数

合成炉生产监控参数见表5-14。

表 5-14 合成炉生产监控参数

序号	项目	单位	监控参数范围	序号	项目	单位	监控参数范围
1	沉淀池冻结层	mm	≤600	6	冷却水回水温度	℃	≤45
2	燃油温度	℃	90 ~ 140	7	冷却水量	t/h	2500 ~ 2700
3	贫化区负压	Pa	−100 ~ −30	8	溜槽温差	℃	≤5
4	高位水箱水位	%	≥95	9	化工烟管压力	Pa	−200 ~ 100
5	冷却水进水温度	℃	≤30				

5.2.2 合成炉生产工艺作业程序

合成炉系统生产作业程序,包括反应塔配加料、冰铜排放和炉渣排放三项作业。

5.2.2.1 反应塔配加料程序

反应塔配加料过程包括反应塔配加料、加料过程监控和停料点检,该作业由合成炉班长、炉长、中央控制室、反应塔配加料岗位完成。作业程序如下:

(1)反应塔配加料:

1)中央控制室确定合成炉具备进行生产作业条件后,通知工艺负责人(主管主任、技术组项目负责人、班长、炉长)。

2)工艺负责人根据工艺控制要求,给定作业参数。

3)中央控制室岗位接到加料指令后,通知反应塔配加料岗位依次打开精矿仓、熔剂仓和烟灰仓下部插板阀。

4)中央控制室岗位按照作业指令的作业参数在计算机上进行各生产参数的调节,并进行监控。

5)当油量、负压、工艺风量、工艺氧量、中央氧量、溜槽风量和套筒位置达到进料要求范围后,中央控制室岗位工在计算机上按照风动溜槽闸板阀—加料埋刮板—配料埋刮板—精矿风根秤、熔剂风根秤和烟灰风根秤的顺序开车,执行自动加料操作,并在计算机上随时监控刮板电流和下料量，出现异常立即汇报。

（2）加料过程监控：

1）反应塔加料过程中，中央控制室岗位对合成炉作业参数和监控参数进行监控，保证参数在正常要求控制范围，并按照中央控制室生产原始记录要求进行记录。

2）反应塔配加料岗位对反应塔配加料系统的设备每两小时进行一次设备巡检，发现问题及时汇报处理并做好记录。

3）炉长每两小时对沉淀池和贫化区熔体面进行一次测量，记录测量结果。

4）炉长在接班后 2h 和 6h 按要求取样、送样进行快速分析，分析结果送中央控制室。

5）中央控制室监测到溜槽温差较长时间大于 5℃，而风动溜槽喷吹装置运行正常，表明风动溜槽堵塞严重，立即通知反应塔配加料岗位人员人工清理风动溜槽，反应塔配加料岗位人员接到中控室通知后，打开风动溜槽盖板，清理风动溜槽。

6）炉长对反应塔反应和贫化区电极工作状况每小时点检一次，根据点检结果，及时按照工艺负责人指令对作业参数进行修订。

（3）停料点检。

1）加料进行到一定的时间（由工艺负责人确定停料点检时间），班长通知中央控制室岗位反应塔停料，组织相关人员对合成炉炉内综合状况进行点检，便于作业参数的修订。

2）中央控制室接到通知后，按工艺技术人员要求点中央油枪，并在计算机上按照风根秤—配料埋刮板—加料埋刮板—风动溜槽闸板阀的顺序停车，然后停工艺氧和中央氧。

3）中央控制室在计算机上看到风动溜槽闸板阀关闭，工艺氧和中央氧被卸掉，套筒位置抬起后，执行保温作业，并通知相关人员进行停料点检。

5.2.2.2 冰铜排放程序

冰铜排放量由横班长下达指令，炉前岗位按指令进行放铜作业。操作如下：

（1）合成炉正常生产过程中，炉长每两小时测量一次贫化区冰铜面，汇报中央控制室做好记录。

（2）横班长根据记录的最新冰铜面高度，决定当班排放量。

（3）炉前主操作手接到排放冰铜指令后，联系转炉炉长在放出口对应的包子房坐冰铜包子。

（4）炉前岗位在做好冰铜排放准备工作后，进行冰铜排放工作，排放过程中对冰铜放出口和溜槽状况进行监护，保证排放顺利。

（5）冰铜放出后合成炉炉长按要求进行冰铜采样和冰铜温度的测量，冰铜样及时送荧光分析，分析结果、冰铜温度汇报中央控制室做好记录。

（6）当冰铜距离包子上沿最低点 200~300mm 时，炉前岗位执行堵口操作。

（7）堵口后主操作手联系转炉进料，并进行溜槽维护及清理工作，为下一包排放做好准备工作。

（8）排放结束后汇报中央控制室记录排放包数。

5.2.2.3 炉渣排放程序

合成炉炉渣排放由合成炉炉后岗位根据渣面排放，作业程序如下：

（1）合成炉炉后岗位主操作手接班时，检测贫化区渣面高度，并询问中央控制室反应塔进料量，合理组织班中放渣。

（2）合成炉炉后岗位在接班后对热渣溜槽冷却水及溜槽畅通情况进行检查确认。

（3）当渣面达到 1250～1350mm 时。炉后主操作手联系渣包对位，执行放渣操作。

（4）炉后岗位工将渣口烧开后，主操作手按要求对炉后渣温进行测量，并汇报炉长。

（5）当渣放到距渣包上沿 300mm 左右时，炉后岗位人员执行堵口操作。

5.2.3 合成炉生产工艺控制程序

合成炉工艺控制参数主要有冰铜品位、冰铜温度、炉渣 Fe/SiO_2 和炉渣温度，根据测量和化验分析结果进行参数调整和过程控制。

5.2.3.1 冰铜品位控制程序

冰铜品位控制由工艺负责人根据冰铜品位及生产组织需要，通过调整吨精矿耗氧来实现，具体由中央控制室执行。

A 品位上调

提高氧单耗（标态）2～5m³/t 矿。

B 品位下调

降低氧单耗（标态）2～5m³/t 矿。

5.2.3.2 冰铜温度控制程序

冰铜温度通过调节反应塔总风量和贫化区电气制度来控制，具体由工艺负责人指挥中央控制室岗位完成。

（1）当冰铜温度≥1230℃时，采取以下一种或多种措施，防止温度继续上升：

1）反应塔总风量（标态）增加 0～1000m³/h。

2）切换电极电压级，调整电极插入深度。

3）降低贫化区电单耗 2～10kW·h/t 渣。

（2）当冰铜温度≤1160℃时，为防止冰铜温度继续降低，采取以下措施：

1）反应塔总风量（标态）降低 0～500m³/h。

2）切换电极电压级，调整电极插入深度。

3）提高贫化区电单耗 2～10kW·h/t 渣。

5.2.3.3 炉渣 Fe/SiO_2 控制程序

炉渣 Fe/SiO_2 控制由工艺负责人根据渣分析结果中 Fe 和 SiO_2 的比值，通过调整反应塔熔剂率实现。由中央控制室执行熔剂率调节。

（1）Fe/SiO_2≤1.0 时。降低反应塔熔剂率 0.1%～1%，待炉渣分析结果出来后，再进行调整。

（2）Fe/SiO$_2$≥1.4 时。提高反应塔熔剂率 0.1% ~1%，待炉渣分析结果出来后，再进行调整。

5.2.3.4　炉渣温度控制程序

炉渣温度控制通过调节冰铜温度和贫化区电气制度来实现，具体由工艺负责人指挥中央控制室来执行，采取以下一种或多种措施。

（1）炉渣温度≤1250℃时：

1）提高贫化区电极电单耗 5 ~10kW·h/t 渣。

2）适当提高冰铜温度。

（2）炉渣温度≥1320℃时：

1）降低贫化区电极电单耗 5 ~20kW·h/t 渣。

2）适当降低冰铜温度。

5.2.3.5　冰铜面控制程序

工艺负责人根据转炉的处理能力，通过调整投料量和冰铜品位来实现冰铜面的控制。冰铜面正常控制在 600 ~850mm。

5.2.3.6　渣面控制程序

渣面控制程序如下：

（1）当炉长或炉后主操作手检测渣面高于 1250mm，执行放渣操作。

（2）当炉长或炉后主操作手检测渣面低于 1250mm，停止放渣。

5.2.4　合成炉生产特殊作业程序

合成炉特殊作业程序主要包括：保温作业、停料点检作业、短时间停产升温复产作业。

5.2.4.1　合成炉保温作业

合成炉停止加料时进行保温作业，保温作业参数如下。

（1）较长时间保温（24h 以上）：

1）沉淀池负压 -5 ~ -25Pa。

2）反应塔总油量 800 ~1200kg/h。

3）反应塔二次风量（标态）10000 ~12000m³/h。

4）沉淀池或贫化区每支油枪油量 150 ~250kg/h，使用油枪数量及各油枪位置根据炉温控制情况进行调整。

5）贫化区电极一次电流：50 ~200A。

6）贫化区电压级：11 级。

（2）较短时间保温（24h 以内）：

1）沉淀池负压 -5 ~ -25Pa。

2）反应塔总油量 600～900kg/h。

3）反应塔二次风量（标态）8000～10000m³/h。

4）沉淀池或贫化区每支油枪油量 150～250kg/h，使用油枪数量及各油枪位置根据炉温控制情况进行调整。

5）贫化区电极一次电流：50～200A。

6）贫化区电压级：11 级。

（3）焖炉。在短时间内由于排烟系统故障、二次风故障、水系统故障、DCS 系统故障等，根据工艺负责人要求进行焖炉作业。

1）排烟系统故障。

二次风量（标态）2000～3000m³/h。

2）二次风故障：将合成炉观察孔密封；负压控制以合成炉不冒烟为准。

3）水系统故障。

水系统故障时柴油泵不能及时开启，执行焖炉作业。

班长、炉长、看水工立即调整合成炉炉体用水量。

若水量供应不足，则按照热渣溜槽—贫化区电极—冰铜放出口、渣口—炉墙反应塔、上升烟道、平水套—反应塔、上升烟道连接部水套顺序关闭配水箱总阀门，回水管冒蒸汽，间断送水。

反应塔总油量 400～600kg/h。

二次风量（标态）3000～6000m³/h。

负压控制以合成炉不冒烟为准。

4）DCS 控制系统故障：DCS 控制系统跳电或死机造成系统处于失控状态，执行焖炉作业。

联系动氧将氧气排空。

检查配加料系统，将所有设备打到手动控制后停车。

联系自动化人员处理。

5.2.4.2 停料点检作业

停料点检内容包括：合成炉炉内温度、炉内挂渣、炉体水冷件是否漏水、炉内是否掉砖、熔体面高度、反应完全程度等。

A 停料时间的确定

合成炉每天早晨 9：30 停料点检，点检时间为 10min。如有特殊情况，工艺技术人员确定停料点检时间。

B 停料点检作业参数

（1）沉淀池负压 -30～-20Pa。

（2）反应塔总油量 600～800kg/h。

（3）反应塔二次风量（标态）8000m³/h。

（4）贫化区电极电极抬起，负荷为 0。

C 点检作业

（1）点检人员通过炉体各个部位观察孔对反应塔、沉淀池、贫化区和上升烟道等部位的炉内温度、挂渣、炉体水冷件是否漏水、是否掉砖、油枪燃烧状况、熔体面高度、反应完全程度等进行观察。同时对风动溜槽的堵塞状况、余热锅炉的黏结情况进行观察。

（2）点检人员将点检结果做好记录。

5.2.4.3　短时间停产升温复产作业（24h 以内）

合成炉生产过程中由于原料、设备、工艺设施等影响而出现的短时间停产保温，恢复生产前必须进行升温操作。合成炉具备升温复产条件后，由工艺负责人组织升温，通知中央控制室、炉长、反应塔配加料等岗位。作业程序如下。

A　中央控制室执行以下作业参数的调节

中央控制室执行以下作业参数的调节如下：

（1）淀池负压 -10 ～ -35Pa。

（2）反应塔总油量 1000 ～1200kg/h。

（3）沉淀池或贫化区每支油枪油量 200 ～300kg/h，使用油枪数量及各油枪位置根据炉温控制情况进行调整。

（4）反应塔二次风量（标态）10000 ～12000m³/h。

（5）贫化区电压极切回正常控制。

B　合成炉炉长执行以下操作

合成炉炉长执行以下操作如下：

（1）按照要求熄灭沉淀池油枪。

（2）对沉淀池、贫化区熔体面进行检测，检测结果汇报中央控制室记录。

（3）待沉淀池、贫化区熔体完全熔化开之后，通知中央控制室投料恢复生产。

炉长确认具备投料条件，升温作业结束，恢复正常生产。恢复正常生产后，炉长根据炉内烟气温度、熔体温度及熔体反应情况适时灭掉中央油枪。

5.2.5　常见故障或事故状态

合成炉常见故障或事故状态是指与合成炉工艺控制过程相关的风系统、油系统、水系统、排烟系统、配电系统出现不正常情况及合成炉炉体发生漏炉被迫生产中断或维持生产不超过 20min 的状态。

5.2.5.1　风系统故障或事故状态

合成炉风系统包括分散风、溜槽风、雾化风、二次风系统、仪表风系统。分散风、溜槽风和雾化风系统故障是指分散风、溜槽风和雾化风背压过大，表明风系统管路堵塞；二次风系统故障或事故状态是指二次风风量瞬时值波动超过执行参数设定值（标态）±2000m³/h 的状态；仪表风系统故障或事故状态是指仪表控制系统计算机失控状态。

A　溜槽风、分散风和雾化风系统故障或事故状态

分散风、溜槽风系统故障或事故状态，合成炉反应塔停料，执行停料保温作业。由于合成炉现在实现了完全自热，雾化风系统故障，合成炉不停料，正常生产，并对雾化风系统进行排查。

B 二次风系统故障或事故状态

二次风故障或事故状态，合成炉反应塔停止加料，反应塔油量在 400~600kg/h 之间，沉淀池负压 -10~-30Pa。并联系动氧车间和仪表维护人员采取措施。

C 仪表风系统故障或事故状态

仪表风系统故障或事故状态如下：

（1）合成炉反应塔停止加料。

（2）反应塔每支辅助油枪油量手动调节截止阀控制在 300~400kg/h。

（3）联系动氧、仪表维护人员将二次风风量（标态）控制在 8000~12000m³/h。

（4）沉淀池负压 -30~-10Pa。

5.2.5.2 油系统故障或事故状态

油系统故障或事故状态是指反应塔中央油背压过大的状态，启用反应塔辅助油枪作为备用。

5.2.5.3 高位水箱及水泵故障或事故状态

高位水箱及水泵故障或事故状态如下：

（1）高位水箱水位在 90%~95%，中央控制室操作人员汇报横班长联系动氧车间采取措施。

（2）高位水箱水位低于 70%，合成炉停止加料。中央控制室操作人员汇报班长联系动氧车间采取措施，若柴油泵开启，水位仍下降，则炉后立即堵口，班长组织人员调整炉体水冷件用水量。若柴油系统开启水位稳定或上升，则炉后堵口，中央控制室和看水工监控水位变化，不做调整；待动氧车间恢复电泵、高位水箱水位达到 90% 以上恢复生产。

（3）水泵停电，若柴油泵开启，班长、炉长、看水工立即调整合成炉炉体用水量。按照热渣溜槽—贫化区电极—冰铜放出口、渣口—炉墙、反应塔、上升烟道平水套—反应塔、上升烟道连接部水套顺序调整水量，维持高位水箱水位在 95% 以上；若柴油泵没有及时开启，则按上述顺序将水量调整到 1200m³/h 左右；若大面积停电，柴油泵故障不能开启，班长、炉长、看水工立即调整合成炉炉体用水量。若水量供应不足，则按照热渣溜槽—贫化区电极—冰铜放出口、渣口—炉墙、反应塔、上升烟道平水套—反应塔、上升烟道连接部水套顺序关闭配水箱总阀门，回水管冒蒸汽时，间断送水。

5.2.5.4 炉体水冷件故障或事故状态

炉体水冷件漏水，合成炉停止加料。班长通知车间主任和工艺技术人员现场确认处理。

5.2.5.5 排烟系统故障或事故状态

合成炉排烟系统故障或事故状态是指合成炉余热锅炉、电收尘器、排烟机、合成炉排烟系统参数出现不正常时的状态。

A 余热锅炉、电收尘器故障或事故状态

余热锅炉、电收尘器故障或事故状态：

（1）接到余热锅炉故障或事故要求切换烟气线路烟气走 C 线时，反应塔立即停止加料，并执行保温作业，及时组织喉口部爆破清理。

（2）关闭炉前、炉后环保阀门，打开事故烟道上环保阀门。

（3）停副烟道盖冷却水，打开喷雾室冷却水和喷淋水，管工将副烟道盖水管拆除，将合成炉事故烟道盖用双梁起重吊车吊起，放在上升烟道侧平台；将副烟道吊起，下口与事故烟道出口对准、上口与喷雾室对准。

（4）关闭喉口部盖板水套冷却水，管工将盖板水管拆除。

（5）将盖板水套吊起放在支架上。

（6）打开两块水冷闸板进水。

（7）启动水冷闸板电葫芦，将水冷闸板按余热锅炉降温要求缓慢下放，同步调整排烟机和事故烟道上环保阀门，调整两路烟气分配量来控制降温速度，最终全部落到位后，通知余热锅炉进行现场确认。

（8）将水冷闸板周围用保温棉密封。

（9）汇报横班长。

B 余热锅炉突发故障或事故状态

接到余热锅炉故障或事故的紧急通知，中央控制室立即停料；若事故严重要求进行焖炉作业，贫化区正常保温，降低排烟机负荷等措施，减少进入余热锅炉的热量，并汇报相关人员。

C 排烟系统参数异常

排烟系统参数异常时，合成炉停止加料，根据工艺负责人要求执行保温作业或焖炉作业，联系相关单位进行检查确认。

5.2.5.6 反应塔加料系统故障或事故状态

反应塔加料系统故障或事故状态是指反应塔加料系统设备由于机械、电气及计算机仪表问题引起的设备停车。

A 反应塔加料系统停电

反应塔加料系统停电：

（1）只有一台精矿风根秤停电时，将另一台料量设定为当前给定料量正常生产。

（2）精矿风根秤全部停车或熔剂风根秤停车，配料刮板、加料刮板，风动溜槽闸板阀会因连锁跳车，合成炉保温作业。

（3）配加料刮板全部停车，风根秤、配料刮板，风动溜槽闸板阀会因连锁跳车，合成炉保温作业。

（4）其中任意一台加料刮板停车，按照反应塔手动配加料操作，计算机设定风量、油量和氧气量，在现场按照单边作业进行生产。

（5）其中任意一台配料刮板停车，按照反应塔手动配加料操作，计算机设定风量、油量和氧气量，在现场按照单边作业进行生产。

B 风动溜槽堵塞

风动溜槽堵塞后，合成炉加料系统因连锁停车，合成炉执行保温作业，并对风动溜槽进行处理。

5.2.5.7 配电系统故障或事故状态

配电系统故障或事故状态是指合成炉正常生产过程中照明、设备出现局部或全系统突发性停电状态。

A 照明停电故障或事故状态

照明系统停电，电工检查后正常送电。

B 局部停电故障或事故状态

(1) 反应塔停电故障或事故状态操作参见以上5.2.5.6节A。

(2) 贫化区电极系统停电故障或事故状态。

其中一组停电超过3h，合成炉降低处理量0～30t/h生产；两组全部停电在1.5h内，合成炉降低处理量0～30t/h生产；两组全部停电超过1.5h，合成炉停料，执行保温作业。

C 排烟机系统停电故障或事故状态

接到或发现排烟机停电的信息后，合成炉停止加料，执行焖炉作业，排烟机正常后恢复正常生产。

D 液压站停电故障或事故状态

液压站停电后，关闭液压站去蓄力器阀门，电极不允许做任何操作。送电正常后恢复正常操作。

5.2.5.8 全系统停电故障或事故状态

全系统停电后合成炉执行焖炉作业。汇报车间主任，立即通知车间各专业项目负责人，要求立即赶到现场协助处理故障或事故。

全系统停电后的恢复按照水系统—油系统—排烟系统—风系统—液压站—电极系统—加料系统—渣系统的顺序组织恢复。

5.2.5.9 合成炉炉体发生故障或事故状态

合成炉炉体故障或事故常见的有：冰铜放出口跑铜、渣口跑渣、冰铜放出口、渣口或炉体其他部位熔体渗漏。

A 冰铜口跑铜事故状态

冰铜口跑铜事故状态如下：

(1) 合成炉炉前岗位工在冰铜排放时，发生冰铜口堵不住出现跑铜现象时立即进行二次堵口。

(2) 若仍然堵不住，班长组织人员用炭精棒强行堵口。

(3) 在发生冰铜口跑铜时要立即汇报班长、炉长，合成炉停料，炉后烧口放渣。

(4) 发生冰铜口跑铜时要立即通知车间主任、安全员、工艺技术人员到现场检查和组织故障或事故处理。

B 冰铜放出口熔体渗漏故障或事故状态

冰铜放出口熔体渗漏故障或事故状态如下：

(1) 合成炉炉前岗位工在冰铜排放时，发现从耐火材料和炉墙立水套之间冒烟时立即堵口。

（2）熔体从耐火材料和炉墙立水套之间渗漏，合成炉立即停料，将贫化区电极一次电流降为"0"，班长组织人员用黄泥和风管对渗漏处进行处理，用其他放铜口放铜、炉后放渣。

（3）立即通知车间主任、安全员、工艺技术人员到现场检查和组织故障或事故处理。

C　炉体其他部位熔体渗漏故障或事故状态

炉体其他部位熔体渗漏故障或事故状态如下：

（1）炉体其他部位熔体渗漏，班长安排合成炉停料，将贫化区电极一次电流降为"0"，同时炉前联系立即烧口排放冰铜，炉后放渣。

（2）用风管和黄泥对炉体渗漏部位进行处理。

（3）立即通知车间主任、安全员、工艺技术人员到现场检查和组织故障或事故处理。

D　炉后渣口跑渣故障或事故状态

炉后渣口跑渣故障或事故状态如下：

（1）合成炉炉后岗位工在炉渣排放时；发生渣口堵不住出现跑渣现象时立即进行二次堵口。

（2）若仍然堵不住，立即联系渣车强行对包，组织人员强行堵口。

（3）在发生渣口跑渣时要立即汇报班长、炉长，合成炉停料，将贫化区电极一次电流降为"0"，炉前岗位必须烧口排放冰铜。

（4）发生渣口跑渣时要立即通知车间主任、安全员、工艺技术人员到现场检查和组织故障或事故处理。

5.2.6　合成炉洗、停炉及升温复产作业

5.2.6.1　合成炉大修洗炉、停炉及升温复产作业

A　合成炉大修洗炉

合成炉大修洗炉参考控制参数及进度见表5-15。

表5-15　合成炉大修洗炉参考控制参数及进度

序　号	技术条件	单　位	10 天	7 天	2 天	1 天
1	冰铜品位	%	55 ~ 60	50 ~ 55	48 ~ 50	48 左右
2	冰铜温度	℃	1200 ~ 1230	1200 ~ 1230	1200 ~ 1230	1230 左右
3	弃渣 Fe/SiO_2		1.2 ~ 1.3	1.1 ~ 1.2	1.0 ~ 1.1	0.9 ~ 1.0
4	弃渣温度	℃	1280 ~ 1320	1280 ~ 1320	1300 ~ 1350	1300 ~ 1350
5	沉淀池冻结层	mm	<450	<350	<300	<300
6	冰铜面	mm	600 ~ 850	600 ~ 850	700 ~ 900	900 ~ 1000
7	渣　面	m	1.25 ~ 1.35	1.25 ~ 1.35	1.35 ~ 1.40	1.35 ~ 1.40

B　合成炉大修停炉

a　停炉作业程序

停炉作业程序：

（1）反应塔停止加料前8h，提高反应塔熔炼温度。

（2）反应塔停止加料前 8h，沉淀池点燃 2 支油枪，每支油量 200～300kg/h。

（3）沉淀池冻结层控制在 300mm 以下。

（4）反应塔停止加料后，控制反应塔油量 800～1400kg/h、二次风量（标态）12000～18000m³/h、沉淀池负压 -15～-30Pa、贫化区电极一次电流 350～380A，电压级 8～9 级。

（5）反应塔停止加料后，沉淀池增加 2 支油枪，每支油量 200～300kg/h。燃烧 2～4h，方可安排熔体排放。

b　熔体排放作业程序

熔体排放作业程序：

（1）炉后烧口放渣，渣面降低到渣口不流渣。

（2）停炉前集中力量排放冰铜，直至铜口见渣，最终渣面降低到 400～500mm。

（3）熔体排放时间在 24h 内完成。

（4）贫化区电极一次电流随熔体面降低到 50A 时，电极停电，并将电极抬起、倒拔电极下沿与炉顶相平。将电极固定后用石棉板或木板密封电极顶部。

c　降温作业程序

降温作业程序：

（1）降温参考作业参数及进度见表 5-16。

表 5-16　合成炉降温参考作业参数及进度

序　号	控制参数	单　位	1 天	1 天	1 天
1	沉淀池负压	Pa	-25～-30	-30～-40	-30～-40
2	上升烟道烟气温度	℃	1000～550	550～400	400～250
3	总油量	kg/h	600～800	200～600	0
4	反应塔二次风量	m³/h	6000～8000	2000～6000	0

（2）降温过程中打开炉体各个部位观察孔，控制降温速度。

（3）降温结束后铺入水渣，合成炉进入检修。

C　升温

合成炉大修（冷修）时炉体耐火材料更换量大，种类繁多，各种耐火材料对升温过程中温度变化要求严格，要求升温过程中的温度变化范围为 ±20℃，要求的升温幅度和速度各不相同。

a　升温原则

升温原则如下：

（1）以沉淀池负压孔、上升烟道的临时热电偶温度为主要控制温度，其他临时热电偶和固定热电偶温度为参考；以上升烟道临时热电偶温度和沉淀池负压孔热电偶温度为控制目标，随时调整升温参数，严格按理论升温曲线升温。以保证炉体耐火材料和钢骨架等各个部位的均匀膨胀。

（2）严格按升温曲线控制温升，实际控制的温升最大波动误差不超过 ±20℃，禁止大幅度波动。

（3）遵循多油枪、小油量的原则，即在升温过程中使用反应塔的 3 支辅助油枪后，逐渐增加沉淀池的油枪数量，然后再逐渐增多各油枪的油量。

（4）遵循均衡升温的原则，即根据炉内各区域的温度分布，决定需要点燃的油枪位置和油枪的燃油量，尽量控制炉内各区域温度均匀。

（5）遵循稳定炉内负压的原则，而且炉内（沉淀池、贫化区炉顶测点）始终为微正压状态。

（6）燃油雾化完全，燃烧充分，即燃烧不冒黑烟。

（7）油枪喷射的火焰略向下倾斜 $6° \sim 8°$，绝对不允许火焰向上喷射，烧到对面炉墙上。

　b　升温方法

冷修后贫化区先送电引弧，送电正常后，点燃沉淀池部分油枪通过燃烧柴油升温，在沉淀池油枪燃烧相对稳定，并且炉膛温度升到 200℃ 后试点燃反应塔辅助烧嘴，点火成功后，反应塔开始升温。严格按照制定的升温曲线进行升温。

（1）贫化区电极送电引弧。贫化区电极送电引弧采用传统送电引弧方法，具体为：贫化区铺水淬渣，圆钢及焦粉（水淬渣厚 $300 \sim 400$mm，圆钢每组 $10 \sim 25$ 根，每根长 $3 \sim 3.5$m，焦粉每组 $3 \sim 5$t，粒度≤50mm）；将电极插入距焦粉 200mm 的位置，电极升降缸在中上位置；按电极糊面管理要求控制糊面，同时检查电极密封，密封加料管，同时在反应塔下、沉淀池和油枪孔位置堆放好成捆木材，确认所有人员撤出炉外后密封贫化区工作门；开始送电引弧（电压级 $7 \sim 9$ 级），送电引弧后将电极一次侧电流在不超过 400A 的前提下，电极连续下插，防止电极断弧。

（2）点火。采用先用木材引火点柴油的方法。具体为从油枪孔投入点燃的火把将劈柴引燃，点燃沉淀池油枪（柴油）。油枪要有专人看管，确保连续燃烧，不能使油枪灭火，调整好雾化风和油量，控制火焰稳定。炉膛温度升到 200℃ 后试点燃反应塔辅助烧嘴，点火成功后，反应塔开始升温。点火时，反应塔鼓入 $2000 \sim 4000$m^3/h 的风量（标态），油枪油量 $50 \sim 100$kg/支，炉膛负压 $-5 \sim +5$Pa，合成炉进入升温阶段。

　c　升温阶段

（1）低温阶段。低温阶段是指炉温在 400℃ 以下的升温阶段，此阶段为柴油烘炉阶段，反应塔鼓入 $2000 \sim 6000$m^3/h 的风量（标态），油枪油量 $100 \sim 400$kg/支，炉膛负压 $-5 \sim +5$Pa。

在低温阶段，平稳、缓慢升温特别重要，通过调整油枪油量、风量及炉膛负压控制烟气温度，保证炉温平稳上升；贫化区送电引弧后，逐步增大电极一次电流到 $100 \sim 380$A，待电极周围熔化完全后，逐步降低电极一次电流到 $50 \sim 300$A，以调整电极一次电流和切换电压级的方式，控制贫化区温度严格按升温曲线升温。电极周围熔化完全时需要配加一定量的水淬渣，保持料坡在 $200 \sim 600$mm，以防炉底过热。

（2）中高温阶段。中高温阶段是指炉温在 $400 \sim 800$℃ 的升温阶段，该阶段由柴油烘炉逐步改为重油烘炉。炉膛温度达到 600℃ 以上时，将燃油切换到重油系统，进入重油烘炉阶段。炉膛温度达到 800℃ 的恒温阶段时，开始按锅炉的升温要求提升闸板，并切换烟气线路。此阶段反应塔鼓入 $8000 \sim 12000$m^3/h 的风量（标态），油枪油量 $100 \sim 400$kg/支，炉膛负压 $-20 \sim +5$Pa。

在中高温阶段，通过调整反应塔油量、风量及炉膛负压控制烟气温度，使炉温严格按升温曲线升温；贫化区仍以切换电极电压级和调整电极一次电流控制温度变化，电压级切换以电极不打明弧为原则。

（3）高温阶段。高温阶段是指炉温在800℃以上的升温阶段，采用调整反应塔油量、风量和增加沉淀池油枪的方法升温，贫化区以切换电极电压级和调整电极一次电流控制温度，并在贫化区配加一定量的块煤，提高贫化区温度，使贫化区炉顶按升温曲线升温。

d 升温参考作业参数

升温参考作业参数见表5-17。

表5-17 合成炉大修升温参考作业参数

序 号	控 制 参 数	单 位	数 值
1	沉淀池负压	Pa	−5 ~ −20
2	沉淀池负压孔温度	℃	0 ~ 200 ~ 600 ~ 1200
3	反应塔油量	kg/h	400 ~ 600 ~ 800 ~ 1400
4	反应塔二次风量（标态）	m³/h	8000 ~ 15000
5	沉淀池总油量	kg/h	200 ~ 1200
6	沉淀池单支油枪油量	kg/h	150 ~ 300
7	沉淀池油枪数量	根	3 ~ 6
8	重油泵后油压	MPa	0.6 ~ 1.2
9	贫化区电极负荷	A	50 ~ 150

D 恢复生产

投料前的升温终点温度为炉底热电偶温度达到280℃以上，炉膛温度达到1200℃，且炉体外胀基本结束，炉体受力达到了计划受力标准。沉淀池检测有熔体面且冻结层在400mm以下，说明合成炉已完全具备恢复生产的条件，进行投料试生产。

5.2.6.2 合成炉中修洗、停炉及升温复产

A 合成炉中修洗炉

合成炉中修洗炉过程参考控制参数及进度见表5-18。

表5-18 合成炉中修洗炉过程参考控制参数及进度

序 号	技 术 条 件	单 位	5 天	2 天	1 天
1	冰铜品位	%	58 ~ 62	55 ~ 58	50 ~ 55
2	冰铜温度	℃	1180 ~ 1230	1200 ~ 1230	1200 ~ 1250
3	弃渣 Fe/SiO₂		1.2 ~ 1.3	1.1 ~ 1.2	1.0 ~ 1.1
4	弃渣温度	℃	1280 ~ 1320	1300 ~ 1330	1300 ~ 1330
5	沉淀池冻结层	mm	<350	<300	<300
6	冰铜面	mm	600 ~ 850	700 ~ 900	850 ~ 900
7	渣 面	m	1.25 ~ 1.35	1.25 ~ 1.35	1.1 ~ 1.45

B 合成炉中修停炉

a 停炉作业程序

停炉作业程序如下：

（1）反应塔停止加料前8h，提高反应塔熔炼温度。

（2）反应塔停止加料前8h，沉淀池点燃2支油枪，每支油量200～300kg/h。

（3）沉淀池冻结层控制在300mm以下。

（4）反应塔停止加料后，控制反应塔油量800～1400kg/h、二次风量（标态）12000～18000m³/h、沉淀池负压－15～－30Pa、贫化区电极一次电流350～380A，电压级8～9级。

（5）反应塔停止加料后，沉淀池增加2支油枪，每支油量200～300kg/h。燃烧2～4h，方可安排熔体排放。

b 熔体排放作业程序

熔体排放作业程序如下：

（1）炉后烧口放渣，渣面降低到渣口不流渣。

（2）停炉前集中力量排放冰铜，直至铜口见渣，最终渣面降低到400～500mm。

（3）熔体排放时间在24h内完成。

（4）贫化区执行保温作业。

（5）停炉结束后合成炉进入检修。

C 升温

合成炉中修只对炉体局部耐火材料检修，为了确保合成炉升温复产工作顺利进行，耐火材料合理安全升温，根据每次炉体检修部位的不同制定升温曲线。

a 升温方法

逐步增大电极一次电流到50～380A，待电极周围熔化完全后，逐步降低电极一次电流到50～300A，调整电极一次电流和切换电压级的方式，控制贫化区温度按照升温曲线升温。通过调整反应塔油量、二次风量及炉膛负压控制烟气温度，保证炉温平稳上升。

升温除了以调整反应塔用油量、风量及炉膛负压控制温度外，还要根据炉内温度分布和具体温度与升温曲线的偏差，在合适的位置点燃沉淀池油枪，按升温曲线严格升温。

b 升温参考作业参数

合成炉中修升温参考作业参数见表5-19。

表5-19 合成炉中修升温参考作业参数

序 号	控 制 参 数	单 位	数 值
1	沉淀池负压	Pa	－10～－20
2	临时热电偶温度	℃	600～800～1250
3	反应塔总油量	kg/h	800～1400
4	反应塔二次风量（标态）	m³/h	10000～12000
5	沉淀池油枪油量	kg/h	200～300
6	沉淀池油枪数量	支	1～4
7	贫化区电压级		7～9
8	贫化区电极一次电流	A	50～380

D 恢复生产

当临时热电偶温度升至 1250℃ 以上，具备投产条件，开始以 70 ~ 80t/h 料量投料，渣面涨到 1200mm 左右炉后试烧渣口放渣，铜面涨到 500mm 左右时试烧炉前冰铜口，炉前试烧正常后合成炉以 80t/h 生产。

5.3　合成炉主要经济技术指标

合成炉主要经济技术指标有渣含铜、电单耗、负荷率和作业率等。

（1）渣含铜指冶炼炉渣中的铜含量。渣含铜的高低直接影响金属回收率。

（2）电单耗指吨冶金炉渣所耗电量，计算公式为：

$$电单耗 = \frac{耗电量}{渣量}$$

（3）负荷率指合成炉每小时所处理的精矿量，计算公式为：

$$负荷率 = \frac{处理精矿量}{有效作业时间} \times 100\%$$

（4）作业率指合成炉有效作业时间占总时间的百分比，计算公式为：

$$作业率 = \frac{有效作业时间}{有效作业时间 + 停产时间} \times 100\%$$

（5）冰铜产率、渣率：

$$冰铜产率 = \frac{冰铜量}{精矿量} \times 100\%$$

$$渣率 = \frac{渣量}{精矿量} \times 100\%$$

（6）烟尘率：

$$烟尘率 = \frac{烟灰量}{精矿量} \times 100\%$$

（7）氧单耗：

$$\frac{（总风量 - 工艺氧量）\times 21\% + 分散风量 \times 21\% + （中央氧 + 工艺氧量）\times 99.6\%}{投料量} \times 100\%$$

（8）冰铜品位：

$$冰铜品位 = \frac{精矿含铜量}{冰铜量} \times 100\%$$

（9）熔剂率：

$$熔剂率 = \frac{熔剂量}{投料量} \times 100\%$$

（10）渣铁硅比：

$$渣铁硅比 = \frac{渣中铁量}{渣中硅量} \times 100\%$$

6 转炉吹炼工艺

6.1 转炉吹炼设备及工艺配置

6.1.1 转炉主体设备

转炉可分为立式和卧式两种，常用于处理铜锍的是卧式侧吹转炉。

卧式侧吹转炉由炉基和炉体两大主体部分组成。

6.1.1.1 炉基

炉基由钢筋水泥浇铸而成，炉基上表面有地脚螺丝固定托辊底盘，在托辊底盘的上面每侧有两对托辊支撑炉子的质量，并使炉子在其上旋转。

6.1.1.2 炉体

由炉壳、炉口、护板、托圈、大齿轮、风眼以及炉衬等组成。

A 炉壳

炉体的主体是炉壳，炉壳由 40~50mm 锅炉钢板焊接成圆筒，圆筒两端为端盖，也用同样规格的钢板制成。

在炉壳两端各有一个大圈，被支撑在托辊上，而托轮通过底盘固定在炉子基座上。

B 炉口

在炉壳的中央开一个向后倾斜 27.5° 的炉口，以供装料、放渣、排烟、出炉和维修人员入炉修补炉衬之用，炉口一般呈长方形，也有少数呈圆形，炉口面积可占熔池最大水平面的 20% 左右，在正常吹炼时，烟气通过炉口的速度保持在 8~11m/s，这样才能保证炉子的正常使用。

由于炉子经常受到熔体腐蚀和烟气冲刷，以及清理炉口时的机械作用，较易损坏，为此，在炉口孔上安装一个可以拆装的活炉口，合金炉口通过螺栓与炉壳连为一体。为保护合金炉口，在其内侧焊接上、下两块合金衬板。

C 护板

护板是焊接在炉口周围的保护板，其目的是为了保护炉口附近的炉壳，也可以保护环形风管等进风装置，使它们免受喷溅熔体的侵蚀。炉口护板应有足够的长度、宽度和厚度。

D 滚圈

滚圈由托轮支撑，起到旋转炉体并传递、承载炉体质量的作用。转炉的滚圈有矩形、箱形、工字形断面，铜转炉采用工字形断面。

E 大齿轮

转炉一侧炉壳上装有一个大齿轮，是转炉转动的从动轮，当主动轮电机转动时通过减速机带动小齿轮，小齿轮带动大齿轮可使转炉做360°正、反方向旋转。

F 风口（风眼）

在转炉炉壳的后侧下方，依据需要开有40～54个圆孔，风管穿过圆孔并通过螺纹联结安装在风箱上，在伸入转炉内的风管部分砌筑耐火砖后，即形成风眼，如图6-1所示。正常吹炼生产时，压缩空气经过风眼送入炉内与高温熔体发生反应。

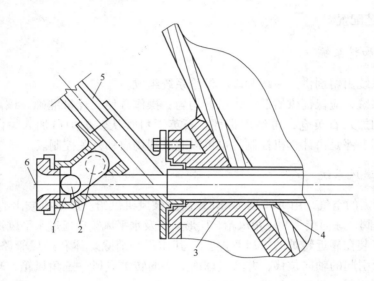

图 6-1 转炉风口盒结构
1—风口盒；2—钢球；3—风口罩；4—风口管；5—支风管；6—钢钎进出口

风眼角度设计有仰角、俯角和零角。风眼角度对吹炼作业影响很大，仰角过大不仅加剧物料喷溅，而且降低空气利用率；俯角过大则对炉衬冲刷严重，尤其对炉腹冲刷严重影响炉寿命，同时提高了入炉风压，加重了风机的负荷。故通常选择转炉吹炼时风眼角度为水平0°。在炉体的大托轮上均匀地标有转炉的角度刻度，有一个指针固定在平台上指示角度的数值，操作人员在操作室内可以看到角度，从而可以了解转炉转动的角度，一般0°位是捅风眼的位置。

风口是转炉的关键部位，其直径一般为38～50mm。风口直径大，截面积就大，在同样鼓风压力下鼓入的风量就多，所以采用直径大的风口能提高转炉的生产率。但是，当风口直径过大时，容易使炉内熔体喷出，所以转炉风口直径的大小应根据转炉的规格来确定。

风口的位置一般与水平面成3°～7.5°，风口管过于倾斜或位置过低，鼓风所受的阻力会增大，将使风压增加，并给清理风口操作带来不便。同时，熔体对炉壁的冲刷作用加剧，影响转炉炉寿命。实践证明，在一定风压下，适当增大倾角，有利于延长空气在熔体内的停留时间，从而提高氧的利用率。在一般情况下，风口浸入熔体的深度为200～500mm时，可以获得最好的吹炼效果。

G 炉衬

在炉壳里所衬的耐火材料依其性质不同，可分为酸性和碱性两种，以前各国多采用酸性炉衬，后来由于酸性炉衬腐蚀快、寿命短、砖耗大而改用碱性炉衬，现在多使用镁质和铬镁质耐火材料作炉衬。

炉衬一般分为以下几个区域：风口区、上风口区、下风口区、炉肩和炉口、炉底和端墙。由于各区受热、受熔体冲刷的情况不同，腐蚀程度不一，所以各区使用的耐火材料和砌体厚度也不同。

6.1.2 转炉工艺配置

6.1.2.1 加料系统

转炉加料系统由熔剂供给系统和冷料供给系统组成。

熔剂供给系统，应保证供给及时，给料均匀，操作方便，计量准确。该系统是由焙烧上料皮带将熔剂加入石英仓，再经皮带秤、石英下料管从转炉炉口加入炉内。正常生产时，皮带秤的开、停是由计算机控制，也可以通过现场启动开关控制。

6.1.2.2 送风系统

转炉吹炼所需的空气，由 ATLAS 或 KKK 高压鼓风机供给。鼓风机鼓出的风经总风管、风包分风管、风阀、球面接头、三角风箱、U 形风管及水平风箱后通过水平风管进入炉内。

球面接头安装在靠近转炉的进风管路上，其作用是消除炉体和进风管路因安装误差、热膨胀等原因而引起的轴向位移，并通过球面接头向转炉供风。三角风箱、环形风管可增大送风管路的截面积，起到均匀供风的作用。

风箱用焊接的方法安装固定在转炉炉壳上，两侧与环形风管相连通。风箱由箱体、弹子阀、风管座以及配套的消声器和风管组成。

水平风管把压缩风送入炉内，由于压缩空气温度低，在风管出口处往往有熔体黏结，将风口局部堵塞，影响转炉送风，因此必须进行捅风眼作业。为了清理方便起见，在水平风箱上安装有弹子阀，这种弹子阀有两个通道，一个接水平风箱，另一个是钢钎的进出口，阀的中间有一个突出的弹子仓，在清理风眼时充作钢球的停泊位。转炉吹炼时，钢球在重力和风压的作用下，恰好将钢钎的进出口堵住，不致泄风，当清理风口时，钢钎将钢球顶起，钢球在弹子阀内沿倾斜的弹道向上移动，进入到弹子仓内，抽出钢钎时，钢球自动回到原来的位置。

6.1.2.3 排烟系统

转炉吹炼产生的低浓度烟气，经过水冷烟道流向废热锅炉进行余热利用、初步降尘，再经电收尘器收尘，最后由排烟机送至硫酸厂制酸，在烟气系统或化工厂出现故障时，转炉系统停止吹炼作业。

排烟收尘系统主要设备包括电收尘器、高温排烟机、埋刮板输送机、仓式泵等。

转炉排烟收尘配置板式卧式四电场电收尘器四台，电场有效截面积 $50m^2$，电收尘器主要由阴极系统、阳极系统、振打系统、壳体、灰斗、排灰装置、外保温层、高低压电气控制系统组成。

　　烟灰处理设备主要是由烟灰拉运设备埋刮板输送机和烟灰吹送设备仓式泵组成。每台电收尘器灰斗下部配置一台埋刮板排灰机，四台埋刮板排灰机将烟灰拉运到配置在球形烟道下部的总刮板输送机，总刮板输送机将烟灰卸入配置在其头部的集尘仓，再用 NCD5.0 仓式泵气力输送到铜合成熔炼炉烟尘仓。仓式泵主要由仓式泵本体及辅件手动双侧插板门、旋转给料机、排堵装置、储气罐、现场控制柜、PLC 控制柜等组成。

　　为保持厂房内良好的作业环境，在水冷烟道入口附近设有环保烟罩，用于收集少量的外溢烟气。环保烟罩又有固定烟罩和旋转烟罩之分，固定烟罩主要用于正常吹炼或进料作业时外泄烟气的捕集，而在放渣或出炉时，则由旋转烟罩发挥其更为有效的作用。环保烟气 SO_2 浓度很低，经 120m 烟囱排空。

6.1.2.4　传动系统

　　转炉内为高温熔体，因此要求传动机构必须灵活可靠，运行平稳。转炉传动系统配备一台交流电机作为主用电机，另有一台直流电机以备故障时炉子能够正常倾转。两台电动机是通过一个变速器来工作的，变速后，小齿轮和大齿轮啮合时炉子转动，炉子的回转速度为 0.6r/min。

　　在转炉传动系统中设有事故连锁装置，当转炉故障停风、停电或风压不足时，此装置立即启动，通过直流电机驱动炉子转动，使风口抬离液面、在进料位置（60°）停止，以防止风眼灌死。

6.1.2.5　控制系统

　　为了保证炉子的正常作业和安全生产，转炉采用了计算机控制系统，通过此系统，主要完成以下工作：

　　（1）对运行参数如风压、流量、排烟系统负压、保温时炉膛温度等进行监控，发现异常情况及时汇报或采取措施。

　　（2）远程控制设备开停，如加料皮带、闸板等。通过控制室开关的切换，既可以在现场手动操作，也可以实现控制远程操作。

6.1.2.6　残极加料系统

　　残极加料系统主要由机架、液压系统、整形装置、链板运输机、投炉装置、抬起推入装置、倾翻溜槽、头部装置、尾轮装置及检测器组成。

　　打包残极垛经过尾部整形装置整形后，由链板输送机倾斜向上输送到转炉加料口，炉门提起后，由液压推杆将残极垛推送投入炉内。

　　残极加料机组在不停风的条件下随时连续将残极加入炉内，提高转炉生产效率，降低了转炉烟气外溢，改善了现场环境，同时对提高烟气浓度及制酸大有好处。

6.1.2.7　烘烤装置

　　转炉的烘烤有多种方式。可以用木材、液化气和其他燃料进行烘烤，目前普遍使用的是重油。

6.2　转炉生产操作实践

6.2.1　概述

铜锍吹炼的造渣期在于获得足够数量的白铜锍（Cu_2S），但并不是注入第一批铜锍后就能立即获得白铜锍，而是分批加入，逐渐富集。在吹炼操作时，把炉子转到停风位置，装入第一批铜锍，其装入量视炉子规格而定，一般使风口浸入液面下 200~500mm 左右为宜。然后，旋转炉体至吹炼位置，风口进入液面前送风，吹炼数分钟后加石英熔剂。当温度升高到 1200~1250℃ 以后，把炉子转到停风位置，加入冷料。随后继续开风吹炼。吹炼一段时间，当炉渣造好后，旋转炉子，当风口离开液面后停风倒出炉渣。之后再加入铜锍，吹炼数分钟后加入石英熔剂，并根据炉温加入冷料。当炉渣造好后倒渣，之后再加铜锍。依此类推，反复进行进料、吹炼、放渣，直到炉内熔体所含铜量满足造铜期要求时为止。这时开始筛炉，即最后一次除去熔体内残留的 FeS，倒出最后一批渣。为了保证在筛炉时熔体能保持 1200~1250℃ 的高温，以便使第二周期吹炼和粗铜放出不致发生困难，有的工厂在筛炉前向炉内加少量铜锍。这时熔剂加入量要严格控制，同时加强鼓风，使熔体充分过热。

在造渣期，应保持"低料面、薄渣层"操作，适时适量的加入石英熔剂和冷料。炉渣造好后及时放出，不能过吹。

铜锍吹炼的造渣期（从装入铜锍到获得白铜锍为止）的时间不是固定的，取决于铜锍的品位和数量以及单位时间向炉内的供风量。在单位时间供风量一定时，锍品位愈高，造渣期愈短；在锍品位一定时，单位时间供风量愈大，造渣期愈短；在锍品位和单位时间供风量一定时，铜锍数量愈少，造渣期愈短。

筛炉时间是指加入最后一次铜锍后从开始供风至倒完最后一次炉渣之间的时间。筛炉期间石英熔剂加入量应严格控制，每次少加，多加几次，防止过量。熔剂过量会使炉温降低，炉渣发黏，铜含量升高，并且还可能在造铜期引起喷炉事故。相反，如果石英熔剂不足，铜锍中的铁造渣不完全，铁除不净，导致造铜期容易形成 Fe_3O_4。这不仅会延长造铜期吹炼时间，而且会降低粗铜质量，同时还容易堵塞风口使供风受阻，清理风口困难。在造铜期末，稍有过吹，就容易形成熔点较低、流动性较好的铁酸亚铜（$Cu_2O \cdot Fe_2O_3$）稀渣，不仅使渣含铜量增加，铜的产量和直接回收率降低，而且稀渣严重腐蚀炉衬，降低炉寿命。

判断筛炉结束的时间，是造渣期操作的一个重要环节，它是决定铜的直接回收率和造铜期是否能顺利进行的关键。过早或过迟进入造铜期都是有害的。过早地进入造铜期的危害与石英熔剂量不足的危害相同。过迟进入造铜期，会使 FeO 进一步氧化成 Fe_3O_4。使已造好的炉渣变黏，同时 Cu_2S 氧化产生大量的 SO_2 烟气使炉渣喷出。

筛炉后继续鼓风吹炼进入造铜期，这时不向炉内加铜锍，也不加熔剂。当炉温高于所控制的温度时，可向炉内加适量的冷铜。

在造铜期，随着 Cu_2S 的氧化，炉内熔体的体积逐渐减小，炉体应逐渐往后转，以维持风口在熔体面以下一定距离。

造铜期中最主要的是准确判断出铜时机。出铜时，转动炉子加入一些石英，将炉子稍向后转，然后再出铜，以便挡住氧化渣。倒铜时应当缓慢均匀，出铜后迅速捅风眼，清除风口结块。然后装入铜锍，开始下一炉次的吹炼。

6.2.2 转炉吹炼作业制度

转炉吹炼作业模式有单炉吹炼、炉交叉吹炼和期交换吹炼三种。目前国内多采用单台炉吹炼和炉交叉吹炼。其目的在于提高转炉送风时率、改善向化工供烟气的连续性，保证熔炼炉比较均匀地排放铜锍。

6.2.2.1 单炉吹炼

如工厂只有两台转炉，则其中一台操作，另一台备用。一炉吹炼作业完成后，重新加入铜锍，进行另一炉次的吹炼作业。其作业计划如图 6-2 所示。

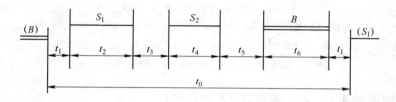

图 6-2 转炉单炉吹炼作业计划图

t_0—吹炼一炉全周期时间；t_1—前一炉 B 期结束到下一炉 S_1 期开始的停吹时间，在此期间将粗铜放出并装入精炼炉，清理风眼并装入 S_1 期的铜锍；t_2—S_1 期的吹炼时间；t_3—S_1 结束到 S_2 期开始的停吹时间，期间需排出 S_1 期炉渣以及装入 S_2 期的铜锍；t_4—S_2 期的吹炼时间；t_5—S_2 期结束后到 B 期开始的停吹时间，期间需排出 S_2 期炉渣及由炉口装入冷料；t_6—B 期吹炼时间

6.2.2.2 炉交叉吹炼

工厂有三台转炉的，一炉备用，两炉交替作业。在 2 号炉结束全炉吹炼作业后，1号炉立即进行另一炉次的吹炼作业，但 1 号炉可在 2 号炉结束吹炼之前预先加入铜锍，2 号炉可在 1 号投入吹炼作业之后排出粗铜，缩短停吹时间。其作业计划如图 6-3 所示。

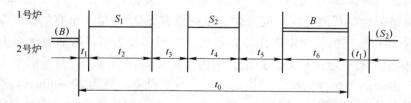

图 6-3 转炉炉交叉吹炼作业计划图

t_0—吹炼一炉全周期时间；t_1—2 号炉 B 期结束后到 1 号炉 S_1 期吹炼开始，期间需进行两个炉子的切换作业；$t_2 \sim t_6$—B 期吹炼时间

6.2.2.3　期交换吹炼

工厂有三台转炉的，一炉备用，两炉作业，在 1 号炉的 S_1 期与 S_2 期之间，穿插进行 2 号炉的 B_2 期吹炼将排渣、放粗铜、清理风眼等作业安排在另一台转炉投入送风吹炼后进行，将加铜锍作业安排在另一台转炉停吹之前进行，仅在两台转炉切换作业时短暂停吹，缩短了停吹，其作业计划如图 6-4 所示。

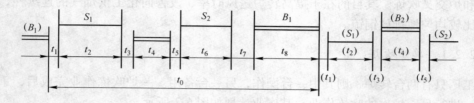

图 6-4　转炉期交换吹炼作业计划图

t_0—完成一炉吹炼作业全周期时间；t_1，t_3，t_5—两台转炉切换作业的停吹
时间；t_2—S_1 期吹炼时间；t_4—B_2 期吹炼时间；t_6—S_2 期吹炼时间；
t_7—与单炉吹炼的 t_5 相同；t_8—B_1 期吹炼时间

转炉吹炼制度的选定一般要考虑以下两个原则：

（1）由年生产任务决定的处理铜锍量，计算出转炉的作业炉次的多少选择吹炼形式。

（2）根据转炉必须处理的冷料量的多少来选择；当然，实际生产中，吹炼形式的选择还应结合转炉的生产状况及上、下工序间的物料平衡来考虑。

6.2.3　转炉生产工艺作业程序

6.2.3.1　加料

转炉吹炼低品位铜锍时，热量比较充足，为了维持一定的炉温，需要添加冷料来调节。当吹炼高品位铜锍时，尤其是当铜锍品位 65% 左右采用空气吹炼时，如控制不当，就显得热量有些不足；如采用富氧吹炼，情况要好得多。当热量不足时，可适当添加一些燃料（如焦炭、块煤等）补充热量。铜锍品位一般为 30% ～ 65%，诺兰达法熔炼可高达 73%。铜锍吹炼过程中，为了使 FeO 造渣，需要向转炉内添加石英熔剂。由于转炉炉衬为碱性耐火材料，熔剂含 SiO_2 较高，对炉衬腐蚀加快，降低炉寿命。如果所用熔剂 SiO_2 含量较高，可将熔剂和矿石混合在一起入炉，以降低其 SiO_2 含量。也有的工厂采用含金银的石英矿或含 SiO_2 较高的氧化铜矿作转炉熔剂。生产实践表明，熔剂中含有 10% 左右的 Al_2O_3，对保护炉衬有一定的好处。目前，国内工厂多应用含 $w(SiO_2) = 90\%$ 以上的石英石，国外工厂多应用含 65% ～80% 的熔剂。石英熔剂粒度一般为 20 ～40mm。当熔剂的热裂性好时，最大粒度可达 200 ～300mm。粒度太大，不仅造渣速度慢，而且对转炉的操作和耐火砖的磨损都有影响。粒度太小，容易被烟气带走，不仅造成熔剂的损失，而且烟尘量增大。熔剂粒度大小还与转炉大小有关，例如 8 ～50t 转炉用的石英一般为 5 ～25mm，50 ～100t 转炉一般为 25 ～30mm，不宜大于 50mm。铜锍吹炼过程往往容易过热，需加冷料调节温度，并回收冷料中的铜。加入冷料的数量及种类与铜锍品位、炉温、转炉大小、吹炼周期等有关。铜锍品位低、炉温高、转炉大需加入的冷料就多。通过热平衡计算可知，造渣期化学反应放出的热量多于造铜期，因此造渣期加入的冷料量通常多于造铜期。由于造渣期和造铜期吹炼的目的不同，对所加的冷料种类要求也不同。造渣期的冷料可以是铜锍包子结块、转炉喷溅物、粗铜火法精炼炉渣、金银熔铸炉渣、溜槽结壳、烟尘结块以及富铜块矿等。造铜期如果温度超过1200℃，也应加入冷料调节温度。不过造铜期对冷料要求较严格，即要求冷料含杂质要少。通常造铜期使用的冷料有粗铜块和电解残极等。吹炼过程所用的冷料应保持干燥。

6.2.3.2 放渣、出铜操作

铜锍转炉吹炼的主要产物是粗铜和转炉渣。其品位、杂质含量与炼铜原料、熔剂和加入的冷料有关，粗铜需进一步精炼提纯后才能销售给用户。

铜锍吹炼产出的转炉渣一般含：$w(Cu) = 2\% \sim 4\%$，$w(Fe) = 45\% \sim 50\%$，$w(SiO_2) = 18\% \sim 24\%$。转炉渣含铜高，大都以硫化物形态存在，少量以氧化物和金属铜形态存在。转炉渣可以液态或固态返回熔炼过程予以回收铜，也可采用磨浮法将铜选出以渣精矿的形式再返回熔炼炉。如果铜原料中含钴高时，进入铜锍中的钴硫化物会在吹炼的造渣后期被氧化而进入转炉渣中，这样造渣末期的转炉渣含钴很高，可作为提钴的原料。

转炉吹炼产出的烟气含有 $w(SO_2) = 5\% \sim 7\%$，采用富氧时 SO_2 会高一些，均可送去生产硫酸。转炉出口烟气含尘（标态）为 $26 \sim 40g/m^3$，收集的烟尘中往往富含 Bi，Pb，Zn 等有价元素，如贵冶收集的烟尘含铋达到 6.6%，这种烟尘可作为炼铋的原料。

A 排渣操作

转炉放渣作业要求尽量地把造渣期所造好的渣排出炉口，避免大量的白铜锍混入渣包，即减少白铜锍的返炉量。放渣操作的注意事项有：

(1) 放渣前，要求下炉口"宽、平、浅"，避免放渣时渣流分层或分股。若炉口黏结严重，应在放渣前，立即用炉口清理机快速修整下炉口然后再放渣。

(2) 炉前坐好渣包。渣包内无异物（至少要求无大块冷料），放渣不要放得太满（渣面离包约200mm）。

(3) 炉前用试渣板判别渣和白铜锍时。要求试渣板伸到渣流"瀑布"的中下层，观察试渣板面上熔体状态，正常渣流面平整无气泡孔。而当渣中混入白铜锍时，白铜锍中的硫接触到空气中的氧气，会生成 SO_2，在试渣板渣流面上形成大量的气泡孔，且伴有 SO_2 刺激味的烟气产生。从感观上来看，白铜锍流畅、不易产生断流、其散流呈流线状，不会像渣的散流那样产生滴流，并且白铜锍在试渣板上的黏附相对较少。

(4) 渣层自然是浮在白铜锍上面，当炉子的倾转角度取得过大时，白铜锍将混入渣中流出，因而当临近放渣终了时，要小角度地转炉子，缓慢地放渣，如果发现有白铜锍带出时，则终止放渣。

B 出铜操作

转炉放铜作业要求把炉内吹炼好的铜全部倒入粗铜包中，送入阳极炉中精炼，并且在放铜过程中要避免底渣大量地混入粗铜包中，以保证粗铜的质量。放铜前，确认下炉口"宽且平"避免铜水成小股流出粗铜包之外。放铜用的粗铜包要经过"挂渣"处理，以防高温铜液烧损粗铜包体。放铜之前要求进行压渣作业，将石英石均匀地投入到熔体表面上，小角度地前后倾转炉体，使石英与炉口的底渣混合固化，在炉子出铜口周围形成一道滤渣堤把底渣挡在炉内。压渣过程中，要求注意以下事项：

（1）造铜期结束后要确认炉内底渣量及底渣的干稀状况。如果渣稀且底渣量多，此时炉内表面渣层会出现"翻滚"状况，不易压好渣，待炉内渣层平静后，方可进行压渣作业。

（2）压渣用的石英量可根据底渣状况而定，一般2t左右，稀渣可增加到3~4t，并且压渣用的石英量应计入下一炉造渣期的石英熔剂量中。

（3）在石英和底渣的混合过程中，要注意安全，以防石英潮湿"放炮"伤人。

C　底渣控制

所谓底渣就是粗铜熔体面上浮有一层渣，这种渣称作底渣。主要由残留在白铜锍中的铁会在造铜期继续氧化造渣以及造渣期未放净的渣所组成。底渣中的铜主要以 Cu_2O 形态存在，底渣中的铁约有一半是磁件氧化铁（Fe_3O_4），由于 Fe_3O_4 熔点高（1527℃），使得底渣并不容易在造渣期渣化，久而久之，由于底渣的积蓄，而沉积在炉底、造成炉底上涨（炉底上涨情况要根据液面角判别），炉腔有效容积减小，严重时会使吹炼中熔体大量喷溅，无法进行正常的吹炼作业，因而平时作业要求控制好底渣量。

6.2.4　转炉生产工艺特殊作业程序

转炉经一定生产运转周期后，内衬及各部位有局部或全部被损坏，需要进行局部修补或全部重新砌筑，经修补或重砌的转炉要组织开炉工作。

6.2.4.1　开炉

开炉作业首先是烘炉。其目的是除去炉体内衬砖及其灰浆中的水分，适应耐火材料的热膨胀规律，要求以适当的升温速度，使炉衬的温度升至操作温度。如果升温速度过快，使黏结砖的灰浆发生龟裂而削弱黏结的强度，而且会使砖衬材质中的表内温度偏差太大，会出现砖体的断裂和剥落现象，缩短炉衬的使用寿命，因此，必须保持适当的升温速度，使砖衬缓慢加热，炉体各部位均匀地充分膨胀。但是，也不宜过慢升温，过慢会造成燃料和劳力等浪费，且不适应生产的需要，一般来讲，全新的内衬砖（指钢壳内所有部位炉衬全部使用新砖砌筑）需要 3~4d 升温时间，风口区内砖挖修后的升温需要 4d 时间。炉口部挖修的炉衬需烘烤 3d 即可投料作业。转炉预热升温是依靠各台转炉炉后平台上设置的重油阀站来实现的。通过风口插入油枪，使炉内砌体砖的表面温度达到 1000℃ 时，就可以投料作业。

投料前应熄火停止烘炉，取出烧嘴，按规定放置好。用大钎子清一遍风口，然后将炉口前倾至 60° 位置，往转炉内进热铜锍，进第一炉时，由于炉内温度较低应尽快将料倒完，并及时开风，避免炉内铜锍结壳造成开风后喷溅严重。所以第一炉吹炼应以提高炉衬温度为主，一般不加入冷料，造铜期应采取连续吹炼作业方式。

6.2.4.2　停炉

当转炉内衬残存的风口砖厚度小于 30~50mm，风口区上部、上炉口下部砖小于

200mm，两侧炉口左右肩部砖小于150mm，端墙砖小于150mm时就应有计划地停炉冷修。若继续吹下去容易烧损炉壳或风口座，一旦出现此类故障，将会给检修带来许多麻烦，不仅增加了维修工作量，还往往因为检修周期延长而影响两炉间的正常衔接，从而影响生产任务的顺利完成。从筑炉方面考虑，由于炉壳烧损而无法提温洗炉，大量底渣堆积于炉衬表面，增大了挖修的劳动强度，同时也影响到砌筑的质量，由于结渣多，一些炉衬的薄弱点凹陷部位不易发现，造成该挖补的地方未能挖补，这样就给下一炉期的安全生产留下了事故隐患。一旦停炉检修计划已经定出，为了确保检修进度及其质量，最先要进行高标准的洗炉工作。所谓洗炉，顾名思义就是要消除炉衬表层的黏结物，使炉衬露出本体见到砖缝。

A 洗炉作业

洗炉作业分为：

（1）提前3~7天加大熔剂的修正系数，增加熔剂量的同时，适当控制冷料加入量，使作业温度适当地提高，将炉衬表面黏结的高铁渣（Fe_3O_4）逐渐熔化掉。

（2）最后一炉铜的造渣作业再次加大熔剂加入量，并再次控制冷料投入量，使炉温进一步提高，而且造铜期应连续吹炼，使炉膛出现多个高温区，加速炉衬挂渣的熔化，为集中洗炉准备条件。

（3）集中洗出最后一炉铜，加入造渣期所需铜锍量后，控制石英含量26%左右，不加冷料进行吹炼。要求将造渣终点吹至白铜锍含铜达75%~78%，含铁在1%，然后将渣子尽可能排净，倒出白铜锍，可以将几台炉子洗炉时倒出白铜锍合并在一台炉中进入造铜期作业。

转炉集中洗炉倒出铜锍后，应仔细检查洗炉效果，若已见砖缝，炉底无堆积物则为良好，经冷却三天后交给筑炉进入炉内施工，若这次洗炉效果不理想，炉底有堆积物，风口砖缝仍看不到时，应再次洗炉重复以上操作。

B 洗炉过程的注意事项

洗炉过程的注意事项如下：

（1）洗炉过程是高温作业过程。由于炉衬已到末期，应注意对各部炉体壳的点检，见到发红部位，应采用空气冷却，不可打水冷却，防止钢壳变形或裂缝。

（2）洗炉造渣终点尽可能吹老些，便于并炉后安全地进入造铜期作业。

（3）洗炉放渣后，白铜锍并炉时，倒最后一包白铜锍时应尽可能将炉膛内残液全部倒净（炉口朝正下方约为140°~290°）位置范围内往复倾转多次直到确认液滴停止为止，然后将炉口上倾至0°位置，自然冷却。一般讲需要三天时间，夏季需要四天自然冷却，方可交给筑炉施工。同时把安全坑内杂物全部清理干净，空出施工现场，然后按预先制定的停修方案，逐项付诸实施。

6.2.5 转炉常见故障及处理方法

转炉常见故障可分为工艺故障和系统故障。

6.2.5.1 转炉吹炼过程工艺故障

A 过冷

过冷是指炉温低于1100℃，炉内熔体的反应速度慢。

主要原因如下：

（1）炉体检修后温升不够。

（2）风口黏结严重、送风困难、反应速度慢。

（3）石英石、冷料加得太多。

（4）大、中、小修炉子没有清理干净，有过多的不定型耐火材料留在炉内，造成熔体熔点升高。

故障表现：

（1）风压增大。

（2）火焰发红，炉气摇摆无力。

（3）捅风眼难，在钢钎上的黏结物增多。

处理方法：

（1）增加送风能力，强化送风，使反应速度加快。

（2）进冰铜增加炉温，或倒出一部分冷的熔体后再加入热料。一般情况下，造成一包渣之后就可以恢复正常作业。

　　B　过热

炉子温度超过1300℃以上。

主要原因：

（1）冷料加入量不足。

（2）反应速度过于激烈。

故障表现：

（1）火焰呈白炽状态。

（2）转过炉子，肉眼看炉衬明亮耀眼，砖缝明显，渣子流动性好。

（3）风压小，风量大，不需捅风眼。

处理方法：

（1）适当加入冷料以降低炉温到正常，或直接放出部分热渣。

（2）减少送风，降低反应强度，也可转过炉子自然降温。

　　C　渣过吹

（1）故障原因：渣子造好后，未及时排放，造成炉渣过吹。

（2）故障表现：

1）渣子从炉口喷出频繁，而且呈片状。

2）炉渣冷却后呈灰白色，放渣时流动性不好，倒入渣包时易黏结，而且渣壳较厚。渣子过吹主要损害是炉渣酸度大、侵蚀炉衬，渣中金属损失增加。

（3）处理方法：向炉内加入冰铜或木柴、废铁等还原性物质后，开风还原吹炼，依据过吹程度不同，还原吹炼时间控制在5~10min，之后将转炉渣放出。

　　D　铜过吹

（1）故障原因。终点判断失误，或因炉倾转系统故障造成铜终点已到不能及时转炉停风导致粗铜过吹。

（2）故障表现。铜样呈平板铜。烟气消失，火焰呈暗红色，摇摆不定，炉后取样的黏结物表面粗糙无光泽，呈灰褐色，组织松散。

（3）故障处理。将高品位固态铜锍（最好采用固态白铜锍）或热铜锍加入炉内进行还原反应，根据"过吹"程度来确定加入的数量。若加入的热铜锍过多时，可继续进行送风吹炼，直到造铜终点。

粗铜"过吹"后，用铜锍进行还原。其反应主要是粗铜中 Cu_2O 和渣中 Fe_3O_4 与铜锍中的 FeS、Cu_2S 的反应，这些反应几乎在同一瞬间完成，释放大量的热能，使炉内气体体积迅速膨胀，气压增大至一定程度，就会形成巨大的气浪冲出炉外。因此"过吹"铜还原时一定要注意安全，还原要慢慢进行，不断地小范围内摇动炉子，促使反应均匀进行。

E　石英石过少

（1）故障原因。转炉吹炼欠石英操作，渣含二氧化硅少，炉内磁性氧化铁升高。

（2）故障表现：

1）钢钎表面有刺状黏结物，捅风眼操作困难。

2）炉渣流动性较差。

3）炉渣含铜、镍有价金属增加。

（3）故障处理：向炉内添加足够的石英，使磁性氧化铁还原为氧化亚铁造渣除去。

F　石英石过多

（1）故障原因。对吹炼反应程度把握不准，熔剂加入量超出正常需要。

（2）故障表现：

1）炉子喷溅严重，大量炉渣从炉口喷出。

2）渣量增大，金属损失增加。

（3）故障处理。放出少量转炉渣，再加入低冰铜，继续吹炼，并适当减少石英石的加入量。

6.2.5.2　炉体故障

转炉炉体发生故障，常见为耐火材料烧穿或掉砖，致使炉壳发红或烧漏，炉长立即将风眼区转出熔体面，执行停风操作，汇报班长。

A　炉壳局部发红

炉壳局部发红处理：

（1）风眼区、端墙部位发红，立即在表面喷水或通风散热，待出炉后做进一步处理。

（2）炉口部位发红，进行挂炉操作。

B　局部洞穿

局部洞穿处理：

（1）在风眼区位置，可将炉子转出液面，用石棉绳和镁泥堵塞，继续吹炼，出炉后从炉内用镁泥填补或倒炉处理。

（2）在炉身或端墙位置，立即倾转将熔体倒入铜包或直接排放到安全坑中，必须停炉检修。

（3）在炉口位置，进行挂炉操作。

C　大面积发黑、发红或洞穿

大面积发黑、发红或洞穿，立即倾转炉体，将熔体倒入铜包或直接倒入安全坑中，进行停炉检修。

6.2.5.3 系统故障

A 控制系统

控制系统故障是指转炉正常生产过程中计算机系统、控制操作台出现局部或全系统突发性故障。若局部出现，应立即联系处理；若全系统出现，立即停止吹炼，并汇报处理。

B 送风系统

若供风线路全程或局部压力分布异常、空吹流量超出正常要求范围，都可能影响正常生产和安全运行，须要进行确认和查证，故障排除或问题落实后，方可转入正常生产作业。

供风系统故障是指送风管路以及阀检修、风闸、球面接头、三角风箱、环形风管、风箱等所出现的故障。

常见故障有风箱箱体、弹子房、风管以及球面接头发生损伤漏风。

（1）风箱箱体漏风，可利用停炉间隙补焊钢板密封。

（2）弹子房漏风，若为底角螺丝松动，可紧固螺丝密封；若为弹子房本体疲劳损伤、开裂，应更换处理。

（3）水平风管脱节，将风口区转出液面，用镁泥、石棉绳塞住水平风管在炉内的部分，用专制的螺纹堵头密封风管座。

（4）球面接头漏风，在转炉停炉、检修期间，更换密封胶圈，并调整球面接头与三角风箱的同心度。

C 传动系统

如果正在吹炼的转炉出现传动设备故障，应视情况不同区别对待。

（1）机械故障，如声音异常、振动明显等，应立即转出炉口停止吹炼，由专业人员进行诊断，如问题严重或处理时间较长，联系倒炉吹炼或提前出炉。

（2）电气故障，应起动直流备用电机，将风眼区转出渣面。若直流电机同时出现故障，立即组织抢修，并做好必要的应急准备。

D 排烟系统

排烟系统故障主要指转炉水冷烟道、余热锅炉、排烟机出现问题，或监控参数异常不能正常排烟等。

a 水冷烟道故障

水冷烟道故障处理：

（1）若水冷烟道的管路、阀门、水套漏水，及时关闭相应的进水阀门，并尽快组织处理。

（2）若漏水部位直接威胁到转炉吹炼生产，立即从烟道中转出炉口、关闭该部位进水口，待漏水止住后继续或倒炉吹炼。

b 余热锅炉故障

余热锅炉发生漏气、漏水故障，依据情况严重程度不同，决定暂时维持吹炼、立即停吹或倒炉操作。

c 排烟机故障或事故状态

排烟机出现设备故障或参数异常，导致排烟系统负压波动、烟气外泄时，联系焙烧车间采取措施，直到排烟正常；情况严重时，立即停止吹炼或提前出炉，等候处理。

E 系统停电

转炉全系统停电后，立即起动直流电机，将风眼区转出渣面，并联系恢复。

系统恢复送电后，按照：控制系统—传动系统—送风系统—水系统—排烟系统的顺序，进行检查确认。

6.3 转炉主要经济技术指标

转炉吹炼经济技术指标主要有送风时率、铜的直收率、转炉寿命、生产效率和耐火材料消耗。具体见表6-1。

表6-1 转炉吹炼经济技术指标汇总

指标名称	转炉容量/t							
	5	8	15	20	50	50	80	100
铜锍品位/%	30~35	25~30	37~42	28~32	20~21	30~40	50~55	55
送风时率/%	76	75~80	80	77~88	85	80~85	70~80	80~85
铜直收率/%	90~95	95	96	80~85	90	95	93.5	94
熔剂率/%	18	23	16~18	18~20	20	16~18	8~10	6~8
冷料率/%	25	15	10~15	7~10	25~30		26~63	30~37
砖耗/kg·t^{-1}	24	19.7	25	60~140	45~60	15~30	4~5	2~5
炉寿命/t·炉期$^{-1}$	1500	1500	1500	1200	2200	17570	26400	
水耗/m^3·t铜$^{-1}$					130			
电耗/kW·h·t铜$^{-1}$			350~400		650~700		(50~60)	(40~50)

6.3.1 送风时率

铜锍的吹炼过程是间歇式周期性作业，在进料、放渣、放铜时必须停风。在停风期间，不但不能进行任何氧化反应去除锍中的铁和硫，而且会使炉温下降，以至影响下一步操作。因此应当很好地组织熔炼、吹炼和火法精炼工序之间的配合，尽量缩短转炉吹炼的停风时间，提高转炉的工作效率。

送风时率与生产组织、操作人员的技术水平、上下工序的配合紧密程度有关。为了提高转炉的送风时率，要求生产的管理人员在详细了解熔炼、吹炼和火法精炼的生产规律的基础上，制定出转炉吹炼进度计划，作为生产操作指南，这样才能缩短转炉停风时间。

送风时率与转炉工序的机械化程度有关。机械化程度愈高，清理转炉炉口、放渣、出铜等操作时间就愈短，送风时率就愈高。目前炼铜厂都向大型化，即大转炉、大吊车、大包子发展，来提高送风时率。

送风时率与铜锍品位有关。理论计算和生产实践都表明，在其他条件相同的情况下，铜锍品位愈低，吹炼时送风时率愈高。相反，铜锍品位愈高，则吹炼时送风时率愈低。

送风时率还与车间的平面配置有关，例如转炉与熔炼炉的相对位置和距离、与火法精炼炉的位置和距离有关。

送风时率可按下式计算：

$$送风时率 = \frac{送风时间}{总操作时间} \times 100\%$$

单台炉连续操作时，送风时率可达 60% ~ 70%；一台炉交换操作时可达 75% ~ 80%，两台炉期交换操作时可达 81% ~ 83%。

6.3.2　铜的直收率

铜的直接回收率与铜锍品位、铜锍中杂质含量（其中特别是锌铅等易挥发成分）、鼓风压力和送风量、转炉渣成分及操作技术（特别是放渣技术）等因素有关。铜锍品位低、杂质含量高，铜的直接回收率低。当铜锍中 $w(Cu) + w(Fe)$ 为 70%、$w(S)$ 为 25%、吹炼过程中铜损失为 1% 时，铜的直接回收率与铜锍品位有如下关系：

$$\eta = 104 - 350/B$$

式中　η——铜直收率，%；

　　　B——铜锍品位，%。

6.3.3　转炉寿命

转炉寿命是衡量转炉生产水平的重要指标。转炉的寿命与铜锍品位、耐火材料质量、砌砖技术及耐火材料的分布、吹炼热制度、风口操作等因素有关。

在吹炼过程中，转炉炉衬在机械力、热应力和化学侵蚀的作用下逐渐遭到损坏。生产实践表明，转炉炉衬的损坏大致分两个阶段：第一阶段，新炉子初次吹炼（即炉龄初期）时，炉衬受杂质的侵蚀作用不太严重，这时受热应力的作用炉衬砖掉块掉片较多，风口砖受损严重。第二阶段，炉子工作一段时间（炉龄后期），炉衬受杂质侵蚀作用较大，砖面变质。

实践表明，炉衬各处损坏的严重程度不同，炉衬损坏最严重的部位是风口区和风口以上区，其次是靠近风口两端墙被熔体浸没的部分，炉底和风口对面炉墙损坏较轻。

在造铜期，炉衬损坏比造渣期严重。采用富氧空气吹炼时，炉衬损坏比采用空气时严重。炉衬损坏的原因很多，归结起来主要是由机械力、热应力和化学侵蚀三种力作用的结果。

6.3.3.1　炉衬损坏的原因

炉衬损坏的原因如下：

（1）机械力的作用。主要是指熔体对炉衬的冲刷磨损和清理风口不当时对炉衬所造成的损坏。在转炉内流体流动现象讨论中，已经指出了气泡膨胀、上升过程和流体环流对炉壁造成的冲刷，使炉衬遭到损坏。这些情况与炉子大小有关，炉子直径小，这种机械力的作用更明显。

（2）热应力的作用。转炉吹炼是间歇式周期性作业，在供风和停风时炉内温度变化剧烈，从而引起耐火材料掉片和剥落。曾有人对直径为 3.05m、长为 7.98m 的转炉吹炼品位为33.5%的铜锍时炉温的变化情况进行了测定,结果为每吹风1min,造渣期温度升高2.92℃,造铜期温度升高1.20℃;每停风1min,造渣期温度降低1.05℃,造铜期温度降低3.10℃。由于温度的剧烈变化,产生很大的热应力。耐火材料尤其是含 Cr_2O_3 高的耐火材料,抗热振性较差。在850℃下进行的抗热振性试验指出,Mg-Cr 砖 18 次、Mg-Al 砖 69 次即发生断裂.可见热应力是引起炉衬损坏的重要因素。

(3)化学侵蚀。主要是炉渣熔体的侵蚀,锍和金属铜也产生很大的侵蚀作用。在造渣期,吹炼过程产出的炉渣($2FeO \cdot SiO_2$)能溶解镁质耐火材料,它既能使镁质耐火材料表面溶解,也能渗透进耐火材料内部,使耐火材料溶解。

温度愈高,MgO 在转炉渣中溶解度愈大。在同一温度下,渣中 SiO_2 含量增大,MgO 在渣中的溶解度总的趋势升高,这说明高温下含 SiO_2 高的炉渣对镁质耐火材料侵蚀严重。

有人曾对转炉渣侵蚀 Mg-Cr 质耐火材料的机理进行了研究。结果发现,在反应层内,耐火砖基质内部、基质与颗粒结合处的贯通气孔已被熔渣充满,主晶相晶体之间也侵入大量熔渣。通过与原砖对比看出,熔渣侵入的第一通道是砖内的气孔,第二通道是具有较多硅酸盐富集的晶界。进入反应层的熔渣成分有磁铁矿(Fe_3O_4)铁橄榄石($2FeO \cdot SiO_2$)和金属铜等。铁橄榄石对耐火砖中的方镁石和铬矿侵蚀严重,它不仅从耐火砖的颗粒表面进行溶解,而且通过加宽晶界把主晶相分离并溶入渣中。磁铁矿在方镁石和尖晶石中有较大的溶解度,并且形成固溶体,造成 Mg-Cr 砖的化学破损,大幅度地降低了耐火材料性能。

在造铜期,金属铜黏度很小,能顺着耐火砖的气孔渗透到砖体内部,使方镁石晶体、铬矿晶粒间的距离增大,从而使耐火砖结构疏松。但是金属铜并未与耐火砖的主晶相反应。造铜期有少量 Cu_2O 生成,它与粗铜表面上的残渣反应形成流动性非常好的炉渣(其成分大都是 $Cu_2O \cdot Fe_2O_3$),对耐火砖有很强的侵蚀能力。

6.3.3.2　提高炉寿命的措施

提高炉寿命的措施有:

(1)提高耐火砖、砌炉和烤炉质量。在渣线和容易损坏的部位砌优质 Mg-Cr 砖有较好的抗损坏效果。

(2)严格控制工艺条件。控制造渣期的温度在 1200~1300℃ 范围内,当炉温偏高时及时地分批加入冷料,在加入石英熔剂时要防止大量集中加入,以免炉温急剧下降。

(3)及时放渣和出铜,勿使过吹,减少砖体的侵蚀作用。

(4)当炉衬局部出现损坏时,可采用热喷补等措施补炉。

(5)从炉体结构角度看,适当增大风眼管直径和减少风眼数量,可以降低风眼区炉衬的损坏速度。适当增大风眼与端墙的距离,可以减缓端墙的损坏。

6.3.4　生产效率

转炉生产效率可用下面三种方法表示,即炉日产粗铜量、生产吨粗铜时间、日炉处理铜锍吨数。常用的是前两种表示方法。

转炉的生产率与炉子大小、铜锍品位、单位时间鼓入炉内的空气量、送风时率及操作条件等有关。大转炉无疑比小转炉生产率高。铜锍品位高,造渣时间短,炉子生产率也大。生产实践表明，铜锍品位提高 1% ，产量可以增加 4% 。铜锍吹炼过程就是利用鼓入炉内空气中的氧来氧化铜锍中的铁和硫的过程。因此，鼓风量大小和送风时率高低直接影响转炉生产率。生产率与鼓风量、送风时率成正比，即鼓风量和送风时率愈大，转炉的生产率愈高。但是鼓风量不能无限增大，以免发生大喷溅和加剧炉衬损坏，可以采用富氧空气吹炼，提高炉子生产效率。

6.3.5　耐火材料消耗

耐火材料消耗与炉寿命、铜锍品位、转炉容量、操作制度等有关。炉寿命短、铜锍品位低、炉子容量小，耐火砖消耗就相应高。国外铜锍转炉吹炼耐火材料消耗为 2.25 ~ 4.5kg/t。

7 阳极炉精炼工艺

7.1 阳极炉精炼设备及工艺配置

7.1.1 阳极炉主体设备

阳极炉由炉体、支撑装置、驱动装置组成，如图 7-1 所示。

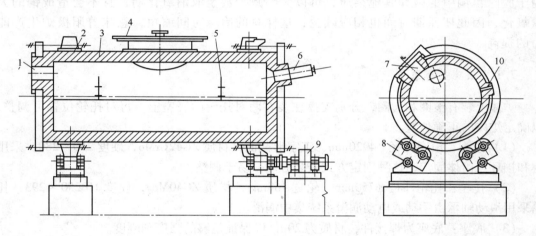

图 7-1 回转式精炼炉结构

1—排烟口；2—壳体；3—砌砖体；4—炉盖；5—氧化还原口；6—燃烧器；
7—炉口；8—托辊；9—传动装置；10—出铜口

7.1.1.1 炉体

筒体由外径 φ4150mm，长度 12000mm，厚 50mm 材质为 20g 钢板卷制焊接而成。

筒体内衬 380mm 厚的铬镁砖和 65mm 厚高强轻质黏土质耐火砖，黏土砖外有 10mm 厚的镁质填料，铬镁砖和黏土砖之间也有 10mm 厚的镁质填料。

炉口（也称加料门）处在炉体中心位置，规格为 1200mm×2000mm。炉口用于加料和倒渣，内侧装有 4 块钢水套，用螺栓与炉口法兰连接，每块水套有单独的进出水口。水压为 0.4MPa，循环水消耗量 30～40t/h。炉口上有一个液压活动炉盖，非加料、出渣时间，炉盖将炉口盖上。

筒体上装有 2 个氧化及还原喷管的可拆卸式盖板及一个可拆卸的出铜口，均用楔子固定在筒体上。与风口相对应的另一侧，设有 1 个出铜口，炉体向后倾转，铜水从出铜口放出，通过慢速驱动装置调节铜水流出量。

端盖采用球形封头的形式以满足砖体热膨胀的需要。

在驱动端（固顶端）的端盖上装有加热燃烧器，而重油燃烧装置和燃烧空气管一起连接在燃烧器上。燃烧器可随炉体一起倾转。

阳极炉的排烟口设在炉尾部的上方，烟从上方排出，排烟口处设计有环绕排烟口护板的水套式排烟罩，排烟罩的出烟口直接与空气换热器相接，烟气经排烟罩冷却降温后进入空气换热器。空气换热器采用列管式旋流结构，结构简单，换热系数高，空气阻力、烟气阻力都较小，列管无下联箱，减少了烟尘黏结，清灰方便。并利用热烟气将阳极炉燃油的助燃风预热到 300℃，热风助燃可提高燃烧温度，炉况稳定，可直接降低油耗约 15%。

阳极炉采用了先进的透气砖技术，在炉子底部有 8 块透气砖，通过透气砖鼓入含氧 3%～5% 的氮气，使熔体始终处于均匀的搅动状态，熔体温度均匀，鼓入的氧可用于脱除粗铜中的硫和其他杂质，可以大大减少甚至取消氧化期，且不会造成铜的大量氧化，因此还原期时间也相应减少，这样总的冶炼时间缩短，意味着阳极炉生产能力的提高。

7.1.1.2　支撑装置

炉体上装有滚圈和齿圈，分别支撑在装有两对托轮的底座上，每对托轮位置可调整，以确定炉体的正确位置。

（1）滚圈：滚圈外径 $\phi4920mm$，工字形截面，材质 ZG42CrMo，硬度 250～280，采用键和挡环与筒体固定，这种固定方式安装方便，易于调整。

（2）托轮：托轮外径 $\phi750mm$，轮宽 468mm，材质 $ZG40Mo_2$，硬度 HB250～293，托轮采用滑动轴承由手动或电动润滑系统集中润滑。

（3）底座：底座为焊接件，材质为 20g，以保证足够的强度和刚度。

7.1.1.3　驱动装置

A　传动系统

阳极炉可正、反旋转 360° 根据工艺要求，炉体可正反两个方向旋转且有快、慢两种旋转速度，快速及慢速均由主电机（交流电动机）完成。

炉子在一般情况下均是快速驱动 0.5r/min。

炉子只有在浇铸时才使用慢速 0.05r/min。

直流电机由蓄电池及直流电源备用，仅在事故停电状态时使用。

炉体各个作业位置的转动角度由旋转限位开关及主令控制器同时控制。

B　传动系统组成

传动系统组成：

（1）主电机（交流电机）：型号 YTSZ315M2-8，功率：110kW；转速 740r/min。

（2）带制动轮联轴器：型号 ZLL7。

（3）直流电磁铁块式制动器：型号 ZWZ3A-630/700-I。

（4）圆柱齿轮减速机：型号 QJS-D900-160。

（5）电磁离合器：型号 DLM2-16000。

（6）减速机：型号 Xw-8215-11。

（7）联轴器：型号 LT8。

（8）直流电机：型号 ZZJ-804；功率：63.5kW；转速：650r/min。

（9）鼓形齿式联轴器：型号 CⅡCL17。

（10）小齿轮。

（11）齿圈。

7.1.2 圆盘浇铸主体设备

圆盘浇铸主体设备主要有圆盘浇铸机。

传统的阳极板浇铸，是人工控制，铜液从精炼炉放出，经流槽进入浇铸包，注入铜模。铜量由浇铸工根据模子的充满程度或在铸模上画一些刻度线进行控制。人工控制的随机性很大，质量波动大，20 世纪 50 年代开始，逐步实行半自动或自动定量浇铸，由微机控制称量包，经液压系统自动浇铸。采用 28~36 块铜模的圆盘浇铸机，其生产能力达到 100t/h。定量浇铸的阳极板质量差可控制在 2% 以内，但仍然存在一些问题难以解决：浇铸时铜水喷溅及圆盘晃动产生飞边、毛刺；在冷却和脱模时，产生弯曲变形；铜模夹耳，耳部产生扭曲变形；铸模不平，板面厚薄不均。这些缺陷以及其他一些问题，几乎都是浇铸过程难以避免和不可能完全克服的，因此采取了阳极外形的修整工作，以弥补浇铸的缺陷。在电解车间增设阳极平板、校耳、铣耳整形生产线。

采用连铸技术取代传统的模子浇铸，是解决以上问题的一条途径。当然，方法或途径的选择，要结合工厂的实际，考虑经济上的效果。

阳极板生产有两种工艺：铸模浇铸和连铸。铸模浇铸又分为圆盘形和直线形两种，它们的技术成熟，应用广泛。圆盘形浇铸机是铜阳极生产的主要生产设备。直线形浇铸机结构简单、紧凑，占地面积小，投资低，但阳极质量差，仅被小型工厂采用。连铸是连续作业，连续浇铸并轧成板带，经剪切或切割成单块阳极，用预制挂杆钩住阳极耳部将阳极挂起来，此法生产的阳极较传统法生产的阳极薄，电解生产周期短，取槽装槽频繁。应用于铜阳极生产的形式为双带连铸、质量好，但投资较高，国内尚未推广。

熔炼车间两台 300t 阳极炉配套一台奥托昆普公司的 16 模双圆盘浇铸机，浇铸能力为 100t/h，实际浇铸能力为 80t/h 左右，400t 阳极炉配套一台奥托昆普公司的 18 模双圆盘浇铸机，实际浇铸能力为 85t/h 左右。

7.1.2.1 圆盘浇铸机

圆盘浇铸有两种类型：人工控制和自动控制。人工控制是由人操纵浇铸包的倾动机构，凭经验掌握阳极的厚度，块重波动较大。自动浇铸主要以芬兰奥托昆普公司研发的定量浇铸机为代表，包括阳极浇铸和称重机，带一个中间包和浇铸包、铸轮、冷却系统、废阳极板取出装置、阳极板取出系统及冷却水槽、铸模喷模系统、控制系统、液压系统、浇铸过程的各个阶段由 PLC 进行自动控制、浇铸精度和自动化程度非常高，目前国内大型炼铜厂均引进了此项技术。图 7-2 所示为奥托昆普双圆盘浇铸机及其配置图。

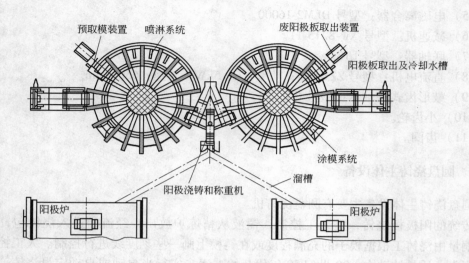

图 7-2　双圆盘浇铸机及其配置图

7.1.2.2　圆盘浇铸系统

以圆盘浇铸机为主体的整个浇铸系统包括自动称量（电子秤）装置、阳极板水冷却室、顶板装置、阳极取板装置、顶针复位装置、脱模剂喷涂装置以及不良阳极板检测装置。

圆盘浇铸机是广泛使用的设备，它比直线浇铸机运行平稳、浇铸质量高，已逐步取代直线浇铸机。圆盘浇铸机有较大的生产能力，可以实现双包浇铸，单机或多机取板，易实现机械化、自动化。圆盘直径可为 $\phi 7 \sim 21m$。铸模摆放块数为 $12 \sim 60$ 块，生产能力的适应范围广，最大能力为 100t/h。

按支撑形式，圆盘浇铸机有滚动轴承中心支撑式、滚轮支撑式和托轮支撑式。按驱动方式，有齿轮传动、钢丝绳周边传动、槽轮周边拨动、钝齿周边拨动及液压连杆拨动等形式。小圆盘宜采用中心支撑式。中等圆盘采用大直径带外齿轮的回转支撑轴承。该形式结构简单，运行阻力小，启动、停止平稳，旋转定位精度高，运行可靠。大圆盘多采用滚轮式支撑、钢丝绳传动或液压拨动。钢绳传动，运行平稳，有制动减振作用。

圆盘浇铸机是间歇式运转，启动与停止都会产生一定的惯性力，给圆盘带来冲击，产生晃动；圆盘直径愈大，影响愈大。因此要求圆盘提速、减速要平滑，制动要平稳。

为了方便取板，都将铸模摆放在盘面周边。小型圆盘，铸模呈径向摆放。大型圆盘双模浇铸，铸模分内、外因，按切线方向摆放。这样配置与径向摆放比较，盘面能充分利用，驱动圆盘行程短，浇铸速度快，两圈铸模，同时浇铸，同时取板，平行作业。

双模浇铸比单模浇铸布置紧凑，占地面积相对较小，产量大，劳动生产率高。但大圆盘制作、安装难度较大，生产操作水平要求较高，否则相互影响不能发挥双模的作用。单模浇铸一般布置 $16 \sim 24$ 块，双模浇铸一般布置 $28 \sim 36$ 块。阳极厚度大，监控仪器多，铸模应多一些。

阳极板浇铸周期多数控制在 30s/块，停止浇铸 15s，运行 15s。圆盘的生产能力在浇铸周期确定后，主要由阳极质量决定。双圆盘定量浇铸系统附属设备，见表7-1。

表7-1 双圆盘定量浇铸系统附属设备

序 号	名 称	规 格	数 量	序 号	名 称	规 格	数 量
1	液压站		1	10	取板装置		2
2	电动机	37kW	2	11	电动机	4kW	4
3	电加热器	3kW	2	12	模子喷涂机		1
4	润滑系统		1	13	电动机	4kW	1
5	控制室		1	14	顶模装置		2
6	圆 盘		2	15	取废阳极装置		2
7	电动机	15.5kW	2	16	定量浇铸包		1
8	电压控制	2kW	2	17	排水蒸气装置		2
9	逻辑控制	2kW	2				

7.1.3 阳极炉工艺配置

7.1.3.1 燃烧系统

因阳极炉精炼过程各作业期温度控制，全部通过燃油枪重油燃烧来进行控制，各作业期工艺要求控制不同温度，控制风油或氧油比，重油流量也不同。燃烧效果的好坏直接关系到熔融铜温度的高低。一般情况，操作人员只需从炉口或从装设在燃烧器上的观察孔观察目测火焰至绿色，炉内呈白光色，燃烧效果就比较好。若呈暗红则表示燃烧效果较差。

阳极炉燃烧系统组成：高压风路由空压风输送管道、阀站组成；重油路由重油输送管道、重油加热器、阀站、燃烧器、燃油枪组成。

现阳极炉逐步推广多氧燃烧技术，多氧燃烧器采用逐级供氧，逐级掺混，扩大了燃烧空间，炉膛内的重油先与一次氧发生反应，形成根部火焰，未燃烧的重油与二次氧逐级掺混并发生反应，从而形成逐级燃烧，炉膛内没有明显高温区，温度分布均匀。同时氧气高速喷射产生的动能，卷吸周围已燃烧完的烟气，进行掺混，降低了氧气单位体积供应量，改变了原采用空气助燃存在的大量不参与燃烧的氮气被加热后随着高温烟气被排放而带走了大量能量的弊端。从而减少了火焰燃烧烟气量，起到了节能、环保、降耗的目的。

普莱克斯基于稀氧燃烧技术开发的JL型氧气—燃料燃烧系统是将燃料射流在高速纯氧射流下，充分混合燃烧，能节约大量燃料和减少烟气排放；同时又具有火焰长度和强度调节功能，避免热点产生。

A 稀氧燃烧原理

氧气和燃料由不同喷嘴射入炉内，高速氧气和燃料射流因为和炉内气体发生卷吸作用而被稀释，然后再彼此混合燃烧，如图7-3所示。燃料和经过稀释的热氧化剂进行反应，从而产生低火焰峰值温度的"反应区域"。

B 燃烧效果

燃烧效果如下：

（1）燃料充分燃烧，节约燃料。

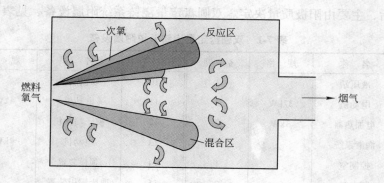

图 7-3　稀氧燃烧原理

（2）燃料的节约，同时减少了 CO_2 的排放。

（3）采用了分级燃烧设计，具有低的火焰峰值温度和极低的 NO_x 排放。

（4）燃烧稳定，温度均匀，火焰形状可以调节。

C　燃烧系统

阳极炉稀氧燃烧系统组成（见图 7-4）：氧气阀站，仪控系统，重油供给线路由重油输送管道、重油加热器、阀站、燃嘴砖、一次氧枪和二次氧枪、燃油枪组成。氧油比控制在 $(1.9 \sim 2.3):1$。

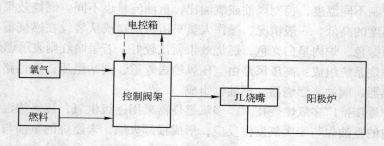

图 7-4　稀氧燃烧系统

D　安全保证

安全保证如下：

（1）氧气、燃料压力高/低连锁。

（2）氧气、燃料比例失调安全连锁。

（3）火焰探测器实时监测。

（4）炉温和点火安全连锁。

（5）任何条件下的紧急停止。

所有安全连锁一旦触发，系统将自动转入低流量安全模式或自动关断系统，仅当修复、确认后，燃烧系统才能恢复正常运行状态。

7.1.3.2　供风系统

新阳极炉二次风，是把常温空气经热交换器，加热到 80~300℃ 后，鼓入阳极炉中，二次风的温度，随阳极炉各作业期烟气温度变化而变化，二次风量大小，通过调整变频风机的频率来调控。

阳极炉一次风作用：雾化重油。

阳极炉二次风作用：阳极炉燃烧作业雾化重油补充氧量，调节炉膛负压。

阳极炉供风系统组成：变频离心风机型号：9-19No. 14D 鼓风量 $Q = 30040\text{m}^3/\text{h}$、$\phi600\text{mm}$ 供风管道、热交换器、切断阀和排空阀（DN700 电动蝶阀）燃烧器。

切断阀和排空阀作用：防止高温烟气倒灌，烧坏燃烧器，热交换器中换热管和离心风机，调整炉膛负压。

7.1.3.3 供氧系统

阳极炉用氧主要有两部分组成，一是阳极炉烧眼用氧，压力为 0.8 ~ 1.2MPa；另一个是多氧燃烧用氧，压力为 0.4 ~ 0.6MPa。两路用氧主线全部由熔炼车间氧气调压间供给，多氧燃烧用氧压力调节为远程控制，控制在 7 转炉电脑上完成，调整调节阀开度值控制氧气压力。

7.1.3.4 排烟系统

阳极炉排烟系统的任务，就是把阳极炉生产中产生的烟气，通过排烟设施排放到空气中。阳极炉排烟系统有主排烟和环保排烟两条线路。

阳极炉排烟主线：阳极炉顶排烟出口—水冷烟罩—热交换器—对冷风阀—变频高温排烟机—排空。环保排烟线：炉口—旋转烟罩—环保烟罩—排烟管—排空。

阳极炉出口烟气温度 800 ~ 1200℃。

高温风机进口烟气温度小于 450℃。

兑冷风阀作用：调节烟气温度，保证高温风机进口烟气温度符合要求条件，保护高温排烟机，兑冷风阀开、关是通过操作电脑完成。

7.1.3.5 水冷系统

阳极炉水冷系统主要是水套，其安装部位不同作用也不同，出烟口水套和炉口水套的设置是为了延长其衬砖寿命，用螺栓与炉口法兰连接，每块水套有单独的进、出水口，为便于炉体旋转炉体一端与回水箱采用软连接。水压为 0.3 ~ 0.4MPa，循环水消耗量 30 ~ 40t/h。

水冷烟罩的作用就是导流烟气通道，能降低烟气温度。现场水冷烟罩按组装形式分为 4 组，按东、南、西、北方向命名。

1 组有东 1、东 2、南 1、西 1、西 2、北 1 共 6 块水套。

2 组有东 1、东 2、南 1、西 1、西 2、北 1 共 6 块水套。

3 组有东 1、东 2、南 1、西 1、西 2、北 1 共 6 块水套。

4 组有东/西、南 1、南 2、北 1、北 2、顶 1、顶 2、底部水套共 8 块水套。

水冷烟罩共有 26 块水套组成，每块水套有单独的进、回水口。水压为 0.3 ~ 0.4MPa，循环水消耗量 40 ~ 50t/h。

7.1.3.6　还原系统

阳极炉还原系统按所使用还原剂分为两套系统：重油还原和碳质固体还原剂还原。该系统采用固体还原剂还原。

固体还原剂吹送系统：

（1）还原剂料仓：4500mm × 2600mm × 1200mm，贮存还原剂10t。

（2）手动闸板阀：型号 DN200。

（3）电动星形给料阀：型号 DXV-Y6　DN200。

（4）气动蝶阀：型号 602A-C　JIS10K　DN300。

（5）仓泵：型号 ϕ1600mm × 14mm，容积 3.6t，最高工作压力 0.8MPa。

（6）手动蝶阀：型号 DN150。

（7）气动 V 阀：型号 DN80。

（8）硫化混料喷射器：喷口直径 DN25。

（9）吹送管。

（10）PLC 控制柜。

（11）空压风包、氮气包。

固体还原剂吹送系统中使用的气动阀门和振动筛的动力气源为氮气压力 0.5 ~ 0.8MPa，作业过程主吹送使用的气源为空压风，风压 0.45 ~ 0.6MPa。

7.1.3.7　透气砖系统

回转阳极炉采用透气砖技术，可使炉内铜液温度均匀，可以缩短氧化还原时间，提高铜水质量，降低能耗，是一项行之有效的新技术。

阳极炉透气砖系统由氮气输送管线和 PLC 氮气搅拌站、透气砖组成。其作用是搅拌熔体、加快反应过程、防止炉腹黏结等。8 块（300t 阳极炉）或 10 块（400t 阳极炉）透气砖对着炉口呈 U 形分布安装在炉底，有利于将炉渣从炉口排出。

氮气总压力 0.5 ~ 0.7MPa，根据阳极炉生产特点流量设定是：

进料期：100NL/min

氧化期：80NL/min

扒渣期：100 ~ 150NL/min

还原、保温期：50NL/min

生产中各作业期透气砖流量控制是通过操作 PLC 显示面板来完成。

7.1.3.8　仪表控制系统

阳极炉生产主要工艺参数及附属设施开、关在线控制等数据信号全部进入到阳极炉 DCS 仪控系统，生产中工艺参数的调整及附属设施的开、关都是通过操纵电脑来完成。

7.1.3.9　炉口液压系统

阳极炉液压系统由液压站、输、回油管线、液压缸、炉口盖组成，阳极炉液压系统的任务是保证炉口盖根据生产需要正常开、关控制。

液压站由两台油泵（一开一备）、油箱、输、回油管线、电磁阀组组成，两台阳极炉合用一个液压站，生产中只需开一台油泵，就能满足炉口盖开、关需要，要求两台炉不能同时进行炉口盖开关工作。液压站工作油压 6～10MPa。

7.1.4 回转精炼阳极炉的特点

回转精炼阳极炉的特点如下：

（1）炉子结构紧凑，散热面积小，油耗为 80～260kg/h。

（2）回转阳极炉密闭性好，炉体散热损失小，燃料消耗低。炉体密闭性好，漏烟少，减少了环境污染。

（3）炉子设有倾动装置，能以快慢不同的速度转动，能从炉口用吊车将冷料加入，避免了人工加料的劳动。

（4）精炼和浇铸自动化程度相比反射炉强，阳极精炼炉和浇铸机各设一个控制室，配置较完善的监测与控制电气仪表，从而大大改善了工作条件，减少劳动定员，提高产品质量。

（5）炉子容量从 100t 变化到 550t，处理能力大，技术经济指标好，劳动生产率高。

7.2 阳极炉生产操作实践

7.2.1 概述

回转阳极炉作业包括进料、保温、氧化、倒渣、还原、浇铸，300t 阳极炉进转炉粗铜 280～350t、400t 阳极炉进转炉粗铜 330～380t，完成进料后，根据炉温状况进行氧化作业，氧化作业过程根据炉内渣的情况进行倒渣作业，取样判断氧化终点符合规定后转入还原作业，观察炉内反应，取样判断还原终点试样合格后，经炉长授权，炉长组织出炉作业。以容量为 300t 阳极炉为例，全过程（保温除外）需要 8～10h，其中加料 1～3h，氧化 1～2h，还原 1～2h，浇铸 4～5h。

7.2.2 阳极炉生产作业参数

7.2.2.1 保温、停料期生产作业参数

保温、停料期生产作业参数见表 7-2。

表 7-2 保温、停料期生产作业参数

项 目	单 位	正常调节范围	正常调节范围
重油温度	℃	80～120	80～120
重油流量	kg/h	120～200	300～600
雾化风压	MPa	0.4～0.6	0.4～0.6
二次风流量	m³/h	0	8000～12000
二次风温度	℃	0	100～350
透气砖氮气流量（标态）	L/min	50	50
氧 气	m³/h	260～440	0

7.2.2.2 氧化期生产作业参数

氧化期生产作业参数见表7-3。

表7-3 氧化期生产作业参数

项 目	单 位	正常调节范围	正常调节范围
重油温度	℃	80～120	80～120
重油流量	kg/h	120～200	200～400
雾化风压	MPa	0.4～0.6	0.4～0.6
二次风流量	m³/h	0	5500～18000
二次风温度	℃	0	150～350
透气砖氮气流量（标态）	L/min	80	80
氧 气	m³/h	260～440	0

7.2.2.3 扒渣期生产作业参数

扒渣期生产作业参数见表7-4。

表7-4 扒渣期生产作业参数

项 目	单 位	正常调节范围	正常调节范围
重油温度	℃	80～120	80～120
重油流量	kg/h	120～200	300～600
雾化风压	MPa	0.4～0.6	0.4～0.6
二次风流量	m³/h	0	8000～12000
二次风温度	℃	0	100～350
透气砖氮气流量（标态）	L/min	100～150	100～150
氧 气	m³/h	260～440	0

7.2.2.4 还原期生产作业参数

还原期生产作业参数见表7-5。

表7-5 还原期生产作业参数

项 目	单位	正常调节范围	项 目	单位	正常调节范围
烟道负压	Pa	0～-70	固体还原剂流量	kg/h	1800～2600
空压风压力	MPa	0.4～0.6	透气砖氮气流量（标态）	L/min	50

7.2.2.5 出炉期生产作业参数

出炉期生产作业参数见表7-6。

表 7-6 出炉期生产作业参数

项 目	单 位	正常调节范围	正常调节范围
重油流量	kg/h	80 ~ 120	80 ~ 120
重油温度	℃	120 ~ 200	300 ~ 600
雾化风压	MPa	0.4 ~ 0.6	0.4 ~ 0.6
二次风流量	m³/h	0	8000 ~ 12000
二次风温度	℃	0	100 ~ 350
透气砖氮气流量（标态）	L/min	50	50
氧 气	m³/h	260 ~ 440	0

7.2.3 阳极炉生产工艺控制参数

阳极炉生产工艺控制参数见表 7-7。

表 7-7 阳极炉生产工艺控制参数

名 称	单 位	控 制 范 围
铜液温度	℃	1180 ~ 1220

7.2.4 阳极炉生产工艺作业程序

火法精炼在阳极炉上进行，作业内容分进料、保温、氧化、倒渣、还原、浇铸 5 项内容，生产过程分两个阶段，第一阶段为氧化，其主要目的是脱硫，第二阶段为还原，主要目的是除氧。

生产控制为单炉精炼，300t 阳极炉单炉作业时间为 8 炉/h，400t 阳极炉单炉作业时间为 12 炉/h。

7.2.4.1 进料

进料时首先检查透气砖通氮气正常，把透气砖打到进料状态，然后打开旋转烟罩、平板车，将氧化空气手动阀、调节阀打开往氧化还原孔中通入高压风，防止喷溅物堵死喷口，然后将炉体转到加料位置 70°~85°（炉口方向与水平夹角），打开炉口盖。用包子将转炉粗铜直接加入到炉内，加完一包粗铜后将炉口盖关闭，待进第二包粗铜时再打开，加完后再关闭，直至加完后才将炉体转到顶部位置，氧化空气调节阀开度控制在 20%。进第一批料后，利用保温等料的时间，提前氧化。加料期间停止烧火，炉内压力为 -20 ~ -70Pa。

7.2.4.2 保温

首先检查透气砖通氮气情况，调节透气砖为保温状态，执行保温作业参数，然后按照保温作业参数调节风（氧）、油阀门调整作业参数，并根据重油燃烧情况随时调整风（氧）油比，严禁由重油燃烧不完全产生黑烟。

保温视炉内铜液量和温度而定。若刚刚浇铸完等待进料，炉内燃油量控制在 300 ~

350kg/h，炉内负压不变；处理两批粗铜时，一般有两次保温，保温时间由转炉供料时间确定。保温期间炉内温度控制在 1150～1170℃，加有冷料时，炉内温度控制在 1180～1220℃。进行提前氧化时，炉内温度应控制在 1170℃ 以下。保温期炉内压力为 −30～−70Pa。

7.2.4.3 氧化

首先检查透气砖通氮气情况，调节透气砖为氧化状态，执行氧化作业参数，打开氧化风阀门，将炉体转到氧化位置（即氧化还原喷管浸入熔体约 2/3 处），同时按氧化期生产作业参数调节风（氧）、油阀门调整作业参数。

阳极炉的氧化还原口分设于炉口下方两侧，倒渣时风口送风，熔体受到强烈搅动，渣铜不能较好地分离，铜液容易随渣一同倒出。为了解决阳极炉倒渣问题，将炉口两侧的氧化还原口改进为不对称设计，一般不使用头部的氧化还原口。氧化时，炉渣在两端烟气的推动下，被推到中部，集中到炉口区域，解决了倒渣难的问题。

氧化时间由粗铜含氧量确定：当粗铜含氧大于 0.8% 时，只倒渣，不再进行氧化；粗铜含氧 0.25%～0.5% 时，氧化 30～50min。阳极炉中铜液氧化终点的判断：氧化后期，熔体沸腾，并有铜液滴溅出，形成铜雨，待熔体沸腾趋于平稳，无铜液滴溅出时，表明氧化达到终点（含氧在 0.8%～1.2%）。取样判断：氧化样表面微凹（下凹约 2～3mm），断面结晶致密，无气孔，试样断面颜色呈暗红色。

氧化期铜液温度为 1150～1170℃，氧化期炉内压力为 −20～−50Pa。

7.2.4.4 倒渣

氧化作业结束前，实施多次倒渣作业。倒渣作业前检查透气砖通氮气正常，使透气砖在倒渣程序下运行。然后将平板车打开，合上防护栏。用吊车将渣包吊至炉前安全坑坐好，渣包口对准炉口正下方。驱动炉体到倒渣位置（调整炉口至炉内液面距炉口下沿 20～40mm）。确认倒渣完毕后，炉子复位（炉口向前与水平夹角呈 70°～80°），即可准备还原作业。

7.2.4.5 还原

采用固体还原剂进行还原作业时，先检查透气砖通氮气正常，使透气砖在还原程序下运行。将炉体转到保温位置（炉口方向与水平夹角呈 70°～80°），并关闭所有氧化风阀，关闭燃烧油，关闭二次风（氧）切断阀，打开二次风放空阀，用蒸汽吹扫燃油枪管道，待燃油枪管内积油吹扫干净后关闭吹扫蒸汽阀。用固体还原剂进行还原作业，先将固体还原剂装入仓泵，接好固体还原剂输料胶管，用氮气吹送固体还原剂并观察炉况，随时调整还原剂输送的气、料比。

具体操作步骤如下：

（1）用固体还原剂进行还原作业，先将气动阀氮气源阀门打开，从气控箱将料罐顶部气控阀打开，操纵电控箱将 1、2 料罐上的电动阀打开，待 1、2 料罐装入的固体还原剂达到罐容积 90% 以上，将电动阀关闭，再关闭气控阀。

（2）检查还原枪，是否畅通，正常后接好固体还原剂输料胶管。

（3）先给料罐顶部充气，逐一打开硫化器供风阀，混合器供风阀，微微开启 2 个助吹器风阀。

（4）由电控箱开启给料器电动机，通过变频调整下料量。

（5）观察炉况，将炉子转至还原位置，随时调整还原剂输送的气、料比。

（6）还原结束时，将炉子转至保温位置，先关闭给料阀，再逐一关闭料罐上的供风阀，接好氧化还原枪的金属软管，微微打开空压风阀，通入少量空压风。

还原终点的判断：炉口火焰颜色由淡黄色转为蓝色。取样判断：还原样表面平整，试样断面结晶致密，无气孔，断面散布有 2/3 以上的金属晶点，试样断面呈紫黄色。

经判断还原结束后，炉前岗位人员按出炉期生产作业参数调节风（氧）、油阀门调整燃烧作业，同时调节好炉膛负压，阳极炉控制室岗位人员将炉体倾动开关由炉前控制选至炉后控制。

7.2.4.6 浇铸

还原作业结束后，开始进行圆盘浇铸作业。圆盘浇铸是生产最终产品铜阳极板的最后一个环节，精炼炉内的铜水经过溜槽、中间包和浇铸包定量浇铸到圆盘上的铜模内，再经过冷却、取板产出阳极板。浇铸作业要掌握熔体温度、铜模温度及脱模剂性质 3 个环节。严格控制熔体温度和铜模温度在一定范围内是获得优质阳极板的重要因素。浇铸熔体温度通常是维持在高出铜熔点 60~80℃，但由于处理原料含镍的特殊性，浇铸铜水含镍较高，黏度大，所以出炉浇铸温度控制较高，一般控制在 1250℃ 左右。通常铜模温度控制在 150~180℃，模温过高会损坏脱模剂黏附铜模的能力，引起黏模；模温过低则会因脱模剂水分未干而产生冷气孔，甚至引起爆炸事故。脱模剂的作用是防止黏模，使浇铸出的阳极板背面光洁。对脱模剂的选择应结合成本考虑，最好选用不与铜熔体发生化学反应，不夹杂挥发物，粒度在 75μm（200 目）以下的疏水性脱模剂，以利于物理水分的干燥和蒸发，并易于喷涂模壁。常用的脱模剂有骨粉、硫酸钡等。

圆盘浇铸作业无论采取人工浇铸还是自动定量浇铸，铸出的阳极板外形都会产生各种缺陷。必须对可修整的阳极板缺陷进行修整，以提高合格率。阳极板的修整工作主要有：除去飞边毛刺；将耳部不平或扭曲处进行校直或扭转；除去表面夹杂；对可处理的鼓包板进行修整；用液压平板机平整弯曲的板面；为保证阳极板在电解槽内的悬垂度，需用内圆铣刀将耳部下沿切削成弧形或平形。现代很多铜厂的阳极板外形修整，已实现机械化、自动化。

7.2.5 阳极炉精炼产物及控制指标

阳极炉精炼的产物有阳极板、炉渣、烟气和烟尘。

7.2.5.1 铜阳极板

阳极炉火法精炼后的铜熔体，一般均铸成阳极板送去电解精炼。阳极板的成分，就其含铜来说，比起精炼前没有太大的提高，但其中某些杂质则大幅度下降，阳极板的化学成分见表 7-8，根据各个厂的原料性质和电解要求不同而有差异。铜阳极板品级与化学成分对应见表 7-9。

表 7-8   一级品阳极板化学成分　　　　　　　　　　（质量分数/%）

成分	$w(Cu)$	$w(O)$	$w(Ni)$	$w(Pb)$	$w(Zn)$	$w(As)$	$w(Sn)$	$w(Sb)$	$w(Bi)$	$w(S)$
质量分数	≥99.2	<0.2	<0.3	<0.2	<0.002	<0.19	<0.07	<0.045	<0.025	<0.01

表 7-9   铜阳极板品级与化学成分对应情况　　　　　　（质量分数/%）

品　级	$w(Ni)$（不大于）	$w(Cu)$（不小于）	$w(S)$（不小于）	$w(O)$（不大于）
一级品	0.8	99.0	0.01	0.2
二级品	1.0	98.5	0.01	0.2
三级品	1.2	98.0	0.01	0.2
四级品	1.5	97.0	0.01	0.2

物理规格：阳极板表面平整、致密、光洁、耳部坚固饱满，飞边毛刺不大于 5mm，起泡不超过 5mm，背面顶针头凸凹不超过 5mm，阳极板上下厚薄差不超过 4mm，弯曲度不超过 5mm，气孔直径不大于 3mm。

圆盘生产阳极板物理规格：长×宽 = 1000mm×960mm；板厚 = 42mm±10mm；耳部长 = 1290～1310mm；耳部厚 = 34～40mm。

7.2.5.2　炉渣

阳极炉造渣率为 1%～1.5%，其大部分炉渣来自转炉粗铜携带。阳极炉渣分碱性炉渣 85% 和酸性炉渣 15%，炉渣中，渣含铜很高在 18%～35%，铜在渣中呈游离 Cu_2O、金属铜、硅酸铜、亚铁酸铜等形态存在，还含有相当数量的其他金属如 Zn、Pb、As、Sb、Sn、Ni 等的化合物，均以硅酸盐、砷酸盐、锑酸盐或其他化合物及游离氧化物形式存在。阳极炉渣通常是返入转炉还原处理。阳极炉渣成分见表 7-10。

表 7-10   阳极炉渣成分　　　　　　　　　　　（质量分数/%）

炉渣成分	$w(Cu)$	$w(Al_2O_3)$	$w(MgO)$	$w(CaO)$	$w(SiO_2)$	$w(FeO)$
某厂炉渣	20～30	15～20	3～12	3～6	30～35	6～7

7.2.5.3　烟气和烟尘

烟气：阳极炉基本是用重油作燃料，主要是 O_2、CO、CO_2，产出炉气含 SO_2 很低，不能制酸，一般经高温风机排入大气中。阳极炉烟气成分见表 7-11。

表 7-11   阳极炉烟气成分　　　　　　　　　　（质量分数/%）

炉气成分	$w(O_2)$	$w(CO)$	$w(CO_2)$
氧化期	2～5	0	9～17
还原期	0～4	2～13	8～25

烟尘：阳极炉精炼气体中烟尘量很小，大部分随炉气排空，少部分在烟道中沉降。

7.2.6　圆盘生产工艺作业程序

熔融铜通过一静止流槽连续地从阳极炉流入浇铸和称量的中间包，中间包接收到浇铸包的允许倒铜信号后，铜液从中间包倒入浇铸包。浇铸包由称量设备支撑，浇铸包足够满时（即达到预设质量），中间包收回，回到原位。当圆盘浇铸机上的铸模到位时，发出到位信号，浇铸包开始按预设的浇铸曲线向空模内注入铜水，控制系统准确地控制浇铸包的倾动，使得倒出的铜量与要求的阳极质量相等，注入模内的铜水质量达到预设质量时，浇铸包返回至原位，同时发出信号给铸造轮允许转动。

当中间包再次向浇铸包注铜液时，圆盘浇铸机将下一个空模子转到浇铸位置。铸好的模子依次进入冷却系统，在冷却系统中，模子从底部冷却而阳极从上表面通过喷淋冷却，根据红外线测温仪测出的模温，调节冷却系统的水量。

冷却阳极进入检查站后，通过预起模装置（顶针）推起阳极，使阳极从模子中松开。此处装有光电开关或摄像头，检测阳极板的耳部是否饱满，可能有缺陷的阳极在到达取出（冷却水槽）之前用废阳极取板机取出。

圆盘取板机夹持器将阳极板从铜模中取出，并把它放入取板水槽链式输送机上，链式输送机前进一段距离，让出下一块阳极的位置。此处装有阳极板计数器，当阳极板数达到所规定的 15 块时，链式输送机连续前进一段时间，将阳极板排齐，推送到冷却水槽的后部，由提升设施将排齐的阳极板托起，再由叉车从冷却水槽中运走，排放到规定地点。

阳极板取出后，顶针自动复位，不能复位的由人工锤击复位。如有废旧顶针或灌死顶针的铜模需暂时设为禁浇，等此炉浇铸结束后处理。顶针复位后，圆盘转至下一工位，空模子到达喷模位，铜模自动喷模装置喷涂上一层配好的脱模剂，为了阳极板脱模容易。常用的脱模剂有石墨粉、骨粉、瓷土粉和重晶石粉，这些材料不会与铜发生反应，少量带入电解槽时，不会干扰电解工艺。脱模剂一般要求为 75μm（200 目），使用水或水玻璃水溶液调配脱模剂。

喷模时要注意铜模温度，温度低了粘不牢，水分不易干，浇铸时铜水易炸裂。温度高了，会降低涂料黏附模壁的能力。用红外线检测仪在喷涂料之前进行测定，铜模温度控制在 150~180℃。

脱模剂除了帮助阳极板脱模外，还有隔热作用。隔热问题往往容易被忽视。由于铜水热量经涂料层传递给铜模，铜水与铸模间产生了温度差，从而降低了浇铸点的温度。若涂料未粘牢，铜模很容易局部熔化与阳极板熔合在一起。

至此，一块阳极浇铸的作业周期全部完成，空模转至浇铸位，进入下一块阳极的作业周期，周而复始直至铜液浇铸完毕。

7.2.7 阳极炉铸模生产工艺

阳极炉铸模，过去用铸铁或铸钢。铁的导热性差，耐急冷急热性差，易龟裂，寿命短，成本高。现在都采用（还原结束的）阳极铜浇铸的铜模。铜的导热性好，耐急冷热性好。质量好的铜模，每块可浇铸 1000~1500t 阳极板。阳极铜杂质含量较高（0.4%~0.8%），铸出的铜模耐急冷急热性差，易龟裂。加拿大 Inco 公司 1978 年曾试用电铜浇铸铜模，龟裂现象减弱，使用时间延长，但铜横向下弯曲加剧。为了克服此现象，开发出双面铜模，即在铜模两面铸有相同的阳极模。

双面模的特点是根据铜模在浇铸后向下弯曲的特性来回翻转循环使用。当上面模浇铸后，模中间会向下弯曲。再将模翻转过来，用下面模浇铸，弯曲了的中间就变成上拱，在拱面上浇铸，模面又由拱向下弯曲。如此反复使用，上下模变形在 +2 ~ -2mm 之间。而阳极板中间厚或中间薄的状况，也控制在 ±2mm 以内。单面模的翘曲变形为 +4 ~ -12mm，双面模则为 +2 ~ -2mm。单面模浇铸 200 ~ 300t 开始出现裂缝，双面模浇铸 600 ~ 800t 才开始出现裂缝。单面模每块寿命为 1100 ~ 1200t，双面模为 2500t。无论用电铜或是阳极铜铸造铸模，双面模都优于单面模。

7.2.7.1　影响铜模寿命的因素

影响铜模寿命的因素较多，除材质外，铜模铸造、使用及维护也有较大的影响。铜模损坏部位主要是在顶针孔周围及铜水入模区域，损坏形式主要是龟裂和起层脱落，其原因是这个区域温差变化大，热应力比较集中。顶针孔是该区域的薄弱环节易损坏。

7.2.7.2　改善铜模寿命措施

改善铜模寿命措施如下：

（1）控制铜模温度是很重要的措施。铜水注入铜模时的温度，对铜模寿命影响很大，季节气候都有影响。据调查，夏天比冬天每块铜模少浇铸 20% 的阳极。顶针孔损坏数量，夏天比冬天多 2.5 倍。温度过高，浇铸点易产生局部过热熔化，造成黏模，且铜模易产生龟裂。控制铜模温度的办法有：

1）装设红外线检测仪，监测铜模表面温度，控制模温在 150 ~ 180℃ 范围内。

2）根据水温与铜液温度，设定喷淋时间，加强铜模冷却。

3）在浇铸时往铜模内加入铜碎料，降低浇铸点的温度。

4）增加铜模质量以增加热容量，降低铜模温度，减少黏模和龟裂。

铸模的铜液温度：控制在 1180 ~ 1220℃。

（2）改变铸模结构。在铸模应力和温度较集中的地方，顶针及铜液注入区域的铸模背部增加凸块，以加强铸模的抗变形能力。在铜模边框，左、右、下三边的中间部位开一切口，其目的是分散顶针孔周围及铜水注入区域的热应力。

（3）改进铜模浇铸方法。用大容量浇铸包浇铸，避免浇铸过程中前后倒入的铜水造成铜模内分层冷凝。

（4）控制合理的脱模剂比例。

7.2.8　阳极板外形质量与修整

7.2.8.1　阳极板外形质量

要获得高质量的电解铜，阳极的外形质量是很重要的。各工厂的控制标准不同，但要求是外观光滑、平整，吊挂垂直度好，不偏不斜，每块板的质量差、厚薄有一定限度，以及最少的飞边、毛刺、鼓泡。一般情况下阳极板外形质量与下列因素密切相关：

（1）铜液含硫，铜液含硫偏高，在浇铸时析出 SO_2，造成板面鼓泡，严重时形成火山形状。氧化阶段脱硫要彻底，含 S 应降到 0.005% 左右。

（2）铜液含氧。铜水含氧高，流动性差，板面花纹粗。铜水含氧低，流动性好，板面花纹细，外观质量好。但含氧低于 0.05% 后，易产生二次充气，使板面鼓泡，破坏阳极外形。铜水含氧控制在 0.05% ~ 0.2% 较适宜。

（3）铜水温度。铜水温度低，流动性不好，板面花纹粗，浇铸时易喷溅，飞边大而厚，外观质量差。铜水温度高，流动性好，板面花纹细，喷溅物薄而少，外观质量好，但易黏铜模。入模铜水温度控制在 1130 ~ 1150℃ 较为适宜。

（4）浇铸速度。采用程序控制的自动定量浇铸，工作稳定可靠。但该控制属于开路控制，对工艺条件的稳定性要求较高，如浇铸包的形状、液面高度必须按设计条件制作，稍有变化都影响铜水流量，改变预定程序，产生喷溅，形成飞边，毛刺。浇铸包嘴的形状，倾斜角度稍有变化，也都会改变程序控制条件。包嘴斜度小，铜液前冲力大，在铸模下部喷溅；倾斜度过大，在铸模上部喷溅，造成两耳、飞边毛刺多。平口包子嘴不水平，低的一边流出铜水多，高的一边流出铜水少，铜液在模内易形成旋涡，铜水不能很快平静。浇铸包容积和包子嘴形状，必须按样板制作，使其达到和接近程序控制设计的规定条件。此外，由温度决定的铜水流动性也影响浇铸速度和飞边毛刺的产生。80% 以上的飞边毛刺，是由浇铸过程产生的，而影响很大的因素又是浇铸速度控制不当。

（5）圆盘运行的平稳性。圆盘运行平稳度，对浇铸出合格的阳极至关重要。浇铸完后，铜水表面还未完全凝固，圆盘启动与停止时因惯性力作用，往往产生轻微晃动。这时，铜水很容易晃到模子边上，产生飞边。圆盘运行的平稳性，取决于设备质量和性能，也取决于运行曲线的设计制定。好的设备，启动加速度在 2 ~ 6mm/s 内，圆盘晃动甚微。浇铸机启动后，加速 5 ~ 7s 后达到最快速度，然后又逐步减速至停止。运行中只要匀速运转，平滑制动，就可将晃动控制在最小。若设备性能不好，制作、安装质量差，圆盘晃动大，阳极飞边毛刺必然多。

（6）铜模的水平度。铜模摆放不水平，位置倾斜时会产生一边薄，一边厚，或一头薄，一头厚，严重时铜水溢出产生飞边。生产中铜模需逐块校平，遇铜模弯曲无法校平时，及时更换新模。

（7）阳极板冷却。阳极板喷水冷却前，铜液必须全部凝固，若极板中心未凝固，喷水冷却时，表层会产生大鼓包。阳极板厚、环境温度高、浇铸速度快，易生产此现象。阳极板在冷却室内，上部喷水冷却速度快，底面紧贴铜模冷却慢，两面收缩不相等，易产生板面弯曲。阳极板不宜急冷，只宜缓冷。

（8）铜模质量。铜模对阳极质量有较大影响，主要表现在以下几方面：

1）铜模弯曲，浇铸时阳极中间厚、两头薄形成了弓背，严重时从中间溢出铜水，产生飞边。

2）铜模龟裂，严重时裂缝宽而深，浇铸时铜水进入裂缝，形成背筋，脱模剂进入裂缝，水分不易干，板面易形成鼓泡。

3）铜模耳部两侧凹凸不平，脱模时出现夹耳，程度轻时，脱模产生阻力，耳部发生弯扭，严重时，不能脱模。

4）铜模耳部下沿的脱模斜度偏小，脱模时易产生夹耳。夹耳现象是板面收缩造成的。阳极浇铸后两耳先冷却，板面后冷却，板面冷却收缩。耳部受到拉力，造成两耳紧贴铜模下沿，导致夹耳。耳部下沿垂直而改为斜面，增加脱模斜度，可克服夹耳，但阳极悬垂时会偏心，需进行校耳。

5）脱模剂。脱模剂浓度稀或喷洒不均匀，或喷得过少，易产生黏模，阳极难脱模，板面易产生弯曲。浓度过稠或喷得过多，水分不易干，遇铜水炸裂，形成飞边毛刺。脱模剂烘干后，产生起层脱落，造成板面夹泥。脱模剂过多、过稠还会造成板面鼓泡。

7.2.8.2 阳极板外形修整

圆盘浇铸的阳极板，无论是人工浇铸还是自动定量浇铸，阳极板外形都会产生各种缺陷，必须对可修整的阳极缺陷进行修整，提高合格率。阳极修整的主要工作有：除去飞边毛刺；用液压平板机平整弯曲的板面；将耳部不平或扭曲进行校直或扭转；为保证阳极在电解槽内的悬垂度，用内圆铣刀将耳部下沿切屑加工成圆弧形。现代铜厂的阳极板外形整理，已实现机械化、自动化，主要有 Hazelett 连铸机。Hazelett 连铸机介绍如下：为解决阳极浇铸出现的问题，20 世纪 70 年代开发了 Hazelett 连铸机，也称双带连铸机，连续浇铸成板坯，再切割成单块阳极。最早的试验设备，装在美国密歇根州 WhitePine 铜公司和英国 Walshall 精炼公司。两条生产线都很成功，产出了光滑、平直、厚薄均匀、质量一致的阳极，减少了阳极检测、整形的工作量，实现了机械化和自动化。

A Hazelett 连铸机的构造

如图 7-5 所示，连铸机由上、下两组环形钢带组成。每一组环形钢带，由两个辊筒绷

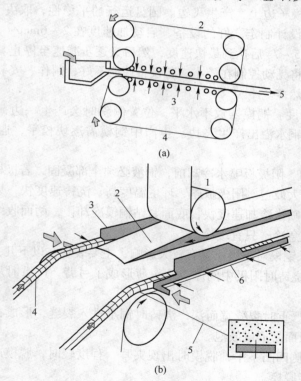

(a)

(b)

图 7-5 Hazelett 连铸机示意图

(a) 浇铸装置：

1—浇铸包；2—上部钢带；3—高速喷水冷却；4—下部钢带；5—成型板送剪切；

(b) 钢带和边缘细节：

1—上部钢带；2—浇铸开端；3—固定边部挡板；4—下部钢带；5—侧面模轮；6—固定臂导引

紧，辊筒由驱动装置带动，铜带可随辊筒转动。上、下两组环形钢带完全平行，组成铸模的顶和底。为保持两铜带的距离一致，上、下两钢带都有结状辊支撑和固定位置。两带之间的侧面由两串边部挡板链将两侧封严，形成模框。板坯为铸模的末端，前端为铜液注入口。两条钢带，前高后低，有9°倾角。挡板链由特殊的青铜合金块串联而成。两串挡板链的长度完全相同，是所要浇铸阳极板的倍数。除阳极挂耳的位置外，都使用矩形挡块，采用特殊加工的挡块，组成挂耳槽，在连续浇铸的板坯上形成挂耳阳极。这铸坯厚度为38～42mm，铸坯宽度按阳极尺寸调整，挂耳位置按阳极长度调整。为了保证两边挂耳互相对应，要选择性地加热或冷却边部挡块，控制其热膨胀。并连续检测对应的挂耳的正确位置。较热的边部挡块，膨胀大，挡块锭长，就会落后于另一例的挂耳槽。为此采用自动冷却或加热，以保持挂耳槽对应的正确位置。

早期的连铸坯较薄（16～17mm），侧面的挡块全是矩形，没有挂耳槽，连铸还是规则板带。阳极按图7-5（b）的形式剪切，板带宽为阳极长，第一块阳极的下边两侧切下一块作为另一阳极的挂耳，构成挂耳阳极。这种裁剪形式只适用于薄板阳极。由于薄板阳极，运输时易被碰撞变形，在电解生产时只能使用一个周期，出、装槽工作量大，残极率高（为32%），薄板已逐渐为厚板所代替。

B 连铸工艺

由精炼炉中流出的铜水经流槽注入用重油或天然气加热的保温炉。保温炉起缓冲作用，均衡铜水温度，自动控制浇铸机的金属供应量。铜水从保温炉流出后，经流槽流入固定式浇铸包，按给定速度注入浇铸机，铜水进入铸机后，铸模的上、下钢带和边部挡流块连续运动，形成连续铸坯，同时喷淋大量的水，冷却上部和下部钢带，间接冷却铸坯。铸坯出铸机后由牵引辊碾压送至切割机或冲压机，切割成单块阳极。浇铸速度由牵引辊控制。单块阳极板经冷却室冷却后，进入堆码机，按给定数量堆码，再由叉车运送库房或电解车间。

铸坯的切割方法有两种：

（1）切割法。对40mm的厚板，用两个1000A的氮气等离子弧枪，同时将板坯切割成单块阳极。弧枪由程序控制自动移动，可随意变动板型。切割时金属烧损率约为1.4%。

（2）冲压法。对厚度16～17mm的板坯，用液压冲压机，按给定形状剪切成单块阳极。冲压机由微机按程序控制。

铸坯脱模后，上带转至上方，下节和挡流块转至下方，上、下两带先经喷涂机，喷涂脱模剂后再经干燥器干燥重新进入浇铸状态。挡流块转至下方后，经清屑器清理钢屑后进入同步冷却室，同时冷却两边的挡流块。冷却后经喷涂机喷涂脱模剂后，进入挡块同步预热室（控制两边挡流块温度相同），预热后经温度检测器和挡板位置检测器检测后进入浇铸状态。

C Hazelett 连铸机的技术性能及优缺点

主要技术性能：钢带寿命，上带为61浇铸时，下带为41浇铸时；阳极板质量差小于1%；设备利用率80%～95%；综合生产率78%～93%；阳极成品率98%；浇铸能力30～90t/h。

Hazelett 连铸阳极的优点是阳极板面光滑、平直、没有表面缺陷；厚薄一致，质量均匀，块重误差小于1%；阳极挂耳垂直、无歪扭；没有脱模剂黏附阳极。

连铸阳极与阳极比较，对电解生产有以下的好处：极间短路减少，槽间管理、检测、修整减少；残极率降低，40mm 厚的阳极板的残极率为 13% ~ 15%，残极重熔量减少；阳极平直，极间距可缩短，电解生产能力增加；阳极质量提高，电流效率提高。

连铸机可能出现的问题有：青铜挡块不严，产生漏铜，造成飞边、毛刺；青铜挡块、挂耳位置不对称或错位，影响阳极规格；测距装置不准确，造成切块长短不一致，阳极报废；切割或冲压时使阳极耳部底面不平整；板面弯曲，最大偏差达到 7mm。这些问题难以避免，为提高阳极质量，仍需在电解工序装设平板、校耳、铣耳整形生产线，处理不合格阳极。

7.2.9　阳极炉特殊作业程序

阳极炉特殊作业程序包括阳极炉开、停炉作业，透气砖停氮气作业程序。

7.2.9.1　阳极炉开炉作业程序

开炉前须将炉膛、水冷烟罩、热交换器内外及炉体周围清扫干净。对水、汽、风、油、氧、氮气等各管路阀门及机械电气仪表设备进行彻底全面的检查，待一切正常方可烤炉。

点火前要对炉体的快慢驱动进行试车，驱动是否正常，制动是否良好，正常后方可点火。

烤炉要严格按升温曲线进行，先使用木柴烘烤，大修烤炉木柴烘烤 30h，按升温曲线将温度提升到 500℃。中修烤炉木柴烘烤 20h，按升温曲线将温度提升到 500℃，烤炉过程中及时送入压缩风，及时调节好水套水量。重油烤炉数小时后盖上炉口盖，随着炉温的升高逐渐增加油量，并调节燃油风量。为使炉体受热均匀，可间断转动炉体，使炉口处在朝前朝后不同位置。升温过程中加强炉体检查，特别注意炉衬砖的膨胀及热交换器衬砖膨胀情况，发现转动障碍时应及时处理。

升温曲线根据炉况的不同，一般按大修升温 120h，中修升温 72h 制作。

7.2.9.2　停炉作业程序

根据生产作业参数提高风量氧量与油量，熔化炉衬上的附着物料。将炉内铜液放空，停止供油供风，并用蒸汽将重油管道吹扫干净。根据要求停高温风机、离心风机。

7.2.9.3　透气砖停氮气作业程序

阳极炉透气砖所通氮气，氮气压力 $(5.0 ~ 7.0) \times 10^5 Pa$，由于供氮气设备检修或因故障跳车，造成阳极炉透气砖在一段时间无氮气或压力不足，以及短时间内将透气砖所通氮气改成空气，要求空气压力不低于 $5 \times 10^5 Pa$，为了保护好透气砖，不发生被铜液灌死透气砖事故，规定阳极炉按下列作业程序操作：

（1）阳极炉保温作业，即阳极炉空炉保温或炉内有少量粗铜，而不能进行氧化作业时，透气砖所通氮气压力低或改为空气，将透气砖漏出液面，并大火提温，透气砖操作程序打到保温操作程序。

（2）如停氮气在 1 ~ 2h 以内，炉内的料已进足，此时氮气压力不足 $5 \times 10^5 Pa$ 或改为

空气压力大于 $5 \times 10^5 Pa$ 时，阳极炉作业按原透气砖作业程序进行操作，还原作业时，透气砖操作按保温作业进行操作。

（3）如长时间停氮气，透气砖所通氮气改为空气时，空气压力大于 $5 \times 10^5 Pa$ 时，炉内料在 280～380t 左右，此时阳极炉作业保温—进料—氧化—扒渣—出炉按原透气砖作业程序进行操作。

（4）如氮气压力低于 $5 \times 10^5 Pa$ 时，透气砖所通氮气自动切换通空气，炉内有一定料能进行正常生产作业，此时阳极炉作业保温—进料—氧化—扒渣—出炉按原透气砖作业程序进行操作，还原作业时，透气砖操作按保温作业进行操作。

（5）如透气砖发生无氮气，空气压力低于 $5 \times 10^5 Pa$ 时，阳极炉内有少量粗铜，此时必须将炉子炉口转至水平，使透气砖脱离液面，炉温控制在 1230℃，必要时可将炉内料倒出铸坑。

（6）如透气砖发生无氮气，空气压力低于 $5 \times 10^5 Pa$ 时，阳极炉内有粗铜，此时必须将炉内料倒出。

7.2.10　阳极炉常见故障及处理方法

7.2.10.1　清理燃烧口作业

在作业过程中，燃烧喷口出现黏结情况，严重时完全封闭喷火口，必须进行清理。

（1）立即停止油枪供油、供风。先关燃烧油阀，再关燃烧风阀。

（2）拆下油枪，用氧气处理或用大锤清打，若燃烧喷口有损坏应及时用镁泥修补。

（3）燃烧喷口清理完毕安装油枪，首先对油枪进行清理及用蒸汽吹扫，确保畅通。

（4）按作业程序恢复生产。

7.2.10.2　水套发生缺水或漏水

若炉口水套、烟口水套、水冷烟罩发生缺水或漏水现象，应立即作出准确断定，停止燃烧作业并停止供水，立即汇报调度及主管人员，待故障排除后恢复生产。

7.2.10.3　炉体发红或漏炉事故

（1）发现炉体局部发红或大面积发红，严重时发生漏炉事故，应立即停止作业，将发红部位或漏铜部位转出熔体，并立即汇报主管人员。

（2）经主管人员检查确认后，若炉体局部发红，情况不严重，可继续作业，同时在发红部位用高压风强制冷却，待出炉后进行处理。

（3）若炉体大面积发红或发生漏炉，立即停止作业，将发红部位或漏铜部位转出熔体，必要时将铜液倒出，停炉进行处理。

（4）事故处理完毕，按作业程序恢复操作。

7.2.10.4　重油电加热器故障

重油温度一般为炉前电加热器加热温度，重油温度控制为仪表自动控制，其温度控制设定为 80～120℃，在正常生产中能保证重油温度，当电加器发生故障时，执行以下作业程序：打开电加热器重油旁通阀，按燃烧作业程序进行生产。关闭电加热器前重油阀。如重油加热器后温度低于80℃，则停止作业。重油电加热器修复后，打开重油加热器前重油阀，关闭重油加热器旁通阀恢复生产。

7.2.10.5　透气砖漏铜事故

由于阳极炉温度急剧大幅波动，高温铜液渗漏至炉壳上积存，长时间高温作业，炉料氧化时间长等原因，在透气砖周围形成缝隙或损伤，在生产过程中铜液从透气砖区域漏出。由于透气砖的安装位置处于炉腹部位，在炉内液面较高的情况下，是不可能将透气砖漏点转出液面的，反而会因不适当的转炉操作导致熔体从炉口、放铜口等流出，导致事故扩大化。因此，在透气砖渗漏事故情况下，首先要求炉长判断炉内的液体量，并根据漏点位置综合判断是否能采取转动炉体的措施。同时，使用压缩风对该部位进行强制冷却。

当阳极炉在进料、氧化、还原、待料保温期间发生透气砖漏铜时，采取以下应急措施：

（1）立即停止作业，确认透气砖渗漏位置和渗漏大小。如果渗漏较小，适当小幅度转动炉体，使漏点处于易于堵口的位置，采用铁耙子和黄泥强行封堵渗漏点，同时，使用压缩风对该部位进行强制冷却；如果渗漏点较大，并将透气砖供气管烧断时，可以尝试用圆钢棒、黄泥、大铁耙等强行封堵漏点。

（2）强行封堵无效时，炉长立即组织人员使用黄泥或炭精棒对出铜口进行堵口，将黄泥做成 $\phi 50mm$ 长 $400mm$ 的柱状，使用大锤将黄泥捣进出铜口，然后再次使用锥形黄泥进行二次堵口，并用大锤砸实，堵口结束后，控制室采用变频（正常转动速度）向炉后方向倾动炉体，至漏铜部位转出液面。

（3）若向炉后倾动时漏铜部位无法转出液面或泥球封堵出铜口无效时，向炉前倾动至出铜口略高于液面的位置（防止铜液从出铜口流出），让渗漏位置铜液自然漏出，并对其他设施做相应的防护措施。同时，使用压缩风对该部位进行强制冷却。

（4）转动炉体时，炉前、炉后必须有人监护，防止铜液从炉口、氧化还原口或出铜口漏出。

当阳极炉在浇铸期间发生透气砖漏铜时，采取以下应急措施：

（1）确认透气砖渗漏位置，使用泥球强行封堵。同时，使用压缩风对该部位进行强制冷却。

（2）封堵无效时，对高温熔体进行导流，若1号阳极炉出炉，则将高温熔体引流至铸模坑内；若2号阳极炉出炉，则将高温熔体引流至圆盘东侧安全坑。

（3）在此情况下，由圆盘控制工负责炉体倾动，严禁炉前工切换炉前后转换开关。炉前控制室和圆盘控制室要保持通信，随时通报事故现场情况。

7.2.10.6　炉体倾翻事故

在浇铸或者扒渣作业转动炉体过程中，因误操作或控制系统失灵，致使阳极炉转动幅度过大，大量熔体从炉口倒出。本事故没有任何先兆，但危害极大，可能导致周边作业区域人员伤害，炉体附属设施（平板车、轨道、托辊、炉壳、电缆等）烧损，引发火灾等次生事故。发生炉体倾翻事故时，采取以下应急措施：

（1）立即停止当前操作，使用抬炉按钮（变频回路）将阳极炉快速反转至保温位置。

（2）如果控制系统或传动系统失灵，不能将炉体打至安全位置，将炉体断电，关闭风、氧、油的总阀。根据事故情况对另一台阳极炉进行紧急处置。

（3）炉长应立即组织周围人员沿安全通道撤离。

（4）汇报主管人员，待不再有熔体流出，确认安全后，可以通过覆盖冷料和浇水加速降温速度，以免烤坏其他设备，造成次生事故。

7.2.10.7 氧化还原口渗漏事故

由于阳极炉氧化还原口区域砖衬过短，或氧化还原枪眼过大造成氧化还原枪楔紧力不够，在阳极炉氧化、还原作业时引发铜液从氧化还原口区域渗漏。发生氧化还原口渗漏事故时，采取以下应急措施：

（1）氧化还原口出现渗漏现象，岗位工按正常操作（变频回路）将炉子抬起，使氧化还原口脱离液面。具体操作为：

1）首先确认"变频—紧急抬炉"转换开关处于左45°位即变频控制位，"炉前—炉后"操作转换开关在左45°炉前操作位。

2）先按下允许操作按钮，然后操作炉体倾动转换开关，操作炉体向上倾转至保温位置，使氧化还原口脱离液面，同时要确保放铜口处于液面之上。

（2）如果正常操作变频回路故障时，采取紧急抬炉操作，快速倾转炉体，使氧化还原口脱离液面。具体操作为：

1）将"变频—紧急抬炉"转换开关打至右45°位（紧急抬炉位置）。

2）然后根据炉体位置操作"炉前至炉后"操作按钮，将炉体打至安全位置。

3）在使用紧急抬炉操作时，由于倾转较快，需点动操作，防止炉体倾转过度，熔体从放铜口冒出，引发次生事故。

（3）炉体转至保温位置后，将转换开关切换至零位，确认炉体前后无渗漏等其他异常状况。在控制台上挂上警示牌，禁止其他人员操作。

7.2.10.8 突发停电故障

突发停电故障指的是因总网断电、配电柜或线路故障造成阳极炉交流回路停电的事故。该事故状态不会产生直接危害，但是会造成一定的次生危害，如扒渣过程停电熔体倒入安全坑、浇铸过程熔体倒至炉后，严重时会导致铜液将圆盘铸死。出现突发停电故障，采取以下应急措施：

（1）炉前看水工应检查所有回水箱的回水情况，确认所有水套通水正常。如果水套断水，应关闭进水总阀，待供电恢复后，检查水套正常后（无烧损、鼓包），方可缓慢送水。具体参考高位水箱水位降低的应急处理。

（2）当阳极炉处于氧化、还原作业时停电，但不明确断停原因时，待事故电源投送正常后，立即将炉体转至保温位置进行保温作业。在炉子未转到保温位置前，要密切关注氧化还原口区域是否有发红渗漏征兆，如有异常，立即准备堵口物资，做好泄漏应急准备。

（3）当阳极炉处于扒渣作业时停电，待事故电源投送正常后立即将炉体转至保温位置进行保温作业。在炉子未转到保温位置前，要密切关注氧化还原口区域是否有发红渗漏征兆，如有异常，立即准备堵口物资，做好泄漏应急准备。

（4）当阳极炉正处于浇铸作业时，炉长要立即组织岗位工立即进行炉后堵口作业（或采取引流措施，防止浇铸系统损坏），待事故电源供电后，将炉体转至保温位置进行保温作业；供电恢复后，炉前工测试铜液温度，达到出炉要求后继续出炉；圆盘系统做好再次出炉的准备。

（5）阳极炉正在进行加热料作业，铜包内的高温熔体可能会泼洒到炉口周围或操作平台下面，岗位人员应迅速撤离至安全地带，并监护操作平台下方的安全通道，防止高温溶液飞溅伤人。当事故电源供电正常后，需要将吊车和钢包驶离加料位置，对吊车和钢包的安全稳定性进行确认，并点动确认炉体转动无障碍，将剩余物料加入炉内，并将炉子转动到保温位置，等待停电事故处理后，恢复正常生产。

（6）停电后，应立即汇报相关人员，待查明原因，故障解除后，组织复产。

7.2.10.9　透气砖断气故障

透气砖断气故障指的是由于供氮系统故障或氮气管道阀门意外关闭，导致阳极炉透气砖断气，造成透气砖堵塞或铜液侵蚀影响透气砖安全使用的问题。出现透气砖断气故障时，采取以下应急措施：

（1）发现透气砖断气后，炉长立即确认备用气源是否供应正常，若备用气源供应正常且透气砖控制系统自动切换备用气源时，安排岗位工勤观察，待主气源正常后为止。

（2）若备用气源供应正常但透气砖控制系统未自动切换使用备用气源时，炉长立即将备用气源连接至主气源管路上，并开启气源阀门供气，待主气源恢复正常后切换为主气源供气。

（3）若透气砖主气源断气后，备用气源也断气时，若炉内液面较少，转动炉体可以将透气砖转出液面时（能确保铜液不会从放铜口流出），向炉后方向倾倒炉体，使透气砖脱离液面。

（4）若透气砖主气源和备用气源均断气时，若炉内液面过高，必须用黄泥将出铜口封堵，然后倾动炉体至出炉位置将透气砖脱离液面，并安排岗位工监护，待透气砖气源供送正常后恢复正常作业。

7.3　阳极炉主要经济技术指标

（1）铜的总回收率：

$$铜的总回收率 = \frac{阳极板含铜量}{入炉物料含铜量 - 回收品含铜量} \times 100\%$$

火法精炼铜的总回收率一般为 99% ~ 99.5%。

（2）铜的直收率：

$$铜的直收率 = \frac{阳极板含铜量}{入炉物料含铜量} \times 100\%$$

（3）燃料单耗。燃料单耗指消耗的燃料量占总处理量的百分比，计算公式如下：

$$燃料单耗 = \frac{消耗燃料量}{总物料含铜量}$$

（4）渣率：

$$渣率 = \frac{产渣量}{总处理物料量} \times 100\%$$

（5）品级率：

$$一级品率 = \frac{产一级品阳极板量}{总产出阳极板量} \times 100\%$$

（6）耐火砖消耗。耐火砖消耗与炉寿命、铜锍品位、阳极炉容量、操作制度等有关。炉寿命短、铜锍品位低、炉子容量小，耐火砖消耗就相应高。

复 习 题

合 成 炉

一、填空

1. 铜能与氧、硫、_____等元素直接化合。

2. 铜能溶于_____、氰化物、氯化铁、氯化铜、硫酸铁以及氨水中。

3. 反应塔加料过程中，中央控制室岗位对_____进行监控，保证参数在正常要求控制范围，并按照中央控制室生产原始记录要求进行记录。

4. 贫化区配料与加料作业根据工艺负责人下达的配料指令配料，由_____协同完成。

5. 炉渣温度控制通过调节_____和贫化区电气制度来实现。

6. 合成炉年度检修后当临时热电偶温度达到_____℃以上，具备投产条件。

7. 贫化区电极送电引弧采用传统送电引弧方法，水淬渣厚为_____ mm。

8. 进行造锍熔炼时，投入熔炼炉的炉料有硫化铜精矿、_____和各种返料等。

9. _____是硫化铜矿中最主要的含铜矿物。

10. 铜锍中的氧是以_____形态存在。

11. 品位在 30% ~40% 颜色_____，组织粒状无光泽。

12. 品位 50% ~70% 颜色_____，组织为柱状。

13. 决定黏度大小的炉渣成分是其中_____或_____的含量。

14. 火法冶金所用的燃料中，固体燃料有_____和_____。

15. 对于某些炉型来说，炉内可能达到的最高温度决定于炉渣的_____。

16. 传热和传质速度随两相接触的_____增大而增高。

17. 合成炉用的重油由_____送来，重油经 18m 阀站的_____和_____后，按给定流量送入反应塔喷嘴。

18. 合成炉重油雾化空气从厂区现有的_____管网接入，经过_____加热后，供给反应塔精矿喷嘴。

19. 炉渣中含有_____态的有价金属和_____。

20. 合成炉反应塔最下端采用吊挂的_____冷却水套，共_____块。

21. 合成炉反应塔仍采用_____吊挂结构，塔身处于_____状态，塔身可_____自由膨胀。

22. 合成炉上升烟道采用_____吊挂、_____式的上升烟道。

23. 合成炉电极采用水冷铜管_____、水冷铜管_____、_____、移动_____、

_____组成的导电系统。

24. 合成炉重油供给为_____控制，在螺杆泵后设_____循环，通过计算机控制重油泵_____，稳定供油压力。

25. 合成炉蓄能器有_____、_____、_____三个液位点，它与_____连锁。

26. 合成炉软化水冷却系统主要用于合成炉的_____冷却，它是一个_____循环冷却系统。

27. 铜能溶解_____、_____、H_2、CO_2、CO 等气体。

28. 合成炉冷修后贫化区先送电引弧，送电正常后，先点燃_____部分油枪升温 2~3d。

29. 合成炉反应塔氧气浓度控制是由从_____送来的氧气和从反应塔专用_____送来的空气按给定的比例混合而成。

30. 闪速熔炼是颗粒在_____气流中瞬间进行的_____过程。

31. 现代造锍熔炼过程是在 1150~1250℃ 的高温下，使_____和熔剂在熔炼炉内进行熔炼。

32. 在火法冶金中，_____是起着重要作用的冶炼产物。

33. 决定炉渣黏度的大小的炉渣成分主要是其中的_____和碱性氧化物的含量。

34. Cu_2S 的机械夹杂习惯上称为_____，Cu_2S 的溶解习惯上称为_____。

35. 着火温度取决于硫化物的_____和_____。

36. 铜元素的原子序数为_____。

37. 铜绿有_____性，故纯铜不宜做食用器具。

38. 合成炉_____投料试生产，经过多次工艺调试，系统在 2006 年 8 月达产达标。

39. 铜合成炉是将_____炉和_____炉合二为一。

40. 合成炉具有_____、_____、适于处理_____等诸多优点。

41. 传输过程的影响因素就是精矿颗粒_____、_____和_____等过程的控制因素。

42. 合成炉反应塔属于_____气氛。

43. 冰铜和炉渣不互溶，由于_____而澄清分离，_____从炉子_____部放出口排出，通过冰铜包子加入_____吹炼。

44. 合成炉贫化区需要补充_____，通过贫化区_____组电极，向炉内补充热量。

45. 合成炉沉淀池炉墙采用向_____倾斜_____度的炉墙。

46. 合成炉电极采用_____升降、_____压放、_____控制。

47. 合成炉贫化区有_____组电极，每组_____根，为_____式电极。

48. 合成炉贫化区电极需要压放时，上闸环通油_____、下闸环通油_____，升降缸_____至需要值。

49. 合成炉熔体面高度通过设置在_____的_____来检测。

50. 合成炉熔体温度的控制主要是通过控制_____和_____的_____来实现的。

51. 合成炉的环保排烟点主要有_____、_____、_____以及_____等处。

52. 合成炉和电炉的环保烟气集中至排烟总管后，由_____排入回转窑的_____ m 烟囱。

53. 正常生产过程中，合成炉产生的烟气经过_____、_____和_____，送往制酸系统。

54. 炉渣按性质可分为_____炉渣和_____炉渣。

55. 合成炉反应塔生产过程的热量来源于_____和_____。

56. 合成炉_____年_____月_____日开始点火烘炉。

57. 贫化区电极送电引弧采用传统送电引弧方法，水淬渣厚为_____mm。

58. 合成炉造成生产时，高位水箱的水位应保持在_____%以上。

59. 合成炉用于干精矿计量的设备是_____。

60. 合成炉炉体骨架的弹簧有_____t和_____t两种涡卷弹簧。

61. 合成炉炉前溜槽材质为_____溜槽，炉后溜槽材质为_____溜槽。

62. 合成炉炉前后应急物资主要包括_____、_____、_____。

63. 反应塔块煤是通过_____在反应塔精矿喷嘴处，由_____顶部加入炉内。

64. 合成炉炉前、炉后常用_____修补溜槽。

65. 闪速炉炉型有_____和_____。

66. 合成炉由_____、_____、_____和_____四部分组成。

67. 根据铜化合物的性质，铜的矿物分为自然铜、_____矿和氧化矿。

68. 硫化铜在自然界中以_____的矿物形态存在，它是一种不稳定化合物。

69. 20世纪60年代，我国建成了湖北大冶和甘肃白银现代化的_____炉炼铜厂。

70. 从19世纪末到20世纪20年代，铜_____炉冶炼工艺占主要地位。

71. 从20世纪20年代到70年代，铜_____炉铜冶炼工艺占主要地位。

72. 19世纪末开始应用的_____炉生产能力低，烟气二氧化硫浓度低，不利于回收制酸，环境污染严重。

73. _____炉工艺成熟，能耗低，硫回收率高，环保条件好，但对原料要求较高。

74. _____炉熔炼是我国自行开发的熔池熔炼法。

75. 我国大型冶炼厂普遍都采用P-S_____吹炼生产粗铜。

76. 2000年以前，金川公司铜冶炼所用原料是处理高镍硫磨浮分离的_____。

77. 铜是一种玫瑰红色、柔软、具有良好延展性的金属，易于锻造和_____。

78. 铜是_____和热的良导体，仅次于银而居第二位。

79. 我国早在公元两千年前就已经大量生产、使用_____。

80. 合成炉熔炼是_____熔炼，硫化铜矿熔炼的速度取决于炉料与炉气间的_____和_____速度。

81. 传输过程的影响因素就是精矿颗粒_____、_____和_____等过程的控制因素。

82. 合理的炉渣组成是通过物料的_____来实现的。

83. 冰铜品位的控制是通过控制熔炼过程_____的深度来实现的，具体是通过控制精矿的_____来实现的。

84. 在合成炉干燥厂房上部设计有_____、_____、_____和_____仓。

85. 按照合成炉炉况控制的需要配比，经设置于各料仓出料口的_____准确计量后配入_____，再转运至_____后加入_____。

86. 进入喷嘴的_____、_____、_____在精矿喷嘴_____处相互掺混达到充分混合，并被点燃。

87. 贫化区需要补充_____，通过贫化区_____组电极，向炉内补充热量。

88. 合成炉熔炼工艺按其工艺路线分为_____、_____、_____三大主体设备。

二、判断题

1. 天然铜的颜色通常是紫绿色或紫黑色。（　）

2. 铜及其化合物都具有磁性。（　）

3. 铜可溶解于盐酸和没有溶解氧的硫酸中。（　）

4. 铜是一种具有广泛用途的金属，其应用范围大于钢铁和铝。（　）

5. 铜可溶于王水。（　）

6. 硫化铜在自然界中以赤铜矿的形态存在，硫化铜是不稳定化合物。（　）

7. 铜的铁酸盐易溶硫酸、王水。（　）

8. 氮气在常温下为无色、无味的气体；氮气化学性质不活泼，在常态下基本不与可燃物发生反应；氮气是窒息性气体。（　）

9. 某班炉长用潮湿的工具放入高温熔体中采样。（　）

10. 点沉淀池油枪时，要调整好燃烧角度和火焰长度，油枪要保证燃烧完全，杜绝有烧炉顶、炉墙现象。（　）

11. 处理水冷件管道轻微阻塞的方法是：将该水冷件对应的给水球阀全开，反复开关水箱给水蝶阀，形成管道中水的脉冲，冲走泥沙、铁锈等杂物，使通水正常。（　）

12. 短时间由于重油系统故障、排烟系统故障、二次风系统故障等，根据工艺负责人的要求合成炉可以进行焖炉作业。（　）

13. 合成炉渣温过低时，可以通过提高氧单耗的手段来提高渣温。（　）

14. 合成炉反应塔清结瘤的作用是防止油枪结焦，保证油枪雾化效果，使油枪燃烧完全。（　）

15. 电极压放时，液压站岗位人员必须进行现场确认，电极压放顺序是：上闸环抱紧→下闸环松开→升降缸下降→下闸环抱紧→上闸环松开。（　）

16. 合成炉电压级共15级，要求切换时，12级以上和4级以下必须手动切换，所有电压级都可以正常使用。（　）

17. 全系统停电后的恢复按照水系统—油系统—排烟系统—风系统—液压站—电极系统—加料系统—渣系统的顺序组织恢复。（　）

18. 炉前小压板、衬砖更换完毕后，首先要对大头溜槽进行烘烤；再对放出口进行两次烫口，最后将大、小压板通水正常后才可以正常使用。（　）

19. 在造锍熔炼过程，有大量的FeS存在。（　）

20. 黄铁矿（FeS_2）是立方晶系，着火温度402℃，因此很容易分解。（　）

21. 铜锍的主要成分是Cu、Fe和O。（　）

22. 炉渣的电导是通过$1cm^2$、长度为1cm的炉渣的导电度。（　）

23. 对于某些炉型来说，炉内可能达到的最高温度并不决定于炉渣的熔化温度。（　）

24. 冰铜是金、银和铂族金属的捕集剂。（　）

25. 由于炉渣废弃，故炉渣对冶炼过程没有实际意义。（　）

26. 炉渣成分和性质对冶炼过程影响很大。（　）

27. 冰铜品位的高低直接地影响到直收率、燃料率、生产率和加工费等技术经济指标。（　）

28. 减少炉渣中冰铜的含量，能使炉渣和冰铜顺利排放，降低消耗。（　）

29. 炉温的高低很大程度上取决于渣的过热温度。（　）

30. 当炉渣中加入碱性氧化物，可以降低炉渣的黏度。（　）

31. 造碱性渣时提高冶炼温度，炉渣黏度要降低的。造酸性渣时提高冶炼温度炉渣黏度要适当增大。（　）

32. 现在自然界几乎找不到自然铜了。（　）

33. 炉前炉后岗位是合成炉系统的重点岗位之一，负责合成炉冰铜、炉渣高度的检测和排放。（　）

34. 员工在配加料过程中，贫化区配料岗位工在现场对设备运行和料管下料状况检查，防止皮带跑偏或下料不畅。（　）

35. 炉前根据记录的最新冰铜面高度，由炉长决定当班排放量。（　）

36. 合成炉渣面不小于 1480mm，合成炉必须停料。（　）

37. 岗位人员在放渣过程中发现热渣溜槽内有带铜现象时，立即堵口并汇报班长。（　）

38. 合成炉目前能够满足正常使用的炉前放出口共有 6 个，放出口 1、3、5 为一组，2、4、6 为一组。（　）

39. 合成炉正常情况下上班使用过的口子在下个班根据情况决定使用。（　）

40. 炉前放铜作业时，两人配合一人开氧气，一人烧口。烧口人员将氧气管插入氧气带 100～200mm，手离开氧气带头 50～100mm。（　）

41. 合成炉沉淀池冻结层一般控制应大于 200mm。（　）

42. 炉前根据记录的最新冰铜面高度，由横班长根据生产组织的需要决定当班排放量。（　）

43. 泥球的大小根据现场的需要而定。一般为底 ϕ100mm，高 120mm 的圆锥体，锥尖稍偏，以压饼不裂为合格。（　）

44. 合成炉渣面正常控制一般要大于 1450mm。（　）

45. 若合成炉系统出现供水不足的情况时，按照热渣溜槽—贫化区电极—冰铜放出口、渣口—炉墙平水套、反应塔、上升烟道—反应塔、上升烟道连接部水套顺序关闭配水箱总阀门。（　）

46. 反应塔采用上部吊挂结构，塔身处于悬吊状态，塔身可向上自由膨胀。（　）

47. 合成炉反应塔和贫化区均为强氧化气氛。（　）

48. 炉渣的熔点越低，冶炼过程炉渣过热温度也越低。（　）

49. 冰铜品位越高渣含铜越高。（　）

50. 造锍熔炼过程的目的是将精矿中的铜及其他有价金属富集于冰铜中。（　）

51. 冰铜的电导率随品位的升高而降低。（　）

52. 冰铜和炉渣都是火法冶炼的重要产物。（　）

53. 单个精矿喷嘴上调，则该喷嘴风量减小。（　）

54. 合成炉炉体冷却采用的是立体水冷技术。（　）

55. 合成炉炉前大头溜槽搭桥时，桥面与放出口上沿同高。（　）

56. 合成炉反应塔局部热电偶温度过高,可以通过合理调节活动料管、降低投料量等方式降低温度。( )

57. 炉后渣放到距渣包上沿 100~200mm 左右时,炉后岗位人员执行堵口操作。( )

58. 合成炉炉前岗位放铜前的检查包括:压板销子的确认、压板冷却水确认、溜槽确认、冰铜包确认。( )

三、单项选择题

1. 铜湿法冶金是处理( )、选矿尾矿和铜矿山废矿石发展起来的。
   A. 氧化矿　　　　B. 硫化矿　　　　C. 锌化矿　　　　D. 镍化矿

2. ( )工业是铜的最大用户。
   A. 机械　　　　B. 军用　　　　C. 航天　　　　D. 电气

3. 合成炉熔炼加入石英石粉造渣,石英石粉粒度为( )目占90%以上。
   A. -60　　　　B. -80　　　　C. 60　　　　D. 80

4. 氧化铜在自然界中以( )的形态存在,黑色无光泽。
   A. 黑铜矿　　　　B. 赤铜矿　　　　C. 辉铜矿　　　　D. 蓝铜矿

5. 铜合成炉的原料主要是( )。
   A. 铜镍混合精矿　　B. 二次铜精矿　　C. 外购料　　　　D. 自产料

6. 余热锅炉出现故障要求烟气走 C 线时,合成炉应( )。
   A. 合成炉停料,并落闸板　　　　B. 合成炉停料,不落闸板
   C. 反应塔继续加料,不落闸板　　D. 不清楚

7. 合成炉沉淀池冻结层生产监控参数为( )。
   A. ≤500mm　　B. ≤400mm　　C. ≤600mm　　D. ≥800mm

8. Cu_2O 的硫化还原反应是在( )内完成。
   A. 反应塔　　　B. 沉淀池　　　C. 上升烟道　　　D. 贫化区

9. 下列反应式不属于造渣反应的是( )。
   A. $2FeO + SiO_2 = 2FeO \cdot SiO_2$　　　B. $CaO + SiO_2 = CaO \cdot SiO_2$
   C. $3FeO + 1/2O_2 = Fe_3O_4$　　　D. $MgO + SiO_2 = MgO \cdot SiO_2$

10. 所谓炉渣贫化,其实质是渣中 Fe_3O_4 还原,以减少( )的溶解。
    A. Cu_2O　　　B. CuO　　　C. Cu_2S　　　D. CuS

11. 贫化区电极的电能是在( )内转变为热能的。
    A. 冻结层　　　B. 冰铜层　　　C. 黏渣层　　　D. 渣层

12. 下列不属于合成炉熔炼三大控制参数的是( )。
    A. 冰铜温度　　B. 炉渣温度　　C. 冰铜品位　　D. 炉渣 Fe/SiO_2

13. 冰铜品位的控制主要是通过控制( )来实现。
    A. 氧单耗　　　B. 总风量　　　C. 溶剂率　　　D. 烟灰率

14. 冰铜和炉渣不互溶,由于( )差而澄清分离。
    A. 温度　　　B. 压力　　　C. 密度　　　D. 熔点

15. 贫化区补充热能主要来源于( )。
    A. 石英　　　B. 块煤　　　C. 冷料　　　D. 电极

16. 高温烟气进入余热锅炉，在（ ）换热强度最大。
    A. 辐射区　　　B. 对流区　　　　　C. 锅炉入口　　　　D. 锅炉出口

17. 铜合成熔炼炉收尘采用 2 台单室四电场（ ）的电收尘器。
    A. $40m^2$　　　B. $50m^2$　　　　C. $60m^2$　　　　D. $70m^2$

18. 下列不属于合成炉主体设备的是（ ）。
    A. 干燥机　　　B. 合成炉　　　　　C. 余热锅炉　　　　D. 电收尘器

19. 铜合成熔炼炉反应塔直径为（ ）。
    A. $\phi5500mm$　　B. $\phi6000mm$　　C. $\phi6500mm$　　D. $\phi7000mm$

20. 合成炉事故放出口在（ ）。
    A. 东端墙　　　B. 西端墙　　　　　C. 沉淀池南侧墙　　D. 贫化区北侧墙

21. 赤铜矿的颜色为（ ）。
    A. 浅绿色　　　B. 红色　　　　　　C. 灰黑色　　　　　D. 铜黄色

22. 辉铜矿的颜色为（ ）。
    A. 铜红至深黄色　B. 铅灰至铁黑色　C. 铅灰至灰色　　　D. 绿至蓝色

23. 硫化铜的分子式为（ ）。
    A. CuS　　　　B. Cu_2S　　　　C. $CuSO_4$　　　　D. $CuCl_2$

24. 下列属于稳定化合物的为（ ）。
    A. CuO　　　　B. CuS　　　　　C. Cu_2O　　　　D. $CuCl_2$

25. 石英石的主要成分是（ ）。
    A. 二氧化硅　　B. 氧化铁　　　　　C. 氧化钙　　　　　D. 氧化镁

26. 合成炉贫化区加入熔剂的主要目的是（ ）。
    A. 降低炉渣温度　B. 减少电极消耗　C. 调整渣型　　　　D. 降低电耗

27. 合成炉产生烟气中的 SO_2 经余热锅炉和电收尘器后可（ ）。
    A. 全部制酸　　　　　　　　　　　B. 部分制酸
    C. 不能制酸　　　　　　　　　　　D. 需配入其他烟气才可制酸

28. 合成炉的炉型是将传统的闪速炉与（ ）合在一起。
    A. 矿热电炉　　B. 渣贫化电炉　　　C. 反射炉　　　　　D. 精炼炉

29. 合成炉有（ ）个冰铜放出口。
    A. 4　　　　　B. 5　　　　　　　C. 6　　　　　　　D. 8

30. 硫化铜矿熔炼的速度取决于炉料与（ ）间的传热和传质速度。
    A. 炉气　　　　B. 反应塔　　　　　C. 精矿喷嘴　　　　D. 冰铜颗粒

31. 合成炉入炉精矿含水要求小于（ ）。
    A. 0.2%　　　　B. 0.3%　　　　　　C. 2%　　　　　　　D. 3%

32. 合成炉入炉精矿在干燥前的含水一般情况下在（ ）左右。
    A. 2%　　　　　B. 0.3%　　　　　　C. 8%　　　　　　　D. 16%

33. 合成炉冰铜品位一般情况下在（ ）。
    A. 35% ~45%　B. 45% ~55%　　C. 55% ~65%　　D. 65%以上

34. 合成炉渣面上限控制应低于（ ）。
    A. 1300mm　　B. 1350mm　　　C. 1400mm　　　D. 1450mm

35. 合成炉反应塔最大重油量可达到（ ）kg/h。
　　A. 1400　　　　　B. 1600　　　　　C. 1800　　　　　D. 2000

36. 合成炉沉淀池单只油枪的最大重油量可达到（ ）kg/h。
　　A. 200　　　　　B. 300　　　　　C. 400　　　　　D. 500

37. 合成炉反应塔每个精矿喷嘴有（ ）个清结瘤孔。
　　A. 1　　　　　B. 2　　　　　C. 3　　　　　D. 4

38. 合成炉东端墙有（ ）个供油点。
　　A. 1　　　　　B. 2　　　　　C. 3　　　　　D. 4

39. 合成炉冰铜面工艺控制范围是（ ）mm。
　　A. 350～750　　B. 400～780　　C. 550～850　　D. 500～900

40. 合成炉冷却水回水温度应（ ）。
　　A. 小于45℃　　B. 大于50℃　　C. 大于55℃　　D. 大于60℃

41. 合成炉炉前冰铜排放，当冰铜距包子上沿最低点（ ）时，炉前岗位执行堵口操作。
　　A. 300～400mm　B. 150～200mm　C. 200～300mm　D. 100～200mm

42. 合成炉炉后炉渣排放，当炉渣距包子上沿最低点（ ）时，炉前岗位执行堵口操作。
　　A. 400mm 左右　B. 200mm 左右　C. 300mm 左右　D. 100mm 左右

43. 熔炼车间现有冶金炉窑（ ）座，是金川公司拥有冶金炉窑最多的车间。
　　A. 16　　　　　B. 17　　　　　C. 18　　　　　D. 19

44. 反应塔部位温度高，冲刷严重。为保护反应塔的安全运行，反应塔设计有（ ）层平水套。
　　A. 11　　　　　B. 12　　　　　C. 13　　　　　D. 14

45. 运行变压器的油温不得超过（ ），若接近该温度时，应立刻分闸，并通知相关技术人员进行设备检查。
　　A. 30℃　　　　B. 40℃　　　　C. 45℃　　　　D. 55℃

46. 合成炉贫化区电极压放高度（ ）mm/次，每次压放间隔不得小于两小时。
　　A. 50～100　　　B. 100～150　　C. 150～200　　D. 250～300

47. 世界上用于炼铜的闪速炉最多的炉型是（ ）。
　　A. 奥托昆普型　B. 因科型　　　C. 澳斯麦特　　D. 诺兰达

48. 下列不属于合成炉熔炼优点的是（ ）。
　　A. 节能　　　　　　　　　　B. 操作方便
　　C. 适于处理高熔点炉料　　　D. 适于处理块状炉料

49. 合成炉熔炼属于（ ）炉。
　　A. 还原熔炼　　B. 富氧悬浮熔炼　C. 氧化熔炼　　D. 自由熔炼

50. 在合成炉生产中传热和传质速度随两相接触表面积的增大而（ ）。
　　A. 增高　　　　B. 降低　　　　C. 不变　　　　D. 无法判断

51. 下列不属于合成炉入炉物料的是（ ）。
　　A. 铜精矿　　　B. 石英　　　　C. 烟灰　　　　D. 焦粉

52. 下列工艺中在反应塔内不能完成的是（ ）。
　　A. 精矿的焙烧　B. 精矿的熔炼　C. 冰铜的部分吹炼 D. 电解

53. 下列不属于合成炉贫化区入炉物料的是（　　）。
　　A. 石英　　　　　B. 烟灰　　　　　C. 块煤　　　　　D. 冷料

54. （　　）抗震性能好，可用于制造强度和韧性要求高的铸件。
　　A. 黄铜　　　　　B. 铝青铜　　　　C. 青铜　　　　　D. 铍青铜

55. （　　）的力学性能超过高级优质钢，广泛用于制造各种机械部件、工具和无线电设备。
　　A. 黄铜　　　　　B. 铝青铜　　　　C. 青铜　　　　　D. 铍青铜

56. 世界铜的产量主要是从（　　）中获得。
　　A. 氧化矿　　　　B. 硫化矿　　　　C. 石英石　　　　D. 脉石

57. 孔雀石的颜色为（　　）。
　　A. 浅绿色　　　　B. 蓝色　　　　　C. 灰黑色　　　　D. 铜黄色

58. 造锍过程的目的是将精矿中的铜及其他有价金属富集于（　　）中，以达到与脉石、部分硫铁的分离。
　　A. 冰铜　　　　　B. 炉渣　　　　　C. 烟气　　　　　D. 炉底冻结层

59. 铜锍是（　　）的共熔体。
　　A. 重金属氧化物　B. 重金属硫化物　C. 重金属氯化物　D. 硅酸盐

60. 铜锍中的 Cu、Pb、Zn、Ni 等重金属是以（　　）形态存在的。
　　A. 氧化物　　　　B. 硫化物　　　　C. 氯化物　　　　D. 硅酸盐

61. 氧在铜锍中的溶解度随着铜锍品位的升高而（　　）。
　　A. 升高　　　　　B. 降低　　　　　C. 基本恒定　　　D. 不确定

62. 冰铜品位在 50% ～70% 颜色为（　　）。
　　A. 淡红　　　　　B. 青黄　　　　　C. 淡青　　　　　D. 银灰

63. 冰铜的电导率很大，约为炉渣的（　　）倍。
　　A. 50～100　　　B. 100～200　　　C. 500～700　　　D. 700～1000

64. 冰铜的电导率随冰铜品位的降低而（　　）。
　　A. 升高　　　　　B. 降低　　　　　C. 基本恒定　　　D. 不确定

65. 炉渣的熔点越低，冶炼过程炉渣过热温度会（　　）。
　　A. 升高　　　　　B. 降低　　　　　C. 基本恒定　　　D. 不确定

66. 当提高冶炼温度时，炉渣黏度会（　　）。
　　A. 升高　　　　　B. 降低　　　　　C. 基本恒定　　　D. 不确定

67. 重油中最主要的可燃成分为（　　）。
　　A. 碳　　　　　　B. 氧　　　　　　C. 氢　　　　　　D. 石蜡

68. 合成炉重油阀站在（　　）m 平面。
　　A. 10.05　　　　B. 18　　　　　　C. 23.5　　　　　D. 21

69. 合成炉贫化区有（　　）条混料皮带。
　　A. 1　　　　　　B. 2　　　　　　C. 3　　　　　　D. 4

70. 合成炉贫化区有（　　）个加料管。
　　A. 4　　　　　　B. 6　　　　　　C. 8　　　　　　D. 10

71. 合成炉反应塔高度为（　　）m。
　　A. 5.5　　　　　B. 6　　　　　　C. 6.5　　　　　D. 7

72. 合成炉渣线长度为（　　）mm。

    A. 7050　　　　　B. 16000　　　　C. 16400　　　　D. 32400

73. 离一次风加热器最近的设备是（　　）。

    A. 高位水箱　　　　　　　　　　B. 18m 平面重油阀站

    C. 反应塔二次平顶　　　　　　　D. 干燥机

74. 增加炉渣中（　　），可使熔渣和铜锍间作用力降低，减少渣含铜。

    A. 脉石与铁　　　　　　　　　　B. 磁性氧化铁（Fe_3O_4）

    C. SiO_2　　　　　　　　　　　D. 含硫

75. 在（　　）的情况下，炉渣的黏度会降低。

    A. 大于 1300℃　　　　　　　　B. 低于 1200℃

    C. 加入大量 SiO_2　　　　　　　D. 降低贫化区负荷

76. 合成炉炉渣主要有（　　）三种氧化物组成。

    A. FeO　SiO_2　CaO　　　　　　B. FeO　SiO_2　CuO

    C. Fe_2O_3　SiO_2　Cu_2O　　　　D. FeO　SiO_2　Al_2O_3

77. 合成炉冰铜主要由（　　）组成。

    A. FeS　SiO_2　　B. FeS　CaO　　C. FeS　Cu_2S　　D. FeS　CuS

78. 黄铜矿的化学式为（　　）。

    A. CuS　　　　　B. $CuFeS_2$　　　C. FeS　　　　　D. CuO

79. 贫化区电极直径为（　　）。

    A. 700mm　　　　B. 800mm　　　C. 900mm　　　D. 1000mm

80. 合成炉反应塔富氧浓度越高则反应塔反应速度越（　　）。

    A. 快　　　　　　B. 慢　　　　　C. 无影响　　　D. 不确定

81. 反应塔气流速度过低会导致（　　）。

    A. 反应塔高温区下移　　　　　　B. 烧损塔顶设施

    C. 反应塔塔壁挂渣薄　　　　　　D. 沉淀池有生料

82. 贫化区加块煤的作用是（　　）。

    A. 提高渣温　　B. 降低渣含铜　　C. 提高烟气温度

83. 沉淀池鼓风的作用是（　　）。

    A. 降低烟气温度　B. 降低烟尘率　　C. 增加烟气含氧量　D. 增大烟气速度

84. 合成炉喷雾室在合成炉烟气走（　　）线时使用。

    A. A　　　　　　B. B　　　　　　C. C　　　　　　D. D

85. 炉渣密度大小影响（　　）。

    A. 冰铜与炉渣的分离　　　　　　B. 炉渣的排放

    C. 炉渣的黏度　　　　　　　　　D. 炉渣的表面张力

四、多项选择题

1. 合成炉炉体主要由（　　）四部分组成。

    A. 反应塔　　　　B. 沉淀池　　　C. 上升烟道

    D. 贫化区　　　　E. 精矿喷嘴　　F. 电极

2. 合成炉炉渣温度过低时，可以通过（　　）提高炉渣温度。

    A. 提高反应塔油量   B. 提高贫化区电单耗

    C. 切换贫化区电压级   D. 提高熔剂率

3. 合成炉工艺控制参数主要有（　　）。

    A. 冰铜品位   B. 冰铜温度   C. 炉渣铁硅比

    D. 炉渣温度   E. 渣含铜   F. 精矿反应温度

4. 冰铜温度过低时可以采取（　　）手段，提高冰铜温度。

    A. 提高反应塔油量   B. 降低反应塔总风   C. 切换电压级

    D. 提高贫化区电单耗   E. 提高氧单耗   F. 提高精矿投料量

5. 合成炉风系统包括（　　）。

    A. 一次风系统   B. 二次风系统   C. 仪表风系统   D. 杂用风系统

6. 合成炉生产工艺作业程序包括（　　）。

    A. 反应塔配加料   B. 贫化区配加料   C. 冰铜排放

    D. 炉渣排放   E. 湿铜精矿干燥   F. 反应塔加块煤

7. 铜的化合物是电镀、原电池、（　　）等工农业的重要原料。

    A. 农药   B. 颜料   C. 染料   D. 触媒

8. 铜的特性包括（　　）。

    A. 电导率高   B. 导热性能好   C. 延展性能好   D. 耐腐蚀性较强

9. 铜能与（　　）金属形成多种合金。

    A. 锌   B. 锡   C. 铝   D. 镍

10. 出现（　　）情况合成炉必须停料。

    A. 精矿喷嘴料管堵塞   B. 冰铜温度达到 1240℃

    C. 渣面超过 14500mm   D. 铜面超过 850mm

11. 下列（　　）属于合成炉入炉物料。

    A. 干精矿   B. 冰铜   C. 石英   D. 烟灰

12. 下列（　　）属于合成炉排烟收尘设备。

    A. 上升烟道   B. 余热锅炉   C. 电收尘器   D. 环保风机

13. 合成炉三大控制参数为（　　）。

    A. 冰铜温度   B. 冰铜品位   C. 炉渣铁硅比   D. 投料量

14. 合成炉熔炼工艺包括（　　）三大主体设备。

    A. 合成炉   B. 余热锅炉   C. 电收尘器   D. 精矿喷嘴

15. 目前铜合成炉入炉物料成分正确的有（　　）。

    A. Cu：25% ~30%   B. MgO：5% ~8%

    C. Fe：15% ~20%   D. S：30% ~33%

16. 炼铜的主要矿物有（　　）。

    A. 黄铜矿   B. 黄铁矿   C. 铜蓝   D. 硫铁矿

17. 合成炉的产出物有（　　）。

    A. 冰铜   B. 粗铜   C. 炉渣   D. 烟气

18. 渣含铜的损失形式主要有（　　）。

A. 机械损失　　　　　B. 烟气损失　　　　　C. 化学损失　　　　　D. 烟尘损失

19. 冰铜的主要性质有（　　）。

A. 熔点与其成分有关　　　　　　　　　B. 密度随品位升高而增大

C. 有很强的导电性　　　　　　　　　　D. 具有强氧化性

20. 下列（　　）属于铜合成炉熔炼的基本原理。

A. 反应塔内的传输现象　　　　　　　　B. 沉淀池内的反应

C. 反应塔内的熔炼反应和产物形成　　　D. 炉渣贫化

21. 合成炉炉渣的主要成分有（　　）。

A. $2FeO \cdot SiO_2$　　　B. $MgO \cdot SiO_2$　　　C. Al_2O_3　　　D. $CaO \cdot SiO_2$

22. 下列工艺（　　）属于铜的熔炼工艺。

A. 电炉工艺　　　B. 合成炉工艺　　　C. 卡尔多炉工艺　　　D. 反射炉工艺

23. 下列反应式（　　）是正确的。

A. $2FeS_2 + 7/2O_2 \Longrightarrow FeS + FeO + 3SO_2$　　　B. $3FeO + 1/2O_2 \Longrightarrow Fe_3O_4$

C. $Fe_3O_4 + C \Longrightarrow FeCO_3$　　　D. $2FeO + SiO_2 \Longrightarrow 2FeO \cdot SiO_2$

24. 合成炉烟尘率的影响因素有（　　）。

A. 反应塔气流速度　　　B. 投料量　　　C. 烟气量　　　D. 系统负压

25. 冰铜可以捕集（　　）。

A. 金　　　　　B. 银　　　　　C. 铂族金属　　　　　D. 砷

26. 四氧化三铁的性质描述正确的有（　　）。

A. 可以保护炉衬　　　　　　　　　　　B. 过多可导致炉况恶化

C. 受温度、气相中氧分压的影响　　　　D. 化学性质稳定

27. 炉渣产出量取决于（　　）。

A. 精矿品位　　　　　　　　　　　　　B. 投料量

C. 熔剂的加入量　　　　　　　　　　　D. 贫化区块煤的加入量

28. 炉渣的流动性差可能属于（　　）原因。

A. 渣铁硅比过低　　　　　　　　　　　B. 渣温过低

C. 冰铜品位过低　　　　　　　　　　　D. 反应塔块煤加入量过大

29. 下列（　　）是影响渣含铜的因素。

A. 冰铜品位　　　B. 炉渣成分　　　C. 熔炼温度　　　D. 澄清分离时间

30. 冰铜品位为60%时，冰铜的成分可能是（　　）。

A. 含Fe为15%　　　B. 含Fe为20%　　　C. 含S为22%　　　D. 含S为15%

31. 合成炉供风系统可以供给合成炉（　　）。

A. 反应塔氧气　　　B. 沉淀池二次风　　　C. 重油雾化风　　　D. 蒸汽

32. 下列属于合成炉设备的有（　　）。

A. 加料刮板　　　B. 18m布袋收尘器　　　C. 二次风加热器　　　D. 载汽加热器

33. 合成炉炉体耐火材料主要有（　　）。

A. 黏土砖　　　B. 铬镁砖　　　C. 平水套　　　D. 浇注料

34. 合成炉余热锅炉主要由（　　）两部分组成。

A. 辐射区　　　B. 对流区　　　C. 传导区　　　D. 管屏、管束

35. 合成炉反应塔水冷件有（　　）。

    A. 立水套   B. 齿型水套   C. 平水套   D. 铬镁砖

36. 下列关于合成炉炉体描述正确的有（　　）。

    A. 弹性捆绑式结构   B. 炉底有 18 根纵向拉杆

    C. 炉底有 65 根横向拉杆   D. 纵向拉杆全部为 45t 的涡卷弹簧

37. 下列关于合成炉冰铜口描述正确的有（　　）。

    A. 有 6 个冰铜放出口

    B. 放出口采用三层水套冷却

    C. 立水套和中间水套开孔大于压板水套

    D. 立水套和中间水套开孔小于压板水套

38. 下列关于合成炉上升烟道叙述正确的有（　　）。

    A. 上升烟道位于沉淀池与贫化区之间

    B. 上升烟道迎火面和背火面水冷件数量不同

    C. 上升烟道顶部采用 H 形水冷梁支撑

    D. 上升烟道顶部有一个事故烟道口

39. 关于合成炉烟气走向相关内容叙述正确的是（　　）。

    A. 余热锅炉故障时，合成炉落闸板，烟气走 C 线

    B. 正常生产时，合成炉烟气走 A 线

    C. 喷雾室在合成炉烟气走 C 线时才使用

    D. 化工系统故障时，合成炉烟气走 B 线

40. 关于合成炉贫化区叙述正确的有（　　）。

    A. 贫化区有两组电极，每组有 3 根电极

    B. 贫化区有两组电极，每组有 2 根电极

    C. 贫化区电极分布圆直径为 3000mm

    D. 贫化区电极直径为 900mm

41. 下列属于金川集团公司冶炼厂炼铜的冶金炉有（　　）。

    A. 合成炉   B. 自热炉   C. 转炉   D. 阳极炉

42. 下列哪些操作是合成炉中控室可以通过计算机控制的（　　）。

    A. 贫化区电极压放

    B. 反应塔重油流量调节

    C. 炉底冷却风风量调节

    D. 精矿下料量调节

43. 下列关于合成炉渣口叙述正确的有（　　）。

    A. 合成炉渣口在炉体的西侧

    B. 合成炉有东西两个渣口

    C. 正常生产每班只运行规定的单个渣口排渣

    D. 合成炉炉后渣口环保与炉前冰铜口环保同属于一套环保系统

44. 下列关于合成炉冰铜口叙述正确的有（　　）。

    A. 合成炉冰铜口在炉体的北侧

    B. 合成炉有 6 个冰铜口

    C. 正常生产每班使用 1、2、3 或 4、5、6 冰铜口

    D. 合成炉炉后渣口环保与炉前冰铜口环保同属于一套环保系统

45. 下列关于合成炉描述正确的有（　　）。

    A. 合成炉属于富氧悬浮熔炼

    B. 合成炉沉淀池炉墙外倾 8°

    C. 合成炉炉体是弹性结构

    D. 合成炉有两台环保风机

46. 合成炉沉淀池炉墙外倾的作用有（　　）。

    A. 有利于砖体膨胀

    B. 水套漏水可流到炉外

    C. 降低烟气速度和烟气含尘

    D. 加大炉膛上部空间

47. 下列属于合成炉切换副烟道操作的有（　　）。

    A. 吊装密封坨

    B. 吊装副烟道

    C. 提、落水冷闸板

    D. 喉口部爆破

48. 下列属于合成炉特殊作业程序的有（　　）。

    A. 保温作业

    B. 升温复产作业

    C. 洗炉作业

    D. 点检作业

49. 合成炉停料点检内容包括（　　）。

    A. 炉内挂渣状况

    B. 炉体水冷件是否漏水

    C. 油枪燃烧状况

    D. 炉内是否掉砖

五、计算题

1. 实际生产中，反应塔二次风量（标态）为 16000m³/h，工业氧量为 16500m³/h，反应塔油量为 900kg/h，吨精矿耗氧为 187m³/t。此时反应塔精矿处理量应该是多少？（二次风氧浓度为 21%，工业氧氧浓度为 99%，每公斤重油耗氧 2.1m³）

2. 实际生产中，反应塔二次风量（标态）为 16000m³/h，工业氧量为 16500m³/h，反应塔油量为 900kg/h，吨精矿耗氧为 187m³/t。此时反应塔富氧浓度应该是多少？（二次风氧浓度为 21%，工业氧氧浓度为 99%，每公斤重油耗氧 2.1m³）

3. 实际生产中，反应塔二次风量（标态）为 16000m³/h，工业氧量为 16500m³/h，反应塔投料量为 100t/h，吨精矿耗氧为 187m³/t。此时反应塔耗油量应该是多少？（二次风氧浓度为 21%，工业氧氧浓度为 99%，每公斤重油耗氧 2.1m³）

4. 实际生产中，反应塔二次风量（标态）为 $16000m^3/h$，工业氧量为 $16500m^3/h$，反应塔油量为 900kg/h，反应塔投料量为 95t/h。此时反应塔吨精矿耗氧应该是多少？（二次风氧浓度为 21%，工业氧氧浓度为 99%，每公斤重油耗氧 $2.1m^3$）

5. 实际生产中，反应塔油量为 900kg/h，反应塔投料量为 95t/h。此时反应塔吨精矿耗油应该是多少？

6. 实际生产中，开始反应塔二次风量（标态）为 $16000m^3/h$，工业氧量为 $16500m^3/h$，反应塔油量为 900kg/h，吨精矿耗氧为 $187m^3/t$。当氧气量增加到 $17500m^3/h$ 时，为了减少氧气放空，可以增加投料量。试计算在反应塔总风量、氧单耗不变而反应塔油量减少 100kg/h 的情况下，可以增加多少吨精矿投入量？此时的富氧空气氧浓度是多少？（二次风氧浓度为 21%，工业氧氧浓度为 99%，每公斤重油耗氧 $2.1m^3$）

7. 合成炉某班以 95t/h 的投料量生产，已知熔剂率为 15%，试求当班熔剂加入量。

8. 合成炉某班以 95t/h 的投料量生产，已知烟灰率 12%。试求当班烟灰加入量。

9. 合成炉某班以 95t/h 的投料量生产，已知冰铜产率为 45%，冰铜 18t/包。试求当班冰铜产出量及放铜包数。

10. 合成炉某班以 100t/h 的投料量生产，渣率为 50%，吨渣电单耗为 50kW·h/t。试求当班耗电量。

11. 合成炉以 95t/h 的投料量生产，精矿成分为 Cu：29.44%。冰铜成分为 Cu：63.56%。铜直收率 100%，烟灰产出平衡。试按铜平衡计算当班冰铜产量及产率。

12. 合成炉以 95t/h 的投料量生产，冰铜产率为 45%；电炉冰铜产量为合成炉的 20%。试计算 8h 连续生产可生产冰铜多少吨？

13. 合成炉以 100t/h 的投料量生产，精矿含 Cu 为 25%；已知合成炉炉床面积为 $228m^2$，冰铜比重为 $4.2t/m^3$，1h 后测得冰铜面升高 15mm，在此期间未进行熔体排放，计算冰铜品位是多少？

14. 合成炉以 95t/h 的投料量生产，精矿含 Cu：29.44%。冰铜含 Cu：63.56%。当班冰铜产量 340t，烟灰产出平衡。试计算当班铜直收率。

15. 合成炉现处理蒙古矿、智利矿、哈萨克矿和国内矿，经过化验：蒙古矿含铜 26%、智利矿 30%、哈萨克矿 24% 和国内矿 28%，若按 4：3：2：1 配料，计算配料后的精矿品位。

16. 某班合成炉投入干精矿 800t，精矿含铜 27.5%，产出冰铜 360t，计算冰铜品位。

17. 合成炉渣经过化验得：SiO_2 为 36.73%；Fe 为 38.2%，计算渣的铁硅比。

18. 合成炉某月干精矿处理量 63000t，产冰铜 1480 包，产渣 1300 包，每包冰铜约重 18t，每包渣约重 25t，计算当月的冰铜产率和渣率。

19. 合成炉某班接班投料量为 90t/h，4h 后提至 100t/h，由于设备故障前 4h 停料 40min，后 4h 点检炉况停料 20min，计算当班的作业率和投入的精矿量各是多少？

20. 合成炉贫化区检尺测得铜面 320mm，熔体面高度 1000mm，入炉检尺总长 4145mm，计算冻结层、铜面、渣面高度各是多少？（贫化区炉内标高 4445mm）

六、简答题

1. 简述合成炉沉淀池炉墙外倾 $10°$ 的作用。

2. 简述合成炉生产工艺作业过程有哪几个作业程序？

3. 合成炉的三条烟气线路是什么？各起什么作用？

4. 合成炉炉后跑渣如何处理？

5. 全系统停电故障或事故状态如何处理？系统恢复顺序？

6. 水泵停电如何处理？

7. 仪表风系统故障时如何处理？

8. 冰铜口跑铜事故状态如何处理？

9. 水系统故障的焖炉作业程序。

10. 简述合成炉水系统点检的重要性。

11. 简述反应塔配加料作业程序。

12. 简述贫化区配加料作业程序。

13. 简述反应塔加块煤作业程序。

14. 简述冰铜排放作业程序。

15. 炉渣温度的控制范围？过高或过低如何控制？

16. 冰铜温度的控制范围？过高或过低如何控制？

17. 合成炉中修升温复产作业的升温方法。

18. 合成炉大修升温复产作业贫化区电极如何引弧送电？

19. 简述切换合成炉烟气 C 线路的条件和步骤。

20. 简述合成炉焖炉的主要作业内容有哪些？

21. 合成炉大修停炉作业程序。

22. 合成炉中修停炉作业程序。

23. 渣含铜的影响因素有哪些？

24. 风根秤波动该如何调整炉况？简述理由。

25. 简述合成炉工艺控制参数及控制范围。

26. 简述电极压放原则。

27. 合成炉沉淀池冻结层过高的原因。

28. DCS 控制系统故障如何操作？

29. 举出 3 个合成炉必须停料的条件。

30. 简述沉淀池鼓风的作用。

31. 简述上升烟道喉口部结瘤的形成原因。

32. 简述风根秤波动的原因。

33. 合成炉入炉物料有哪些？其作用是什么？

34. 合成炉上环保排烟点有哪些？

35. 简述合成炉炉底铺沙子的作用。

七、综合分析题

1. 合成炉贫化区表面结壳原因及处理措施。

2. 合成炉沉淀池熔体面远高于贫化区熔体面的原因。

3. 合成炉炉渣 Fe/SiO_2 波动的原因。

4. 发生跑渣事故原因及处理措施。

5. 炉体水冷元件漏水处理措施。

6. 电极硬断处理措施。

7. 电极软断处理措施。

8. 电极铜瓦打弧原因及处理措施。

9. 合成炉沉淀池冻结层过高或过低处理措施。

10. 合成炉上升烟道出现"门帘"的原因及处理措施。

11. 合成炉重油压力突然下降的原因及处理措施。

12. 反应塔一个油枪无油的原因及处理措施。

13. 合成炉反应塔投料程序。

14. 合成炉单个回水点水温大于 45℃ 如何处理？

15. 合成炉冰铜温度超过 1230℃ 如何处理？

16. 合成炉冰铜温度低于 1160℃ 如何处理？

17. 合成炉炉渣温度超过 1290℃ 如何处理？

18. 合成炉精矿配料时，铜、铁、硫的配料参考范围是什么？

19. 合成炉精矿配料时，铅、锌、砷、锑、铋的配料参考范围是什么？

20. 合成炉贫化区配入块煤时，为什么要配加石英？

21. 合成炉贫化区为什么要配加块煤？

22. 合成炉某班，由于精矿风根秤波动，合成炉出现"生料"，炉长下令将反应塔氧量控制打到手动，并增加了 $1000\text{m}^3/\text{h}$ 的氧量（标态）。请你分析炉长采取的措施是否正确，为什么？

23. 某班合成炉炉冰铜面测得为 720mm，冰铜温度 1215℃，但炉前排放流动性不好，且有锈口子现象。请你分析造成排放困难可能的原因？

24. 合成炉中控室接班后发现电极在下限工作，为保证电极工作正常立即将电极压放 200mm，请你分析中控室采取的措施正确与否，为什么？

25. 中控室工发现合成炉沉淀池负压为 -30Pa，但贫化区负压为 +60Pa，请分析原因，如何处理？

26. 检测沉淀池熔体面 1.4m，贫化区 1.25m，请分析出现这种情况的原因。

27. 乙班接班炉助测量炉底冻结层为 150mm，查看甲班接班记录的冻结层为 280mm。请帮助分析原因，如何处理？

28. 转炉、阳极炉正常生产，但合成炉铜面居高不下，请分析原因，如何处理？

29. 合成炉在放渣过程中，出现流动性差，测量渣温为 1295℃，请分析原因，如何处理？

30. 合成炉冰铜目标品位为 60%，当班冰铜取样荧光分析结果如下 Cu：56.5%，1 冰铜口测量铜温为 1210℃。根据以上分析、测量结果，如何对参数进行调整？为什么？

31. 干精矿成分荧光分析结果：Cu：25.26%、S 32.43%、Zn 1.65%、Sb 0.16%。请问是否正常，为什么？采取何应对措施？

32. 正常生产过程中冰铜品位在投料量和氧单耗等参数未做调整的情况下持续下滑，请分析原因。如何处理？

33. 请对比分析合成炉熔炼与矿热电炉相比有何优点，分别体现在哪些方面？

34. 检测合成炉铜面600mm，但炉前两个口子见渣，请分析原因，如何解决？

35. 合成炉余热锅炉烟灰出现持续烟灰发红现象，请分析原因，如何解决？

36. 合成炉风根秤投料量设定100t/h，测得刮板料层厚度为230mm、235mm，请分析原因，炉况控制应采取哪些措施？

37. 某班合成炉110t/h投料，1精矿风根秤突然跳车，盘车后仍无法开启，请分析原因，合成炉应该如何操作？

38. 合成炉升温复产后，炉助将5油枪雾化风关闭后，去炉底倒风。请分析操作失误在哪里，这样会造成什么后果？

39. 由于合成炉炉后渣车需1h才能到达，合成炉渣面已经达到1380mm，此时合成炉投料量为110t/h，可以采取哪些措施避免合成炉停料。

40. 合成炉炉底冻结层最佳控制范围是多少？冻结层过高、过低会造成什么影响？

41. 合成炉停料点检时，如何判断反应塔油枪燃烧是否正常，出现故障如何处理？

42. 某班送两个冰铜样去荧光化验，化验结果冰铜1：Cu：59.5%；Fe：19%；S：21.8%；冰铜2：Cu：59.2%；Fe：13.5%；S：17.5%；请分析这两个冰铜样化验数据是否合理？为什么？

转　炉

一、填空题

1. 使用压缩风对水管吹扫前，确认水管的管线及阀门_____符合设计要求。

2. 使用压缩风对水管吹扫时，接通压缩风_____软化水供水总阀。

3. 进行排烟收尘系统试车时，按要求调整_____，满足炉膛负压要求。

4. 进行排烟收尘系统试车时，控制室严密监视_____情况，并记录各种条件的参数。

5. 进行环保系统试车时，打开全部系统_____情况。

6. 进行环保系统试车时，对各个系统用风点、支管和总管进行风量和_____测试。

7. 进行环保系统试车时，试车要求详细确认各个环保用风点的_____是否正常。

8. 烘炉条件判定包括，是否对所有设备进行单体试车和_____，达到安全正常运转的要求。

9. 转炉烘炉时，首先检查重油、雾化风管线是否完好，安装好油枪和_____。

10. 油枪燃烧稳定后，根据_____和热电偶所测温度，适时调整油量。

11. 试生产要严格按照_____规程进行。

12. 试生产初期炉温较低，可适当_____吹炼温度。

13. 为保证系统的正常运行和产出合格的产品，要及时对_____进行调整。

14. 加料的原则是勤加、_____、均匀加入、根据炉况加。

15. 用_____和棉纱引火、然后进行烘烤。

16. 烘炉时用小油、_____进行烘烤。

17. 试生产条件判断的内容包括，要求操作人员是否经过_____就位。

18. 试生产条件判断的内容包括，要求炉体升温曲线是否达到_____。

19. 试生产前要检查炉体的膨胀状况、炉体温度的升温状况、_____状况，判断是否可以进料。

20. 试生产时要派人监护炉体，发现异常及时_____。

21. 生产时要及时进料，避免空烧炉子而_____。

22. 为了保证炉窑长时间的安全运行，需要及时进行_____，以便对损坏部位进行更换。

23. 由于检修分炉体检修和_____检修，故停炉也分两种情况。

24. 停炉一般特指炉体及_____检修时的停炉。

25. 炉体拆除时，首先确定炉子大修还是_____，按要求进行炉体拆除。

26. 烘炉过程中为使炉衬受热均匀，防止局部过热，应及时_____。

27. 烘炉过程中油枪燃烧稳定后，根据升温曲线要求和_____所测温度，适当调整油量。

28. 铜中杂质含量越高，电导率_____。

29. _____是火法冶炼生产实践过程的重要环节。

30. 开炉工作做得好，对于冶金炉窑的正常生产以及_____起着至关重要的保障作用。

31. 为保证合理升温，要求严格按所用_____的升温曲线进行升温。

32. 开风过程中入炉风压大于_____后，控制工合事故开关。

33. 冷料、石英采用_____计量。

34. 铜是人类发现和使用最早的金属之一。在古代，人们最初发现和使用的可能是_____。

35. 铜能与锌、锡、镍互熔，组成一系列不同特性的_____。

36. 铜具有_____个价电子，能形成_____价和二价铜的化合物。

37. 铜的原子序数为 29，相对原子质量为_____。

38. 铜在空气中加热至 185℃开始氧化生成氧化亚铜，其颜色是_____。

39. 铜具有良好的导电、_____和良好的延展性能。

40. 开炉需要的燃料包括：木材、焦炭、_____。

41. 烤炉使用的重油内要求不得含_____。

42. 在冶炼炉窑点火烘炉时，必须对系统进行单体试车及_____试车。

43. 烘炉时一般将测温热电偶装在烘烤温度最高、_____的部位。

44. 烘炉时将炉膛温度达到重油闪点上，利用重油按_____升温至 1000℃以上。

45. _____是在烘炉完毕后，炉内温度达到作业要求时投料进行的摸索性生产。

46. 转炉试生产时通过调度与_____进行确认外部系统试车正常。

47. 转炉放渣时，应确保炉口_____。

48. 转炉的生产记录包括_____和工艺设施运行记录。

49. 在吊加热料时，要缓慢谨慎，必须由_____指挥进行。

50. 转炉加冷料前确保冷料_____、无水、无油。

二、判断题

1. 检查水管密封状况时，在焊口刷肥皂水，冒气泡为合格。（　）

2. 使用压缩风对水管吹扫时，接通压缩风，打开软化水供水总阀。（　）

3. 收尘部门随时注意电收尘进出口温度、负压等仪表是否正常，并按照生产要求记录进行记录。（　）

4. 转炉炉衬检修结束后立即进行烘炉。（　）

5. 转炉在烘烤温度达到600度以上就可以进行吹炼操作。（　）

6. 停炉是只要四周无积水即可，可以允许有油。（　）

7. 停炉前组织人员检查照明，若不够及时添加。（　）

8. 无论大修还是中修，对炉衬的拆除是一样的。（　）

9. 辅助系统检修时，只需将检修炉窑保温即可。（　）

10. 烘炉期间，用大火直接提温，这样烘烤速度较快。（　）

11. 烤炉时，只要将油量稳定即可，不需要调节油量。（　）

12. 只有炉体升温曲线达到目标值时，方可进行试生产作业。（　）

13. 试生产时，要求岗位人员进行相关培训。（　）

14. 试生产时，出现异常情况时，立即启动事故预案处理。（　）

15. 停炉时，可将氧气瓶放在炉窑四周。（　）

16. 停炉后组织人员进行炉衬拆除及配合进行筑炉和相关设备设施的检修。（　）

17. 炉体拆除时，不需要设置安全警戒线，因为大家都知道。（　）

18. 炉体拆除后，及时清理炉内砖体、杂物及现场，为砌炉做好准备。（　）

19. 发生工艺事故后，岗位人员自行处理。（　）

20. 各种水冷件可以直接安装使用。（　）

21. 各种水冷件注满水后，若不漏水证明符合要求。（　）

22. 进行事故分析时，只需分析人、物、环境三方面。（　）

23. 炉长可根据火焰、热样断面等进行判断，是否达到出炉条件。（　）

24. 发现漏水无法处理时，自行关闭阀门即可。（　）

25. 冷却水岗位必须熟悉所属岗位冷却水管路的走向，阀门位置及用途。（　）

26. 炉窑检修的性质和范围不同，但是开炉的周期和方式相同。（　）

27. 故障开炉是指冶金炉窑本体发生意外故障被迫停炉抢修后的开炉。（　）

28. 小修开炉是指冶金炉窑本体完好，而相关辅助发生故障或计划检修后的开炉，一般小修时间长，开炉过程简单。（　）

29. 烘炉前必须认真检查炉内是否有掉砖、下沉、塌落现象，并将风眼中的镁粉及杂物清理干净。（　）

30. 排烟系统故障主要指烟道堵塞排烟不正常。（　）

31. 当控制系统故障时应立即停止生产。（　）

32. 余热锅炉发生故障时，依据情况严重程度不同，决定暂时维持吹炼、立即停吹或倒炉操作。（　）

33. 控制系统故障时指正常生产过程中计算机系统、控制操作台出现局部或全系统突发性

故障。（　　）

34. 余热锅炉故障时指余热锅炉排烟收尘效果差。（　　）

35. 烘炉过程中为保证炉衬砌体受热均匀，防止局部过热，应及时转动炉子。（　　）

36. 烘炉升温过程温度要稳定上升，必要波动过大，避免停风、停油故障发生，以免耐火衬砖因温度突变而爆裂。（　　）

37. 渣造好或吹炼至终点停风前，只需转动炉体，将风眼区转出熔体面即可。（　　）

38. 筛炉期间炉长随时注意火焰变化情况，根据经验判断终点，从炉口取样，送荧光分析。（　　）

39. 当通过火焰、热样断面、荧光分析结果最终确认，由炉长助理决定出炉。（　　）

40. 放渣前，由炉长助理检查渣包。（　　）

41. 转炉的投入、产出物料采用不同的计量方式。（　　）

42. 转炉投入、产出的流体物质，如烟气量、风量等不需要计量。（　　）

43. 三级安全教育是指厂、车间、班组三级安全教育。（　　）

44. 每次上岗前由班组长对本班职工进行安全教育。（　　）

45. 新工人入厂及离岗职工上岗前必须实行三级安全教育。（　　）

46. 环境污染是指生产过程中排入环境的有毒物质超出环境的自净能力，从而使环境恶化，有害于人类生产和健康的现象。（　　）

47. 设备润滑图表主要包括：润滑部位、润滑材料、润滑期限、润滑负责人。（　　）

48. 转炉炉口的放渣宽度不小于 200mm。（　　）

49. 转炉炉口的放渣厚度不大于 100mm。（　　）

50. 在打炉口时，不需要炉长的配合，打炉口操作工自行作业。（　　）

三、选择题

1. 检查配水管密封情况时，要求风压在（　　）稳定后，刷肥皂水检测。
   A. 0.2~0.3MPa　　　B. 0.3~0.4MPa　　　C. 0.4~0.48MPa　　　D. 0.48~0.58MPa

2. 确认系统试水正常后，循环（　　）小时，仪表专业人员负责标定流量。
   A. 1　　　　　　　B. 2　　　　　　　C. 3　　　　　　　D. 4

3. 转炉炉衬检修结束（　　）小时后进行烘炉。
   A. 2　　　　　　　B. 4　　　　　　　C. 6　　　　　　　D. 8

4. 当烘炉温度达到（　　）以上就可以联系要料。
   A. 500℃　　　　　B. 600℃　　　　　C. 800℃　　　　　D. 1000℃

5. 试生产初期炉温（　　），可适当提高吹炼温度。
   A. 较低　　　　　B. 一般　　　　　C. 较高　　　　　D. 无变化

6. 不同的冶金炉窑所设立的岗位（　　）。
   A. 相同　　　　　B. 不同　　　　　C. 不完全相同　　　　D. 可能会不同

7. 加料岗位的原则是（　　）。
   A. 少加　　　　　B. 勤加　　　　　C. 均匀加　　　　　D. 勤加、少加、均匀加

8. 炉内负压的大小，可通过调节蝶阀的开闭和调节排烟机的（　　）来控制。
   A. 额定功率　　　B. 叶轮大小　　　C. 工作电流　　　D. 形状大小

9. 冷却水岗位人员发现断水时，应（　　）处理。
   A. 立即逃跑　　　　　　　　　　B. 立即通知班长及有关人员
   C. 交下班处理　　　　　　　　　　D. 隐瞒

10. 下列不属于确认粗铜合格的方式是（　　）。
    A. 火焰　　　　B. 热样端面　　　　C. 温度　　　　D. 荧光分析

11. 辅助系统检修时，检修炉窑（　　）。
    A. 彻底停炉　　B. 保温　　　　C. 自然冷却　　D. 强制冷却

12. 停炉前炉体周围允许放的物品是（　　）。
    A. 灭火器　　　B. 氧气瓶　　　C. 氧气带　　　D. 汽油

13. 停炉作业包括（　　）和停炉两个过程。
    A. 加料　　　　B. 放渣　　　　C. 洗炉　　　　D. 放铜

14. 工艺检查不包括（　　）。
    A. 工艺原始记录　B. 炉体运行情况　C. 设备点检记录　D. 排烟系统状况

15. 设备检查不包括（　　）。
    A. 设备点检记录　　　　　　　　B. 工艺条件情况
    C. 机电设备运行情况　　　　　　D. 设备维护润滑情况

16. 下列不属于事故分析的方面（　　）。
    A. 人　　　　　B. 环境　　　　C. 待遇　　　　D. 物

17. 下列不属于安全环保设施的是（　　）。
    A. 排烟风机　　B. 旋涡收尘　　C. 电收尘　　　D. 冰铜包

18. 转炉炉口结块较大，其厚度超过（　　）mm 时必须清理炉垢。
    A. 400　　　　B. 300　　　　C. 200　　　　D. 100

19. 转炉炉口的放渣宽度不小于（　　）mm。
    A. 400　　　　B. 300　　　　C. 200　　　　D. 100

20. 转炉炉口的放渣厚度不大于（　　）mm。
    A. 400　　　　B. 300　　　　C. 200　　　　D. 100

21. 烘炉使用的燃料主要是（　　）。
    A. 木柴和重油　B. 汽油和重油　C. 木柴和汽油　D. 棉纱和重油

22. 大修烘炉时间为（　　）h 以上。
    A. 48　　　　　B. 8　　　　　C. 72　　　　　D. 20

23. 烘炉在（　　）℃以上可以联系进料。
    A. 840℃　　　B. 1000℃　　　C. 1200℃　　　D. 1250℃

24. 正常情况下，出炉停风，停风（　　）min 内，控制工降排烟机负荷为 0，并确认。
    A. 15　　　　　B. 10　　　　　C. 20　　　　　D. 5

25. 当炉温高时，应加入（　　）继续吹炼。
    A. 石英　　　　B. 冰铜　　　　C. 冷料　　　　D. 冰铜和冷料

26. 氧化亚铜熔点为（　　）℃。
    A. 1060　　　　B. 1200　　　　C. 1235　　　　D. 1400

27. 在足够硫的存在的条件下，铜均以（　　）形态存在。

A. CuO   B. CuS   C. Cu_2S D. Cu_2O

28. 天然铜通常呈（　　）。

     A. 玫瑰色   B. 棕红色   C. 紫绿色或紫黑色   D. 玫瑰色或金黄色

29. 铜在空气中加热至（　　）始氧化，表面生产暗红色氧化亚铜。

     A. 250℃   B. 350℃   C. 800℃   D. 185℃

30. 对烤炉木材必须要求干燥，且长度控制在（　　）。

     A. 1～2m   B. 1.5～2.5m   C. 2～3m   D. 3～3.5m

31. 烤炉使用的焦炭粒度控制在（　　）。

     A. 10～20mm   B. 30～40mm   C. 20～40mm   D. 40～50mm

32. 转炉烘炉包括（　　）。

     A. 木材和重油烘炉   B. 木材和电阻丝烘炉

     C. 重油和电弧电阻烘炉   D. 电阻丝和电弧电阻烘炉

33. 根据铜化合物的性质，铜矿物分为（　　）。

     A. 自然铜、硫化矿和氧化矿   B. 自然铜、硫化矿

     C. 自然铜和氧化矿   D. 硫化矿和氧化矿

34. 烘炉的主要作用是排除衬体中的（　　）获得高温使用性能。

     A. 游离水   B. 化学结合水

     C. 游离水和化学结合水   D. 纯净水

35. 铜矿物在自然界分布最广的为（　　）。

     A. 自然铜   B. 硫化矿   C. 氧化矿   D. 铜镍矿

36. 铜在（　　）行业用途最广泛。

     A. 机械制造   B. 国防工业   C. 电气工业   D. 医药行业

37. 铜在空气中加热至（　　）时，开始氧化生成氧化亚铜。

     A. 115℃   B. 108℃   C. 185℃   D. 245℃

38. 取样的原则是（　　）。

     A. 稳、准、狠   B. 快、准、稳   C. 快、稳、狠   D. 快、准、狠

39. 下列不能将氧化亚铜还原成金属的是（　　）。

     A. 氢气   B. 一氧化碳   C. 碳   D. 氮气

40. 转炉烘炉时烤炉制度中保温温度是（　　）的温度。

     A. 炉体表面   B. 衬体工作面   C. 炉口温度   D. 重油温度

41. 烘炉完毕后，油枪孔用（　　）糊好。

     A. 泥土   B. 黄泥   C. 镁粉   D. 电极糊

42. 转炉入炉物料可有（　　）。

     A. 固体   B. 液体   C. 固体或液体   D. 液体和气体

43. 转炉在进热料具备开风条件时，吹炼（　　）min 加石英继续吹炼。

     A. 2～5   B. 10～15   C. 5～10   D. 15～20

44. 转炉吹炼的炉温控制在（　　）。

     A. 1100～1150℃   B. 1150～1230℃

     C. 1230～1300℃   D. 1300～1400℃

45. 转炉造渣温度控制在（　　）。
　　A. 1100～1150℃　　　　　　　　　B. 1150～1230℃
　　C. 1200～1230℃　　　　　　　　　D. 1300～1400℃
46. 转炉造铜温度控制在（　　）。
　　A. 1100～1150℃　　　　　　　　　B. 1150～1230℃
　　C. 1200～1230℃　　　　　　　　　D. 1230～1250℃
47. 转炉炉口结块较大，其厚度超过（　　）时必须清理炉口。
　　A. 400mm　　　　B. 300mm　　　　C. 200mm　　　　D. 100mm
48. 转炉炉口的放渣宽度不小于（　　）。
　　A. 400mm　　　　B. 300mm　　　　C. 200mm　　　　D. 100mm
49. 转炉炉口的放渣厚度不大于（　　）。
　　A. 400mm　　　　B. 300mm　　　　C. 200mm　　　　D. 100mm
50. 转炉炉口不合格时，使用（　　）进行糊补。
　　A. 黄泥　　　　　B. 镁泥　　　　　C. 红泥　　　　　D. 电极糊

四、简答题

1. 系统试车包括哪些内容？
2. 电器控制部分试车的内容主要包括那些？
3. 环保系统试车的内容包括哪些？
4. 试生产时该如何操作？
5. 协调生产作业的内容有哪些？
6. 组织进行工艺检查的内容包括哪些？
7. 安全环保设施主要有哪些？
8. 常见工艺事故的处理程序是什么？
9. 水冷件在使用前如何进行水压试验？
10. 水冷件在使用前进行水压试验的目的。
11. 简述开炉的种类。
12. 简述开炉步骤。
13. 简述在用重油烘炉前，先采用木柴烘炉的主要作用。
14. 简述试生产的目的。
15. 简述转炉试生产的注意事项。
16. 简述转炉生产过程。
17. 简述出炉操作。
18. 当控制系统故障时应如何处理？
19. 如何控制生产现场环境污染？
20. 进料开风后，在什么情况下才可以合事故开关？

五、综合题

1. 开炉之前进行烘炉的目的和意义？转炉烤炉程序是什么？

2. 安全环保设施主要有哪些，工作状态该如何判定？

3. 试生产作业程序是什么？

4. 生产现场环境主要污染物有哪些；如何控制生产现场的污染，保证职工的身体健康。

5. 烘炉具体有哪些要求？

阳 极 炉

一、填空题

1. 铜的_____含量越少，其电导率越_____。

2. 铜在熔点时的蒸气压很_____，为_____Pa，因此铜在火法冶炼温度条件下_____挥发。

3. 碱式碳酸铜_____的化学式为_____。

4. 由于铜熔体能_____气体，因此在液体凝固的时候气体_____，造成铜铸件结构_____。

5. 白铜（Cu-Ni）有较高_____和_____。

6. 铜易于_____和_____。

7. 硫酸铜在自然界中以_____形态存在，其化学式为_____。

8. 黄铜_____富有_____性。

9. 目前，铜以自然形式存在的矿物主要是_____和_____。

10. 铜矿石或精矿提取铜，有_____和_____两种方法。

11. $CuCl_2$ 易_____，_____溶于水。

12. 黏土质耐火材料的主要成分为_____和_____。

13. 在同样的过热温度下，酸性渣的黏度比碱性渣的黏度_____。

14. 使用 1 支氧枪氧化时枪位控制在_____。

15. 温度_____有利于提高渣锍间的界面张力。

16. 铜在常温_____的密度是_____。

17. C 不完全燃烧生成可燃性气体_____。

18. 铜在熔点_____时的蒸气压为_____。

19. 耐火材料的热膨胀越大，热震稳定性越_____。

20. 铜在元素周期表中属于第一_____族的元素。

21. 铜的原子序数为_____。

22. 铜能形成_____价和_____价化合物。

23. 铜在空气中加热至_____℃时开始_____。

24. 炉衬在高温阶段脱水主要脱出的是_____。

25. 硫化铜（CuS）在自然界中以_____矿形态存在。

26. 硫化亚铜（Cu_2S）在自然界中以_____矿形态存在。

27. 世界铜产量的 90% 来自_____矿。

28. 烘炉的目的是通过对衬体的烘烤，将耐火材料中的_____排除，使耐火材料逐步完成晶格变形，完成膨胀过程。

29. 铜在含有 CO_2 的_____空气中易生成一层_____。

30. 阳极炉烤炉改用重油烘炉时，应以每小时上升_____的速度升温至_____。

31. 铜不溶于_____和没有溶解_____的硫酸中，只有具有_____作用的酸中才能溶解。

32. 试生产是在烘炉完毕后，炉内温度达到作业要求时投料进行的_____。

33. 阳极炉中修烘炉 500℃ 的恒温时间不少于_____小时。

34. 铜是一种_____、_____、具有良好_____性能的金属。

35. 铜是_____和_____的良导体。

36. 天然铜是_____色或_____色的"石块"。

37. 铜在空气中加热至185℃时开始氧化，表面生成_____色的。

38. 由于铜对硫的亲和力_____，在有足够_____存在的条件下，铜均以_____的形态存在。

39. 把 Cu_2O 继续加热至350℃时，表面生成_____色的。

40. 铜在空气中加热至_____℃时开始氧化，表面生成暗红色的_____。

41. 把 Cu_2O 继续加热至350℃时，表面生成_____的_____。

42. CuO 不稳定在空气中加热至_____℃开始分解，生成_____和_____。

43. CuO 易被 H_2、CO、C 等还原成_____。

44. Cu_2O 在低于1060℃的空气中，部分氧化成_____。

45. CuS 是不稳定化合物，在加热到500℃时分解为_____和_____。

46. CuS 是不稳定化合物，在加热到_____℃时分解为 Cu_2S 和 S。

47. 在足够硫存在的条件下，铜均以_____形态存在。

48. 通常将氧化物用 C 还原称为_____还原，而氧化物用 CO 和 H_2 还原称为_____还原。

49. _____若与_____及其他金属硫化物共熔，即结合成冰铜。

50. $CuCl_2$ 很不稳定，隔绝空气加热到340℃时，分解为_____和_____。

51. 铜可以经过_____、_____、_____等而制成武器、工具。

52. 铜具有良好的延展性能，易于_____和_____。

53. 铜中杂质含量影响其导电性能，杂质含量越高，电导率越_____。

54. 铜中杂质含量影响其导电性能，杂质含量越_____，电导率越高。

55. 铜在熔点时的蒸气压很_____，因此铜在火法冶炼的温度条件下很难_____。

56. 铜液体凝固时，溶解的_____从铜中_____，造成铜铸件不致密。

57. 铜能与_____、_____、_____互溶，组成一系列不同特性的合金。

58. 铜在含有_____的_____空气中，易生成铜绿。

59. 铜绿有_____，故纯铜不宜做_____器具。

60. 铜不溶解于_____酸和没用溶解_____的硫酸中。

61. 铜可溶于_____、_____、_____、_____、_____以及_____中。

62. 铜能与_____、_____、_____等元素直接化合。

63. 氧化亚铜在自然界中以_____形态存在，根据_____大小不同，_____各异，组织致密呈_____色，粉末状的则为_____色。

64. 氧化亚铜不溶于水，但溶于_____、_____、_____、_____等熔剂，这是氧化矿湿法冶金的基础。

65. 硫化亚铜在自然界中以_____矿的形态存在，在高温下相当_____。

66. 铜的铁酸盐有两种形态，即_____和_____，前者在低温下_____，后者在_____℃以上稳定。

67. 铜的硅酸盐在自然界中以_____形态存在，这些矿物在高温下分解出_____和_____，形成高温下稳定的_____。

68. 硅酸亚铜可溶于_____、_____中。

69. 铜的碳酸盐在自然界中以_____和_____的矿物形态存在，这两种化合物加热至_____℃以上时完全分解为_____、_____、_____。

70. 硫酸铜在自然界中以胆矾的矿物形态存在，胆矾呈_____色，失去结晶水后变成_____色粉末，硫酸铜_____溶于水，其溶解度随温度的升高而_____。

71. 铜的氯化物有_____和_____两种。

72. 氯化铜很不稳定，隔绝空气加热至 340℃ 时离解成_____和_____，在_____℃时显著挥发。

73. 氯化亚铜几乎不溶于水，但溶于_____及_____的溶液中。

74. 铜是一种具有广泛用途的金属，其应用范围仅次于_____和_____。

75. 铜具有优良的_____性能和良好的_____性能，在干燥的空气中有较强的_____性能。

76. 铜合金广泛地用在制造_____和_____铸件、_____性和_____性零件。

77. 我国各类铜矿山年生产能力约_____万吨，而铜的冶炼能力在_____万吨以上，加工能力在_____万吨以上。

78. 铜在地壳中的含量约为_____。

79. 根据铜化合物的性质，铜矿物分为_____、_____、_____三种类型。

80. 具有开采价值的_____称为铜矿石，目前工业生产上开采的铜矿石，其最低品位为_____。

81. 硫化铜矿石中，除了铜的硫化物外，最常见的其他金属矿物有_____矿、_____矿、_____矿、_____矿等。

82. 氧化铜矿石中，常见的其他金属矿物有_____矿、_____矿、_____矿等及其他金属的氧化物。

83. 铜矿石中的脉石矿物，主要是_____，其次为_____、_____、_____等。

84. 冶炼方法分湿法和火法，采用哪种方法决定于矿石的_____和_____、_____、_____诸因素。

二、单项选择题

1. 铜在含有（　　）的潮湿的空气中，易生成使铜不再腐蚀的保护膜。

  A. CO_2　　　　　B. O_2　　　　　C. CO　　　　　D. HN_4

2. 黄铜是（　　）合金。

  A. Cu-Zn　　　　B. Cu-Sn　　　　C. Cu-Ni　　　　D. Cu-Fe

3. 自热熔炼过程中石英石的熔化是靠（　　）。

  A. 化学侵蚀　　　B. 高温　　　　C. 熔体冲刷　　　D. 溶解

4. 铜不溶解于下列哪种溶液（　　）。

  A. 王水　　　　　B. 氨水　　　　C. 盐酸　　　　D. 硫酸铁

5. 粉末状的氧化亚铜颜色为（　　）。

  A. 暗红色　　　　B. 樱红色　　　　C. 黑色　　　　D. 洋红色

6. 阳极炉烘炉，炉膛温度达到（　　）可投料生产。

  A. 1200℃　　　B. 1300℃　　　C. 1250℃　　　D. 850℃

7. 铜在地壳中的含量约占（　　）。

  A. 0.01%　　　B. 0.08%　　　C. 0.1%　　　D. 0.005%

8. 目前工业上开采的铜矿石，其最低品位为（　　）。

  A. 0.2%　　　　B. 0.6%　　　　C. 0.8%　　　D. 0.4%

9. 一般铜的火法冶金步骤中，二次铜精矿自热熔炼属于步骤中的（　　）一部分。

  A. 造硫熔炼中　　B. 冰铜吹炼　　　C. 物理化学变化

10. 黏土砖的软化点为（　　）。

  A. 1200℃　　　B. 1500℃　　　C. 1350℃　　　D. 1400℃

11. 阳极炉精炼过程中，物料发生（　　）。

  A. 物理变化　　　B. 化学变化　　　C. 物理化学变化

12. 中修的阳极炉烘炉时间是（　　）。

  A. 80h　　　　　B. 48h　　　　　C. 84h　　　　　D. 90h

13. 铜是一种（　　）色、柔软、具有良好延展性能的金属。

  A. 玫瑰红　　　　B. 银白　　　　C. 暗红　　　　D. 灰黑

14. 黄铜是（　　）合金。

  A. Cu-Zn　　　　B. Cu-Sn　　　　C. Cu-Ni　　　　D. Cu-Fe

15. 铜的密度比渣的密度（　　）。

  A. 大　　　　　　B. 小　　　　　C. 一样

16. 铜在空气中加热至185℃时，开始氧化，表面生成（　　）色的 CuO_2。

  A. 暗红　　　　　B. 黑色　　　　C. 玫瑰红　　　D. 绿色

17. CuO_2 继续加热至（　　）℃以上时，表面生成黑色的 Cu_2O。

  A. 150　　　　　B. 350　　　　　C. 400　　　　　D. 520

18. 二次铜精矿属于（　　）。

  A. 矿石　　　　　B. 冰铜　　　　C. 粗铜

19. Cu_2O 的熔点为（　　）。

  A. 1020℃　　　B. 1130℃　　　C. 1285℃　　　D. 1235℃

20. 炉渣中 Fe_3O_4 含量升高，将使炉渣熔点黏度（　　）。

  A. 增大　　　　　B. 降低　　　　C. 不变

21. 阳极炉大修后木柴烘炉时间不少于（　　）h。

    A. 56　　　　　　　B. 48　　　　　　　C. 36　　　　　　　D. 40

22. 铁酸亚铜在（　　）℃以上稳定。

    A. 900℃　　　　　B. 1100℃　　　　　C. 1050℃　　　　　D. 1200℃

23. 自热熔炼的除硫过程主要通过（　　）。

    A. 氧化　　　　　　B. 蒸发　　　　　　C. 蒸馏

24. $CuCl_2$（　　）℃时显著挥发。

    A. 230℃　　　　　B. 250℃　　　　　C. 390℃　　　　　D. 410℃

25. 以下哪些不是铜的用途（　　）。

    A. 输电线路　　　B. 制作餐具　　　C. 制作换热器　　　D. 制造飞机部件

26. 阳极炉精炼过程吹入的气体为（　　）。

    A. 压缩空气　　　B. 氮气　　　　　C. 氧气

27. 金川公司所产的二次铜精矿含 S 为（　　）。

    A. 12%　　　　　B. 21%　　　　　C. 15%　　　　　D. 8%

28. 烘炉时的木柴长度控制在（　　）。

    A. 0.5~1m　　　B. 1~1.5m　　　C. 1.5~2m　　　D. 2~3m

29. 阳极炉水冷系统采用（　　）。

    A. 自然冷却　　　B. 强制冷却　　　C. 汽化冷却

30. 烘炉时严格控制烘炉温度，温度波动范围为（　　）。

    A. ±100℃　　　　B. ±50℃　　　　　C. ±150℃　　　　D. ±200℃

31. 阳极炉透气砖系统通入的气体是（　　）。

    A. 压缩空气　　　B. 氮气　　　　　C. 氧气

32. 阳极炉炉膛采用的耐火材料为（　　）。

    A. 铬镁砖　　　　B. 黏土砖　　　　C. 高铝砖

33. 阳极炉二次燃烧室采用的耐火材料为（　　）。

    A. 铬镁砖　　　　B. 黏土砖　　　　C. 高铝砖

34. 铜的熔点为（　　）℃。

    A. 980　　　　　B. 1083　　　　　C. 1120　　　　　D. 1200

35. 重油的主要成分是（　　）。

    A. 氧　　　　　　B. 氢　　　　　　C. 碳氢化合物

36. 铜熔体不能溶解下列哪些气体（　　）。

    A. N_2　　　　　B. H_2　　　　　C. O_2　　　　　D. SO_2

37. 铜元素具有（　　）个价电子。

    A. 1　　　　　　B. 2　　　　　　C. 3　　　　　　D. 4

38. 石英石的主要成分是（　　）。

    A. CaO　　　　　B. $CaCO_3$　　　　C. SiO_2

39. 氧化铜不会被（　　）还原成金属铜。

    A. H_2　　　　　B. C　　　　　　C. CO　　　　　D. N_2

40. 冰铜的主要成分是（　　）。

　　A. Cu_2S　　　　B. FeO　　　　C. CuO　　　　D. Cu_2O

41. 重油温度越高，黏度越（　　）。
　　A. 大　　　　B. 小　　　　C. 不变

42. 阳极炉大修烘炉结束后，投料前，需要对炉体衬砖进行（　　）作业。
　　A. 检查　　　　B. 挂渣　　　　C. 保温　　　　D. 渗铜

43. 胆矾（$CuSO_4 \cdot 5H_2O$）呈蓝色，失去结晶水后变成（　　）色粉末。
　　A. 蓝　　　　B. 红　　　　C. 白　　　　D. 黄

44. 通常采用（　　）吹扫氧枪重油管。
　　A. 水　　　　B. 高温水蒸气　　　　C. 氧气

45. 铜具有良好的（　　）。
　　A. 导电性　　　　B. 耐酸性　　　　C. 耐碱性　　　　D. 强度

46. 铜能与（　　）组成具有优良机械性能的合金。
　　A. 铁　　　　B. 铝　　　　C. 镍　　　　D. 锰

47. 普通耐火材料的耐火度不低于（　　）℃。
　　A. 1280　　　　B. 1380　　　　C. 1580　　　　D. 1680

48. 目前全世界利用湿法冶金获得铜的只有（　　）。
　　A. 5%　　　　B. 15%　　　　C. 40%　　　　D. 70%

49. 黏土质耐火材料的主要成分为（　　）。
　　A. Al_2O_3　　　　B. Fe_2O_3　　　　C. CaO　　　　D. Na_2O

50. 下列对润滑油的保存方法不正确的是（　　）。
　　A. 防止灰尘　　　　　　　B. 防止水分进入
　　C. 用专门的容器盛放　　　D. 可露天放置

51. 阳极炉烘炉时500℃恒温是为了除掉炉衬砖体的（　　）。
　　A. 游离水　　　　B. 物理水　　　　C. 结晶水　　　　D. 游离水和结合水

52. 我国早在（　　）多年前就已经大量生产、使用青铜。
　　A. 一千　　　　B. 两千　　　　C. 三千　　　　D. 四千

53. 在1637年，明朝的（　　）一书中就详细记载了我国在铜冶炼、铸造等方面的成就。
　　A. 《天工开物》　B. 《梦溪笔谈》　C. 《镜花缘》　　D. 《资治通鉴》

54. 天然铜在摩擦和刻画处会呈现（　　）色。
　　A. 绿　　　　B. 黑　　　　C. 红　　　　D. 黄红

55. 随着（　　）的出现，在世界文化史上便标志着石器时代的结束和青铜器时代的开始。
　　A. 铜器　　　　B. 铁器　　　　C. 石器　　　　D. 木器

56. 铜中杂质含量越高，电导率越（　　）。
　　A. 高　　　　B. 低　　　　C. 不影响　　　　D. 不一定

57. 铜在液态时（1200℃）的密度为（　　）。
　　A. 4.51　　　　B. 3.89　　　　C. 7.81　　　　D. 8.16

58. 铜在熔点时的蒸气压很小，仅为（　　）Pa。
　　A. 2.81　　　　B. 3.19　　　　C. 0.63　　　　D. 1.60

59. 黄铜（Cu-Zn）富有（　　）。

    A. 延展性　　　　B. 耐磨性　　　　　C. 抗腐蚀性　　　　D. 抗氧化性

60. 青铜（Cu-Sn）富有（　　）。

    A. 延展性　　　　B. 耐磨性　　　　　C. 抗腐蚀性　　　　D. 抗氧化性

61. 铜在元素周期表中是属于第（　　）副族的元素。

    A. 一　　　　　　B. 二　　　　　　　C. 三　　　　　　　D. 四

62. 铜在空气中加热至（　　）℃时开始氧化，表面生成暗红色的 Cu_2O。

    A. 130　　　　　B. 145　　　　　　C. 185　　　　　　D. 226

63. 铜在空气中加热至350℃时，表面生成（　　）色的 CuO。

    A. 黄　　　　　　B. 暗红　　　　　　C. 银　　　　　　　D. 黑

64. 铜的原子序数为（　　）。

    A. 22　　　　　　B. 18　　　　　　　C. 29　　　　　　　D. 32

65. 粉末状的氧化亚铜为（　　）色。

    A. 樱红　　　　　B. 暗红　　　　　　C. 黄绿　　　　　　D. 紫红

66. 铜系统阳极炉目前使用的固体还原剂主要成分为（　　）。

    A. 氢　　　　　　B. 灰分　　　　　　C. 碳　　　　　　　D. 碳氢化合物

67. 硫化铜在自然界中以（　　）的矿物形态存在。

    A. 铜蓝　　　　　B. 白铜　　　　　　C. 赤铜　　　　　　D. 紫铜

68. 硫化亚铜在自然界中以（　　）矿的形态存在。

    A. 铜蓝　　　　　B. 白铜　　　　　　C. 赤铜　　　　　　D. 辉铜

69. 胆矾失去结晶水后变为（　　）色粉末。

    A. 蓝　　　　　　B. 白　　　　　　　C. 红　　　　　　　D. 黄

70. 下列胆矾的化学式正确的是（　　）。

    A. $CuSO_4 \cdot 5H_2O$　　　　　　　　B. $CuSO_4 \cdot 4H_2O$

    C. $CuSO_4 \cdot 3H_2O$　　　　　　　　D. $CuSO_4 \cdot 2H_2O$

71. 硫酸铜易溶于水，其溶解度随温度升高而（　　）。

    A. 增大　　　　　B. 减小　　　　　　C. 不变　　　　　　D. 不一定

72. 阳极炉的进料位置为炉口方向与水平夹角（　　）。

    A. 85°　　　　　B. 70°　　　　　　C. 70°～85°　　　　D. 60°～90°

73. 阳极炉炉体的氧化位置为氧化还原管浸入熔体（　　）处。

    A. 1/4　　　　　B. 1/3　　　　　　C. 1/2　　　　　　D. 2/3

74. 阳极炉进行氧化作业时需要监控的作业参数是（　　）。

    A. 重油流量、重油压力、风量、风压

    B. 重油流量、风量

    C. 重油流量、风量、风压

    D. 重油流量、重油压力、风量、风压、风温度、烟道负压

75. 世界铜产量的90%来自（　　）。

    A. 自然铜　　　　B. 硫化铜　　　　　C. 氧化铜　　　　　D. 赤铜矿

76. 目前，工业生产上开采的铜矿石，其最低品位为（　　）。

    A. 4%～5%　　B. 0.5%～0.6%　C. 0.2%～0.3%　D. 0.4%～0.5%

77. 湿法冶金主要处理（　　）。
　　A. 氧化矿　　　　B. 硫化矿　　　　C. 自然铜　　　　D. 铜镍矿

78. 在同样的过热温度下，酸性渣的黏度比碱性渣的黏度（　　）。
　　A. 低　　　　　　B. 一样　　　　　C. 未知　　　　　D. 高

79. 无论是碱性渣或是酸性渣，当温度提高时，黏度都是（　　）。
　　A. 上升　　　　　B. 一样　　　　　C. 下降　　　　　D. 不一定

80. 液态炉渣的比重比固态炉渣的比重（　　）。
　　A. 低　　　　　　B. 一样　　　　　C. 未知　　　　　D. 高

81. 氧化物用 C 还原，温度高于（　　）℃时，CO_2 几乎全部转变为 CO。
　　A. 800　　　　　B. 1000　　　　　C. 1200　　　　　D. 500

三、多项选择题

1. 天然铜通常是（　　）色的"石块"。
　　A. 紫黑　　　　　B. 紫红　　　　　C. 紫绿　　　　　D. 黄绿

2. 铜是（　　）的良导体。
　　A. 光　　　　　　B. 电　　　　　　C. 热　　　　　　D. 声音

3. 铜是一种（　　）的金属。
　　A. 玫瑰红色　　　　　　　　　　　B. 柔软
　　C. 具有良好延展性　　　　　　　　D. 银白色

4. 铜具有良好的延展性，易于（　　）。
　　A. 铸造　　　　　B. 锻造　　　　　C. 压延　　　　　D. 热处理

5. 降低阳极粗铜中氢和二氧化硫的量应采取的措施有（　　）。
　　A. 防止过还原　　　　　　　　　　B. 严格控制浇铸温度
　　C. 还原剂 S 含量应尽量低　　　　　D. 及时扒出炉渣

6. 铜能与以下哪些金属互溶，形成合金（　　）。
　　A. 锌　　　　　　B. 锡　　　　　　C. 镍　　　　　　D. 铁

7. 白铜（Cu-Ni）具有（　　）。
　　A. 耐磨性　　　　B. 延展性　　　　C. 抗腐蚀性　　　　D. 惰性

8. 铜能形成（　　）铜的化合物。
　　A. 三价　　　　　B. 四价　　　　　C. 一价　　　　　D. 二价

9. 铜可溶于（　　）。
　　A. 氯化铁溶液　　B. 王水　　　　　C. 盐酸　　　　　D. 氨水

10. 阳极炉的传热方式有（　　）。
　　A. 传导　　　　　B. 对流　　　　　C. 辐射

11. 氧化铜易被（　　）还原成金属铜。
　　A. H_2　　　　　B. C　　　　　　C. CO　　　　　　D. C_xH_y

12. CuS 不溶于下列哪种溶液（　　）。
　　A. H_2SO_4　　　B. NaOH　　　　C. H_2O　　　　　D. KN

13. Cu_2S 可溶于下列哪种溶液（　　）。

A. $Fe_2(SO_4)_3$ B. $FeCl_3$ C. H_2O D. $CuCl$

14. 下列哪种铜的化合物在高温下稳定（   ）。

     A. 硅酸亚铜   B. 铁酸亚铜   C. 硫化铜   D. 氧化铜

15. 铜的碳酸盐在加热至220℃时分解为（   ）。

     A. Cu_2O B. CuO C. CO_2 D. H_2O

16. 铜的应用范围仅次于（   ）。

     A. 钢铁   B. 铝   C. 铅   D. 锌

17. 影响阳极板外形表面质量的因素有（   ）。

     A. 铜液含硫、铜液含氧

     B. 铜液温度

     C. 浇铸速度、圆盘运行平衡度、铜模的水平度

     D. 阳极板冷却速度、铜模质量、脱模剂

18. 铜的复合硫化矿石有哪些（   ）。

     A. 自然铜   B. 铜锌矿   C. 铜铅矿   D. 铜镍矿

19. 氧化铜矿中，常见的其他金属矿物有（   ）。

     A. 褐铁矿   B. 铜锌矿   C. 赤铁矿   D. 菱铁矿

20. 铜矿石中的脉石主要是（   ）。

     A. 石英   B. 方解石   C. 云母   D. 垂晶石

21. 金川公司经高硫磨浮选矿分离出的铜精矿成分为（   ）。

     A. 铜 68%   B. 镍 3.5% ~4.5%

     C. 硫 21%   D. 铁 3.8%

22. 在处理硫化矿石和精矿的实践中，一般采用（   ）等熔炼方法。

     A. 鼓风炉熔炼   B. 反射炉熔炼   C. 电炉熔炼   D. 闪速炉熔炼

23. 按还原剂的种类来划分，还原过程可分为（   ）。

     A. 气体还原剂还原   B. 固体碳还原

     C. 金属热还原   D. 非金属还原

24. 燃料的主要可燃成分是（   ）。

     A. CO_2 B. C C. CO D. H_2

25. 硫化矿物在高温下的化学反应分为哪几类？（   ）

     A. 硫化矿氧化焙烧   B. 硫化物直接氧化为金属

     C. 造锍熔炼   D. 硫化物与氧化物的交互反应

26. 粗金属火法精炼的产物分为哪几类（   ）。

     A. 金属-渣系   B. 金属-金属系

     C. 金属-气体系   D. 渣系-气体系

27. 设备在生产线可分为（   ）。

     A. A类设备（重点设备）   B. B类设备（主要设备）

     C. C类设备（一般设备）   D. D类设备（辅助设备）

28. 设备的维修按工作量大小和修后设备性能的恢复程度分为（   ）。

     A. 大修   B. 零修   C. 中修   D. 小修

29. 耐火材料按化学性质分为（　）。
　　A. 特质耐火材料　　　　　　B. 酸性耐火材料
　　C. 碱性耐火材料　　　　　　D. 中性耐火材料
30. 炉衬损坏的主要因素有（　）。
　　A. 机械力　　　　B. 热应力　　　　C. 化学腐蚀　　　　D. 渣侵蚀
31. 转炉烘炉时焦炭粒度符合要求的是（　）。
　　A. 10mm　　　　B. 20mm　　　　C. 30mm　　　　D. 40mm
32. 阳极炉烘炉一般分为哪几个阶段（　）。
　　A. 木材烘炉　　B. 焦炭烘炉　　　C. 氧气烘炉　　　D. 重油烘炉
33. 熔炼进料作业包括哪几个过程（　）。
　　A. 称料　　　　B. 混料　　　　C. 运输　　　　D. 进料
34. 脉石矿物中的主要成分是（　）。
　　A. SiO_2　　　B. CaO　　　C. MgO　　　D. Al_2O_3
35. 火法冶炼包括哪几个阶段（　）。
　　A. 熔炼　　　　B. 吹炼　　　　C. 精炼　　　　D. 萃取
36. 铜的氧化物有哪几种（　）。
　　A. 氧化铜　　　B. 氧化亚铜　　C. 硫化铜　　　D. 硫化亚铜
37. 阳极炉排烟方式可分为（　）。
　　A. 上排烟　　　B. 端侧排烟　　C. 炉口排烟
38. 下列二次铜精矿的水分在要求范围内的是（　）。
　　A. 7%　　　　B. 8%　　　　C. 9%　　　　D. 10%
39. 阳极炉入炉物料有（　）。
　　A. 精矿　　　　B. 粗铜　　　　C. 残极　　　　D. 石英
40. 在二次铜精矿熔炼过程中，阳极精炼炉渣中含有（　）等有价金属，必须回收。
　　A. 铜　　　　　B. 镍　　　　　C. 铁　　　　　D. 硫

四、判断题

1. 铜的杂质含量越多，其电导率越低。（　）
2. 粉末状的氧化亚铜颜色为暗红色。（　）
3. 铜在加热至185℃时开始氧化，表面生成暗红色的 Cu_2O。（　）
4. 铜可溶解于盐酸中。（　）
5. 黄铜是 Cu-Zn 合金。（　）
6. 氧化铜在自然界中以赤铜矿的形态存在，黑色无光泽。（　）
7. 氧化亚铜可溶于水。（　）
8. 铁酸铜（$CuO \cdot Fe_2O_3$）在低温下不稳定，容易分解。（　）
9. 硅酸亚铜不溶于稀硝酸中。（　）
10. $CuCl_2$ 易挥发，不溶于水。（　）
11. 炉渣的导电度 L 与面积 S 成正比，与距离 l 成反比。（　）
12. 在同样的过热温度下，酸性渣的黏度比碱性渣的黏度低。（　）

13. 无论是碱性渣或酸性渣，当过热温度提高时，黏度都是下降的。（　）

14. 温度升高不利于提高渣锍间的界面张力。（　）

15. C 不完全燃烧生成 CO，CO 为可燃性气体。（　）

16. 耐火材料的热膨胀越大，热震稳定性越好。（　）

17. 自热炉在吹炼过程中，声音越来越大，氧枪口有渣粒喷出，说明炉温高，应降低燃料。（　）

18. 硫化铜不溶于热硝酸中。（　）

19. 铜是电和热的良导体，仅次于银而居第二位。（　）

20. Cu_2S 不溶于稀盐酸中。（　）

21. 铜及其化合物无磁性。（　）

22. 铜在火法冶炼温度条件下不易挥发。（　）

23. 铜熔体不能溶解 SO_2 气体。（　）

24. 铜熔体能溶解 CO_2 气体。（　）

25. 由于铜熔体能溶解气体，因此在液体凝固的时候气体逸出，造成铜铸件结构不致密。（　）

26. 烘炉时严格控制烘炉温度，温度波动范围为 ±100℃。（　）

27. 冰铜是火法炼铜过程的中间产物。（　）

28. 不同炉窑在烘炉过程采用的材料和准备的工器具是一样的。（　）

29. 烘炉期间，低温阶段脱去的是结合水。（　）

30. 烘炉期间，热电偶安装在温度变化不明显位置。（　）

31. 烘炉期间，升温曲线只做参照，不必按其烘烤。（　）

32. 烤炉完毕后，可用黄泥糊油枪孔。（　）

33. 开炉初期，应加强设备设施的检查，防止出现意外。（　）

34. 进料前应对照炉窑对所属设备进行逐一检查。（　）

35. 进料前只对炉窑本体设施进行检查。（　）

36. 氧化期要尽量提高炉内抽力，以加强氧化。（　）

37. 铜在没有氧化作用的酸中也可以溶解。（　）

38. 胆矾（$CuSO_4 \cdot 5H_2O$）呈蓝色，失去结晶水后变成黄色粉末。（　）

39. 铜能与氧、硫、卤素等元素直接化合。（　）

40. 氧化铜易被 H_2 还原成金属铜。（　）

41. 氧化铜不溶于 $(NH_4)_2CO_3$ 中。（　）

42. 氧化铜不易与稀酸起作用。（　）

43. 不同晶粒的氧化亚铜，颜色不同。（　）

44. 硫化铜是稳定的化合物，不容易分解。（　）

45. 由于铜对硫的亲和力大，在有足够硫存在的条件下，铜均以 Cu_2S 的形态存在。（　）

46. 阳极炉大修木柴烘炉时，升温速度可控制在 50℃/h。（　）

47. 阳极炉小修烘炉时间为 24h。（　）

48. 硫酸铜易溶于水，其溶解度随温度升高而增大。（　）

49. 阳极炉精炼过程的原料是熔炼炉产出的含硫粗铜。（　）

50. 熔炼炉用检尺熔体面时，检尺在炉内停留 3s 即可将检尺提出炉口。（　）

51. 铜及其化合物有磁性。（　）

52. 固体物料不能借助吊车加入炉内。（　）

53. 选择脱模剂需要考虑脱模剂是否具有良好的疏水性。（　）

54. 进料过程炉内应尽可能地保持微负压，防止过多热量散失。（　）

55. 耐火材料的耐火度表示的是耐火材料抵抗高温的性能。（　）

56. 熔渣侵蚀不是各种炉窑中耐火材料损坏的主要原因。（　）

57. 精炼的目的是得到杂质含量在规定范围内的产品。（　）

58. 在打炉口时，需要炉长的配合。（　）

59. 在阳极炉的放渣操作中，发现炉口不合格时，用镁泥进行糊补。（　）

60. 工艺设施记录只包括进料多少和当班仪表控制情况。（　）

61. 设备运行记录中包括工艺点检卡。（　）

62. 设备运行记录中包括润滑记录。（　）

63. 吊加物料时，要缓慢谨慎，并由专人指挥。（　）

64. 铜在常温、干燥的空气中不发生化学变化。（　）

65. 纯铜可以作为食用器具。（　）

66. 铜在空气中加热至 185℃ 时，表面生成黑色的 CuO。（　）

67. 铜可溶于盐酸和没有溶解氧的硫酸中。（　）

68. 铜可溶于氨水中。（　）

69. 铜能与卤素直接化合。（　）

70. 所填写记录需要更改时，不能在错误数据上直接进行涂改。（　）

五、简答题

1. 阳极炉作业分为哪几项内容？

2. 阳极炉进料前需要检查哪些内容？

3. 重油燃烧完全的特征是什么？

4. 进料作业的注意事项是什么？

5. 写出氧化作业时监控生产作业参数的范围。

6. 氧化终点的判断方法是什么？

7. 怎么判断合格氧化样？

8. 氧化终点的标准是什么？

9. 倒渣作业的操作要求是什么？

10. 用固体还原剂进行还原作业的操作步骤是什么？

11. 还原终点的标准是什么？

12. 还原终点的判断方法是什么？

13. 怎么判断合格还原样？

14. 出炉期阳极炉铜液温度判断依据、方法、标准是怎样的？

15. 怎样控制铜液温度？

16. 怎样控制出炉期烟道负压？

17. 浇铸作业前要做哪些准备工作？
18. 铜模报废的标准是什么？
19. 阳极板浇铸作业程序包括哪些？
20. 阳极板冷却水的使用原则是什么？
21. 出炉过程如何判断铜模温度是否正常？
22. 铜模温度过高应如何解决？
23. 阳极炉开炉需要哪些材料？
24. 脱模剂稀释浓度不当或喷洒不均匀会造成什么后果？
25. 铜液温度对阳极板外观质量有何影响？
26. 写出停炉作业程序。
27. 写出阳极炉试车操作的内容。
28. 阳极炉设备点检的主要内容是什么？
29. 阳极炉炉体点检主要是哪两方面？
30. 阳极炉冷却水点检主要是哪些方面？
31. 阳极炉炉口盖点检的内容是什么？
32. 阳极炉驱动装置点检的内容是什么？
33. 圆盘设备点检的内容是什么？
34. 圆盘主体点检维护的内容是什么？
35. 定量浇铸秤检查维护的内容是什么？
36. 取板装置检查维护的内容是什么？
37. 预顶反顶装置检查维护的内容是什么？
38. 液压站检查维护的内容是什么？
39. 喷模装置检查维护的内容是什么？
40. 喷淋装置和水泵检查维护的内容是什么？
41. 排汽机检查维护的内容是什么？
42. 喷淋总进水滤网清洗作业程序是什么？
43. 在出炉结束后对喷模吸网进行清洗作业的程序是怎么样的？
44. 出炉过程中铜模的最佳温度是多少？应该如何控制？
45. 阳极炉作业过程中存在哪些危险危害因素？
46. 圆盘作业过程中存在哪些危险危害因素？
47. 怎样正确操作固体还原剂罐？
48. 用固体还原剂还原作业时正常现象是怎样的？

六、计算题

1. 已知阳极炉加入转炉粗铜95t（含铜98.5%），加入冷料5t（含铜99%），除渣5t（含铜40%），产铜阳极板94t（含铜98.5%），求回收率。
2. 已知阳极炉某周期作业中，加入粗铜100t（含铜99%），加入残极200片（含铜99.5%，30kg/片），加入废板10片（含铜98.5%，240kg/片），求该周期阳极炉加入的铜量。

3. 已知阳极炉某周期作业中，加入粗铜 100t（含铜99%），加入残极 200 片（含铜99.5%，30kg/片），加入废板 10 片（含铜98.5%，240kg/片），产出铜阳极板 100t（含铜98.5%），求直收率。

4. 已知某台熔炼炉某月处理铜精矿 4000t（含水分8%），产出含硫冰铜 2800t，炉渣 480t，试求该炉的产铜率、产渣率。

5. 已知某台阳极炉进了 4 包粗铜热料，每2h加入1包热料，在加热料期间内加残极冷料，共加 3 批冷料，每批冷料需1h，加热料结束后开始氧化，氧化时间为 1.5h，还原时间为 1.5h，该炉次共产出铜板 400 片，每小时产铜板 100 片，在作业过程中其余的操作时间忽略不计，求该炉次的作业周期。

6. 已知某阳极炉的油耗控制指标为 100kg/t 铜板，在某炉作业期内，产出铜板 400 片，其中废板有 20 片，铜板单重为 200kg/片，求该炉次的重油耗量应不大于多少？

7. 已知某炉次阳极炉还原剂消耗 2100kg，产阳极板 350 片，阳极板单重为 220kg，试求还原剂单耗。

8. 某车间五月份生产运转时间为 720h，因故障停产 45h，计算该车间故障停车率。

9. 某厂年生产总值为 400 万元，年事故损失费为 20 万元，该厂设备事故损失率是多少？

10. 某公司年计划检修设备 50 台，实际检修台数为 46 台，则该公司计划检修完成率是多少？

11. 某物料的长、宽、高分别为 20mm，5mm，5mm，计算该物料的算术平均粒度和几何平均粒度。

12. 自热炉出口烟气量（标态）为 $3600m^3/h$，到排烟机处的烟气量为 $4800m^3/h$，求漏风率。

13. 已知自热炉的吹氧强度（标态）为 $6m^3/(m^2 \cdot min)$，炉膛面积为 $2.5m^2$，求每小时吹入的氧气量。

14. 已知干精矿含 Fe 4%，湿精矿含水 8%，经自热熔炼铁全部进入炉渣。炉渣含铁为 25%，含 SiO_2 为 30%，求自热炉的溶剂率。

15. 已知某台炉窑的烟道截面积为 $0.78m^2$，测出烟气流速为 15m/s，求该烟道的烟气流量。

16. 已知某熔炼炉的床能力为 $50t/(m^2 \cdot d)$，作业率为 80%，求该炉每小时的进料量（炉膛直径为 1.8m）。

17. 已知某台炉窑熔炼过程中，每吨入炉物料熔炼出合格产品需耗氧（标态）$140m^3$，每公斤重油完全燃烧耗氧 $2.5m^3$，当入炉物料量控制为 7t/h，重油量控制为 170kg/h 时，氧量应控制为多少？

18. 已知阳极炉某周期作业中，加入粗铜 100t（含铜99%），加入残极 200 片（含铜99.5%，30kg/片），加入废板 10 片（含铜98.5%，240kg/片），产出铜阳极板 200 片后（单重200kg），因故障停止出炉，又加入粗铜 25t（含铜99%），再次出炉后产出铜阳极板 400 片（含铜99%），求该炉次直收率。

19. 某车间共拥有设备 50 台，其中完好设备 35 台，请问该车间的设备完好率是多少？

七、综合分析题

1. 阳极炉炉壳局部发红的处理方法。

2. 阳极炉炉壳大面积发红的处理方法。

3. 燃油孔发生堵塞的处理方法。

4. 氧化-还原孔不锈钢衬管堵塞或烧损的处理方法。

5. 烟罩水套发生缺水或漏水时的处理方法。

6. 某岗位人员启用燃烧枪程序如下：（1）安装好重油喷枪；（2）打开燃烧风及高压雾化风后，打开油阀开始喷油点火燃烧；完成上述作业后，发现油枪无油喷出燃烧，试分析该操作工操作是否正确，并加以解决。

7. 某岗位人员进行烧氧作业其程序如下：（1）将氧气瓶摆放炉下。（2）接上氧气胶管、烧氧管，将氧气管插入氧气带约 50mm，接通后试吹管子畅通无堵塞。（3）用电焊打弧引火引燃烧氧管。（4）炉前岗位一人进行烧氧操作。（5）烧氧结束，收拾好氧气胶管，把氧气瓶放回氧气瓶存放处。试分析上述操作是否正确，如不正确，指出可能造成的后果并加以纠正。

8. 某岗位人员取样按如下作业程序进行：（1）炉前岗位人员准备好样勺、样槽。（2）启开炉盖，调整燃烧或还原作业。（3）取样过程中将炉内负压控制至 0 ~ 10Pa，燃油控制在 400kg/h。（4）往样槽中注入铜水浇铸成样品。（5）用水冷却，一直冷却到样品能从槽中脱落出来为止。（6）样品取出后首先观察表面特征，然后再打开断面观察。试分析该操作工操作是否正确，如不正确请加以纠正。

9. 阳极板浇铸作业过程中，发现铜模黏结严重，试分析造成原因及纠正方法。

10. 阳极板浇铸过程中发现阳极板面有大量气孔，试分析造成此情况的原因并加以纠正。

11. 阳极板容易发生断裂，试分析造成此情况的原因，并说明纠正措施。

12. 阳极板浇铸时控制出炉铜液温度在 1300℃，此操作会造成什么危害，应采取什么措施。

13. 阳极炉出炉时控制炉膛负压为 –20Pa，此操作是否正确，如不正确进行纠正。

14. 阳极炉氧化作业时控制炉膛负压为 10Pa，此操作是否正确，如不正确进行纠正。

15. 阳极炉透气砖供气金属软管发生断裂时的处理方法。

16. 阳极炉透气砖旁路操作时，岗位人员在炉口进行取样作业，试分析此操作是否正确，如不正确加以纠正。

17. 岗位人员发现阳极炉某一块透气砖出现故障，其立即关闭透气砖供氮气总阀，然后汇报处理。试分析此操作是否正确，如不正确，指出存在的问题并加以纠正。

18. 阳极炉还原作业控制炉膛负压为 –70Pa，此操作是否正确，如不正确，试分析会造成什么危害，并进行纠正。

19. 阳极炉保温作业时，发现炉温较低，岗位人员采取以下措施：提高燃油量至 600kg/h，提高炉膛负压至 –120Pa，增大雾化风量及助燃风流量，试分析该操作是否正确，如不正确指出存在的错误并加以纠正。

20. 阳极炉出炉时控制炉膛负压 –25Pa，出炉铜液温度 1300℃，燃油量 500kg/h，油压 0.69MPa，重油温度 65℃，试分析岗位人员操作是否正确，如不正确，指出此操作可能造成的后果，并加以纠正。

21. 阳极炉还原作业时控制炉膛负压 –45Pa，燃油量 580kg/h，油压 0.69MPa，重油温度 165℃，试分析岗位人员操作是否正确，如不正确，指出此操作可能造成的后果，并加以纠正。

22. 阳极炉氧化作业时控制炉膛负压 45Pa，燃油量 50kg/h，油压 0.69MPa，重油温度 65℃，试分析岗位人员操作是否正确，如不正确，指出此操作可能造成的后果，并加以纠正。

23. 阳极炉还原作业时，发现氧化还原孔压板处有重油漏出，试分析造成此现象的原因，并提出处理措施。

24. 控制铸模温度高的方法。

25. 阳极炉在烘炉作业时，发现炉内砖体爆裂严重，试分析造成此情况的原因及应注意的事项。

26. 阳极板浇铸作业时，发现浇铸过程中阳极板表面出现大量麻面疙瘩，同时浇铸时模内熔体翻腾，试分析造成此情况的原因及采取的措施。

27. 阳极炉在燃烧作业时发生放炮，试分析形成原因及预防方法。

28. 阳极板浇铸时，浇铸入铜模内的铜液发生放炮，试分析造成的原因及采取的措施。

29. 阳极炉炉口水套回水管中有大量蒸汽产出，试分析造成此情况的原因。

30. 阳极炉用固体还原剂进行还原作业，观察炉口无火焰，试分析原因并采取措施。

31. 还原过程中发现重油进入蒸汽管道，试分析原因并采取措施。

32. 进料作业程序：某炉长在控制室内指挥进料操作，进料操作时控制重油流量 400kg/h，烟道负压 −100Pa，请指出该炉长操作不正确的地方，说出正确的操作程序。

33. 氧化作业程序：炉长在精炼炉氧化期作业参数控制为重油流量 600kg/h，重油压力 1MPa，重油温度 70℃，烟道负压 15Pa，氧化风压 0.18Pa，请指出该炉长操作不正确的地方，说出正确的操作程序。

34. 还原作业程序：炉长在精炼炉还原期作业参数控制为重油流量 500kg/h，重油压力 0.6MPa，重油温度 70℃，烟道负压 30Pa，氧化风压 0.2MPa，请你指出该炉长操作不正确的地方，说出正确的操作控制参数。

35. 某操作工在进行烧氧作业时，其作业程序如下：（1）将氧气瓶放在炉口下边。（2）接上氧化胶管，烧氧管，将氧气管插入氧气袋约 100mm 接通后试吹管子畅通无堵塞。（3）用电焊打弧引燃烧氧管。（4）操作工一人进行烧氧作业，一人指挥并关氧气大小，请你指出该操作工操作不正确的地方，说出正确的操作程序。

36. 某操作工进行扒渣作业时，其作业程序如下：（1）氧化作业未作业结束，将炉子转至扒渣位置进行扒渣作业。（2）用试样勺进行扒渣作业。（3）扒渣时带出大量粗铜熔体。（4）扒渣结束联系调度将渣子返给转炉。请指出该操作工操作不正确的地方，说出正确的操作程序。

37. 某操作工进行保温作业其作业参数控制为重油流量 450kg/h，重油压力 1.5MPa。重油温度 70℃，烟道负压 15Pa，氧化风压 0.18Pa，请指出该操作工操作不正确的地方，说出正确的操作控制参数。

38. 某操作工进行取样作业程序：（1）用准备好的湿样模、样勺。（2）打开炉盖调整风、油比在铜水鼓动区域内取样。（3）立即用水冷却，然后打开断面观察。请指出该操作工操作不正确的地方，说出正确的操作程序。

39. 某操作工进行出炉时铜液温度控制：（1）出炉铜液温度控制 1300℃。（2）重油流量控制在 600kg/h。烟道负压控制在 −150Pa。请指出该操作工操作不正确的地方，说出正确的操作控制参数。

40. 某操作工在进行换氧化、还原枪作业时，其作业程序如下：（1）换枪作业时提高风、油比。（2）降低炉膛负压。（3）按烧氧操作烧开喷孔 φ80mm。（4）将备好的氧化、还原枪插入喷孔，接上氧化风头并通入少量风。请指出该操作工操作不正确的地方，说出正确的操作程序。

41. 某操作工在装有透气砖的阳极炉作业时，其氧化期控制参数：（1）氮气压力 3×10^5Pa。（2）单氮气流量（标态）120L/min。（3）氧化风压 0.18MPa。（4）烟道负压 −20Pa。请指出该操作工操作不正确的地方，说出正确的操作控制参数。

42. 某操作工进行阳极板浇铸作业程序如下：（1）倾动炉体将铜液直接注入铜模内。（2）打开上、下喷淋冷却水。（3）控制铜板厚度 40mm ±4mm。（4）根据浇铸包内铜量多少，及时倾动炉体。请指出该操作工操作不正确的地方，说出正确的操作程序。

43. 某操作工进行冷却取板作业程序如下：（1）阳极板开始浇铸第一圈打开冷却水阀门。（2）在浇铸过程中，冷却区前部采用大水量，冷却区后部采用小水量。（3）阳极板到达预顶位时，板面上有少量水珠。（4）配合吊车将冷却水槽中 25 块铜板一次吊出。请指出该操作工操作不正确的地方，说出正确的操作程序。

44. 某操作工进行刷脱模剂作业程序如下：（1）运行中的冷模刷上水调脱模剂。（2）新更换的铜模直接进行浇铸。（3）顶针部位及铸模耳部可用干粉喷刷。（4）可用高压风将铸模内的积水吹扫干净。请指出该操作工操作不正确的地方，说出正确的操作程序。

45. 某操作工按如下铜模报废标准来更换不能使用的铜模：（1）已经断裂或裂缝超过 1 毫米。（2）模内表面有一些麻点。（3）顶针孔及周围无损坏。（4）铜模底部无定位孔。请说出正确的铜模报废标准。

46. 某操作工进行阳极板整形作业程序如下：（1）吊运过程中的铜阳极板飞边毛刺用手锤整形。（2）出炉前期废板与标准合格板一起摆放在规定位置。（3）配合叉车将阳极板运往下一道工序。（4）叉车一次叉阳极板 30 片。请说出正确的操作程序。

47. 某操作工进行轧制大头流槽、溜子作业程序如下：（1）将清理干净的大头流槽、溜子先浇水。（2）在大头流槽、溜子上和好镁粉。（3）将和好成糊状镁泥直接糊在大头流槽、溜子上。（4）用木柴烘烤后方可进行出炉浇铸。请说出正确的操作程序。

48. 某操作工进行安装氧化、还原枪作业程序如下：（1）将准备好的氧化、还原枪插入氧化喷孔。（2）扶枪者和打大锤两人站在同一侧作业。（3）用镁粉填塞枪管周围空隙。（4）接好金属软管，通入少量蒸汽。请说出正确的操作程序。

49. 某操作工在装有透气砖的阳极炉其扒渣期控制参数：（1）氮气压力 3.5×10^5Pa。（2）单氮气流量（标态）60L/min。（3）氧化风压 0.24MPa。（4）烟道负压 −15Pa。请指出该操作工操作不正确的地方，说出正确的操作控制参数。

50. 某操作工进行出炉控制铜液温度作业程序如下：（1）出炉浇铸过程发现铜液温度偏低，降低重油流量。（2）增大二次风量。（3）提升烟道水冷闸板增大烟道负压。（4）提高空压风压力。请说出正确的操作程序。

51. 某操作工为大修后阳极炉烘炉作业程序如下：（1）大修后阳极炉经冷态试车正常用重油小火开始烘炉。（2）小火烘炉温度达 500℃恒温 10h。（3）温度达 500℃以后开始用大火烘炉。（4）温度达900℃以后开始投料正式生产。请说出正确的操作程序。

52. 某操作工用固体还原剂进行还原作业程序：（1）打开主吹送风。（2）检查空压风压0.3MPa。（3）打开罐顶部加压风。（4）打开给料阀。（5）将炉子打到还原位置开始还原。请说出正确的操作程序。

53. 某操作工进行铜模更换作业程序如下：（1）圆盘在运行过程中进行调整铜模。（2）用目测方法确认铜模水平度。（3）铜模低处用手垫塞调整。（4）固定铜模用木棒垫塞调整。请说出正确的操作程序。

复习题答案

合 成 炉

一、填空

1. 卤素；2. 王水；3. 合成炉作业参数和监控参数；4. 贫化区配加料岗位和中央控制室岗位；5. 反应塔总油量；6. 1250；7. 300～400；8. 熔剂；9. 黄铜矿；10. Fe_3O_4；11. 淡红；12. 淡红；13. 酸性氧化物、碱性氧化物；14. 煤、焦炭；15. 熔化温度；16. 表面积；17. 重油间、流量检测、流量调节；18. 空压风、预热器；19. 氧化、冰铜液滴；20. 齿形、40；21. 上部、悬吊、向下；22. 上部、悬吊；23. 短网、集电环、软铜带、集电环、导电铜瓦；24. 定压、小、变频器；25. 高、中、低、油泵；26. 炉体、闭路；27. SO_2、O_2；28. 沉淀池；29. 氧气站、通风机；30. 高温、强氧化；31. 硫化铜精矿；32. 炉渣；33. 酸性氧化物；34. 物理损失、化学损失；35. 特性、比表面积；36. 29；37. 毒；38. 2005年9月12日；39. 闪速、渣贫化电；40. 节能、操作方便、高熔点炉料；41. 氧化、着火、熔化；42. 强氧化；43. 密度差、冰铜、下、转炉；44. 热能、2；45. 上、10；46. 液压、液压、计算机；47. 2、三、连续自焙；48. 抱紧、松、上升；49. 贫化区、检尺；50. 反应塔、贫化区、生产参数；51. 上升烟道、贫化区环保烟罩、渣包车环保烟罩、冰铜包子房、冰铜放出口、炉渣放出口；52. 环保排烟风机、120；53. 余热锅炉、电收尘器、排烟机；54. 酸性、碱性；55. 精矿反应热、辅助燃料；56. 2005、8、8；57. 300～400；58. 95；59. 风根秤；60. 35、45；61. 石墨、铸铜；62. 石棉板、炭精棒、炭精棒枪；63. 刮板运输机、反应塔；64. 电极糊；65. 奥托昆普、因科；66. 反应塔、沉淀池、贫化区、上升烟道；67. 硫化；68. 铜蓝；69. 反射；70. 鼓风；71. 反射；72. 鼓风；73. 闪速；74. 白银；75. 转炉；76. 二次铜精矿；77. 压延；78. 电；79. 青铜；80. 富氧悬浮、传热、传质；81. 氧化、着火、熔化；82. 合理配料；83. 氧化、氧气单耗；84. 干精矿、熔剂、烟灰、粉煤；85. 风根秤、配料刮板、加料刮板、反应塔喷嘴；86. 混合物料、富氧空气、吹散空气、喷出口；87. 热能、2；88. 合成炉、余热锅炉、电收尘器。

二、判断题

1. √　2. ×　3. ×　4. ×　5. √　6. ×　7. √　8. √　9. ×　10. √　11. √　12. √　13. ×
14. √　15. ×　16. ×　17. √　18. √　19. √　20. √　21. ×　22. √　23. ×　24. √　25. ×
26. √　27. ×　28. √　29. √　30. √　31. √　32. √　33. √　34. √　35. ×　36. √　37. √
38. √　39. ×　40. √　41. √　42. √　43. √　44. ×　45. √　46. ×　47. ×　48. √　49. √
50. √　51. ×　52. √　53. ×　54. √　55. √　56. √　57. ×　58. √

三、单项选择题

1. A　2. D　3. A　4. A　5. C　6. A　7. B　8. B　9. C　10. A　11. D　12. B　13. A　14. C
15. D　16. A　17. B　18. A　19. B　20. A　21. B　22. C　23. A　24. C　25. A　26. C　27. A
28. B　29. C　30. A　31. B　32. C　33. C　34. D　35. D　36. D　37. B　38. B　39. C　40. A
41. C　42. C　43. B　44. B　45. D　46. A　47. A　48. D　49. B　50. A　51. D　52. D　53. B
54. B　55. D　56. B　57. A　58. A　59. B　60. B　61. B　62. C　63. D　64. B　65. B　66. B
67. A　68. B　69. B　70. C　71. D　72. D　73. B　74. C　75. A　76. A　77. C　78. B　79. C
80. A　81. B　82. B　83. C　84. C　85. A

四、多项选择题

1. ABCD　2. ABC　3. ABCD　4. ABC　5. ABC　6. ABCDF　7. ABCD　8. ABCD　9. ABCD
10. ACD　11. ACD　12. BC　13. ABC　14. ABC　15. AD　16. AC　17. ACD　18. AC　19. ABCD
20. AD　21. ABD　22. ABD　23. ABD　24. ACD　25. ABC　26. ABCD　27. ABC　28. AB
29. ABCD　30. AC　31. ABC　32. AC　33. ABD　34. AB　35. BC　36. ABCD　37. ABC
38. ABCD　39. ABCD　40. ACD　41. ABCD　42. ABD　43. ACD　44. ABD　45. ACD　46. ABCD
47. AB　48. ABCD　49. ABCD

五、计算题

1. 解：

$$精矿处理量 = \frac{(16000 \times 0.21 + 16500 \times 0.99) - 900 \times 2.1}{187} \approx 95(t)$$

2. 解：

$$富氧浓度 = \frac{16000 \times 0.21 + 16500 \times 0.99}{16000 + 16500} \times 100\% \approx 61\%$$

3. 解：

$$耗油量 = \frac{(16000 \times 0.21 + 16500 \times 0.99) - 100 \times 187}{2.1} \approx 474(kg)$$

4. 解：　$$氧单耗 = \frac{(16000 \times 0.21 + 16500 \times 0.99) - 900 \times 2.1}{95} \approx 187(m^3/t)$$

5. 解：

$$油单耗 = \frac{900}{95} \approx 9.47(kg/t)$$

6. 解：

$$开始总风量（标态） = 16000 + 16500 = 32500(m^3/h)$$

$$\genfrac{}{}{0pt}{}{精矿处理量}{（标态）} = \frac{15000 \times 0.21 + 17500 \times 0.99 - (16000 \times 0.21 + 16500 \times 0.99) + 100 \times 2.1}{187}$$

$$\approx 5(t/h)$$

氧增加到(标态)17500m^3/h 时,二次风量 = 32500 - 17500 = 15000(m^3/h)

$$富氧浓度 = \frac{15000 \times 0.21 + 17500 \times 0.99}{32500} \times 100\% \approx 63\%$$

7. 解:

$$熔剂加入量 = 95 \times 15\% = 14.25(t/h)$$

8. 解:

$$烟灰加入量 = 95 \times 12\% = 11.4(t/h)$$

9. 解:

$$冰铜产出量 = 95 \times 8 \times 45\% = 342(t)$$

$$冰铜产出量 = \frac{342}{18} \approx 19(包)$$

10. 解:

$$耗电量 = (100 \times 8 \times 50\%) \times 50 \approx 20000(kW \cdot h)$$

11. 解:

$$冰铜产量 = \frac{95 \times 8 \times 29.44\%}{63.56\%} \approx 352(t)$$

$$冰铜产率 = \frac{352}{95 \times 8} \times 100\% \approx 46.31\%$$

12. 解:

$$合成炉冰铜产量 = 95 \times 8 \times 45\% = 342(t)$$

$$电炉冰铜产量 = 342 \times 20\% = 68.4(t)$$

$$冰铜总量 = 342 + 68.4 = 410.4t$$

13. 解:

$$冰铜品位 = (228 \times 4.2 \times 0.015)/(100 \times 25\%) \approx 57.5\%$$

14. 解:

$$铜直收率 = \frac{340 \times 63.56\%}{95 \times 8 \times 29.44\%} \times 100\% \approx 97\%$$

15. 解:

$$配料总份数 = 4 + 3 + 2 + 1 = 10$$

$$精矿品位 = 26\% \times \frac{4}{10} + 30\% \times \frac{3}{10} + 24\% \times \frac{2}{10} + 28\% \times \frac{1}{10} = 27\%$$

16. 解:

$$冰铜品位 = \frac{精矿含铜}{产出冰铜} \times 100\% = \frac{800 \times 27.5\%}{360} \times 100\% = 61\%$$

17. 解:

$$Fe/SiO_2 = 38.2\% \div 36.73\% = 1.04$$

18. 解：

$$冰铜产率 = \frac{冰铜量}{精矿量} \times 100\% = （1480 \times 18）\times 100\% / 63000 = 42.3\%$$

$$渣率 = \frac{渣量}{精矿量} \times 100\% = （1300 \times 25）\times 100\% / 63000 = 51.6\%$$

19. 解：

$$作业率 = \left(1 - \frac{40 + 20}{8 \times 60}\right) \times 100\% = 87.5\%$$

$$前4h作业率 = \left(1 - \frac{40}{4 \times 60}\right) \times 100\% = 83.3\%$$

$$后4h作业率 = \left(1 - \frac{20}{4 \times 60}\right) \times 100\% = 91.6\%$$

$$投入精矿量 = 4 \times 90 \times 83.3\% + 4 \times 100 \times 91.6\% = 666.28（t）$$

20. 解：

$$冻结层 = 4445 - 4145 = 300（mm）$$

$$冰铜面 = 320 + 300 = 620（mm）$$

$$渣面 = 1000 + 300 = 1300（mm）$$

六、简答题

1. （1）结构稳定、有利于砖体的膨胀。（2）增大炉墙的冷却强度、加大了上部炉膛空间、降低了烟气速度和烟气含尘。（3）水套漏水可流到炉外，保证了安全生产。

2. 合成炉系统生产作业程序，包括反应塔配加料、贫化区配加料、冰铜排放和炉渣排放四项作业。

3. A线：合成炉→余热锅炉→电收尘器→制酸　正常生产烟气线路。
   B线：合成炉→余热锅炉→电收尘器→焙烧120m烟囱排空　制酸系统故障烟气线路。
   C线：合成炉→副烟道→环保烟道→焙烧120m烟囱排空　余热锅炉故障烟气线路。

4. （1）合成炉炉后岗位工在炉渣排放时，发生碴口堵不住出现跑渣现象时立即进行二次堵口。（2）若仍然堵不住，立即联系渣车强行对包，组织人员强行堵口。（3）在发生碴口跑渣时要立即汇报班长、炉长，合成炉停料，将贫化区电极一次电流降为"0"，炉前岗位必须烧口排放冰铜。（4）发生碴口跑渣时要立即通知车间主任、安全员、工艺技术人员到现场检查和组织故障或事故处理。

5. （1）全系统停电故障或事故状态。
   全系统停电后合成炉执行焖炉作业。汇报车间主任，立即通知车间各专业项目负责人，要求立即赶到现场协助处理故障或事故。
   （2）全系统停电后的恢复。
   全系统停电后的恢复按照水系统—油系统—排烟系统—风系统—液压站-电极系统—加料系统—渣系统的顺序组织恢复。

6. （1）若柴油泵开启，班长、炉长、看水工立即调整合成炉炉体用水量。按照热渣溜槽

—贫化区电极—冰铜放出口、碴口—炉墙平水套、反应塔、上升烟道—反应塔、上升烟道连接部水套顺序调整水量，维持高位水箱水位在95%以上；若柴油泵没有及时开启，则按上述顺序将水量调整到1200m³/h左右。（2）若大面积停电，柴油泵故障不能开启，班长、炉长、看水工立即调整合成炉炉体用水量。若水量供应不足，则按照热渣溜槽—贫化区电极—冰铜放出口、碴口—炉墙平水套、反应塔、上升烟道—反应塔、上升烟道连接部水套顺序关闭配水箱总阀门，回水管冒蒸汽时，间断送水。

7. （1）合成炉反应塔停止加料。（2）反应塔油量手动调节截止阀控制在800～1200kg/h。（3）联系动氧、仪表维护人员二次风风量（标态）控制在8000～12000m³/h。（4）沉淀池负压−30～−10Pa。

8. （1）合成炉炉前岗位工在冰铜排放时，发生冰铜口堵不住出现跑铜现象时立即进行二次堵口。（2）若仍然堵不住，班长组织人员用炭精棒强行堵口。（3）在发生冰铜口跑铜时要立即汇报班长、炉长，合成炉停料，炉后烧口放渣。（4）发生冰铜口跑铜时要立即通知车间主任、安全员、工艺技术人员到现场检查和组织故障或事故处理。

9. 水系统故障时柴油泵不能及时开启，执行焖炉作业。（1）班长、炉长、看水工立即调整合成炉炉体用水量。（2）若水量供应不足，则按照热渣溜槽—贫化区电极—冰铜放出口、碴口—炉墙平水套、反应塔、上升烟道—反应塔、上升烟道连接部水套顺序关闭配水箱总阀门，回水管冒蒸汽，间断送水。（3）反应塔每支油枪油量100～150kg/h。（4）二次风量（标态）3000～6000m³/h。（5）负压控制以合成炉不冒烟为准。

10. 合成炉水系统是合成炉炉体安全的前提和保证。（1）水遇到高温熔体汽化，尤其是遇到冰铜，由于冰铜导热性能很强，水汽化后体积急剧膨胀会造成爆炸。（2）合成炉热负荷较高，水系统起到冷却炉体保护炉衬的作用。

11. （1）中央控制室确定合成炉具备进行生产作业条件后，通知工艺负责人。然后按照升温复产作业要求升温。（2）工艺负责人根据工艺控制要求，给定作业参数。（3）中央控制室岗位接到加料指令后，通知反应塔配加料岗位确认精矿仓、熔剂仓和烟灰仓下部插板阀是否按要求打开。若未打开，按精矿仓、熔剂仓和烟灰仓顺序依次打开下部插板阀。（4）中央控制室岗位按照作业指令的作业参数在计算机上进行各生产参数的调节，并进行监控。（5）当油量、负压、风、氧量参数达到进料要求范围后，中央控制室岗位工在计算机上按照加料埋刮板-配料埋刮板-精矿风根秤、熔剂风根秤和烟灰风根秤的顺序开车，执行自动加料操作，并在计算机上随时监控刮板电流和下料量，出现异常立即汇报。

12. （1）贫化区配加料岗位工确认现场具备配加料条件后，通知中央控制室岗位工在计算机上执行配加料操作。南侧料管配加料开车顺序为：打开南侧刮板下料管闸板阀—开启南侧刮板—开启2混料皮带—将可逆皮带下料口对在2混料皮带口—开启可逆皮带—开启所配物料对应申克秤；北侧料管配加料开车顺序为：打开北侧刮板下料管闸板阀—开启北侧刮板—开启1混料皮带—将可逆皮带下料口对在1混料皮带口—开启可逆皮带—开启所配物料对应申克秤。（2）在配加料过程中，贫化区配料岗位工在现场对设备运行和料管下料状况检查，防止皮带跑偏或下料不畅。（3）贫化区配加料岗位班中每30min对炉内料坡检查一次，当料坡达到600mm左右时，停止该料管配加料作业，当料坡小于200mm时，进行该料管配加料作业。

（4）配加料结束后，中央控制室岗位工按照开车相反顺序在计算机上停车。（5）中央控制室岗位工记录当班配料量。

13.（1）中央控制室岗位工根据反应塔加块煤指令，通知反应塔配加料岗位工对加块煤系统进行检查，确认具备加料条件后汇报中央控制室。（2）中央控制室岗位工在计算机上设定块煤加料量和加料时间间隔，由计算机自动执行加料程序。（3）中央控制室在计算机上对块煤下料量和刮板电流进行监控。发现问题及时汇报。

14.（1）合成炉正常生产过程中，炉助每两小时测量一次贫化区冰铜面，汇报中央控制室做好记录。（2）横炉长根据记录的最新冰铜面高度，决定当班排放量。（3）炉前主操作手接到排放冰铜指令后，联系转炉炉助在放出口对应的包子房坐冰铜包子。（4）炉前岗位在做好冰铜排放准备工作后，进行冰铜排放工作，排放过程中对冰铜放出口和溜槽状况进行监护，保证排放顺利。（5）冰铜放出后合成炉炉助按要求进行冰铜采样和冰铜温度的测量，冰铜样及时送荧光分析，分析结果、冰铜温度汇报中央控制室做好记录。（6）当冰铜距离包子上沿最低点200~300mm时，炉前岗位执行堵口操作，并按要求加入块煤。（7）堵口后主操作手联系转炉进料，并进行溜槽维护及清理工作，为下一包排放做好准备工作。（8）排放结束后汇报中央控制室记录排放包数。

15. 1250~1320℃；（1）炉后组长汇报炉长，经炉长同意后，按炉后放渣操作程序，执行放出操作，同时按以下程序操作。（2）渣温过高时（超过1320℃），减少反应塔油枪油量，降低反应塔温度，同时降低贫化区负荷。（3）调整贫化区电单耗，降低用电量。（4）渣温过低时（低于1250℃），提高反应塔油枪油量，提高反应塔温度，同时提高贫化区负荷。（5）调整贫化区电单耗，提高用电量。（6）渣温达到控制值恢复正常作业程序。

16. 1150~1230℃；（1）当冰铜温度过高时（超过1230℃），炉后组长汇报炉长，经炉长同意后，按炉前放冰铜操作程序，执行放出操作，同时按以下程序操作。（2）冰铜温度高时，按照工艺负责人要求降低生产负荷，增大反应塔风量，减少反应塔油枪油量，降低反应塔温度，同时降低贫化区负荷。（3）冰铜温度过低时（低于1150℃），提高反应塔油枪油量，提高反应塔温度，同时提高贫化区负荷。降低总风量，提高富氧浓度。（4）冰铜温度正常后，恢复正常作业程序。

17. 逐步增大电极一次电流到50~380A，待电极周围熔化完全后，逐步降低电极一次电流到50~300A，调整电极一次电流和切换电压级的方式，控制贫化区温度按照升温曲线升温。通过调整反应塔油量、二次风量及炉膛负压控制烟气温度，保证炉温平稳上升。升温除了以调整反应塔用油量、风量及炉膛负压控制温度外，还要根据炉内温度分布和具体温度与升温曲线的偏差，在合适的位置点燃沉淀池油枪，按升温曲线严格升温。

18. 贫化区电极送电引弧采用传统送电引弧方法，具体为：贫化区铺水淬渣，圆钢及焦粉（水淬渣厚300~400mm，圆钢每组10~25根，每根长3~3.5m，焦粉每组3~5t，粒度≤50mm）；开始送电引弧（电压级7~9级），送电引弧后将电极一次侧电流在不超过400A的前提下，电极连续下插，防止电极断弧。

19. 合成炉烟气在余热锅炉故障状态或事故要求切换烟气线路时，合成炉烟气走C线，此时进行切换副烟道作业。

（1）接到指令后，反应塔立即停止加料并执行较长时间保温作业。（2）按喉口部爆破程序组织喉口部爆破清理。（3）检查双梁吊、电葫芦工作状况良好。确认喷雾室排污管道畅通后打开喷淋水保证通水正常，打开两块水冷闸板进水。联系管工到现场进行配合。（4）爆破结束后由当班长、炉长统一指挥副烟道的切换工作。（5）关闭炉前、后环保阀门，打开事故烟道上环保阀门。（6）停密封坨冷却水，管工将密封坨水管拆除，拆除时人员严禁直踩炉顶并用小水桶接住管道内余水避免水溅上炉顶。（7）用双梁吊车将密封坨吊起放在上升烟道西侧平台。用长钎子将烟道口黏结物清理干净；将副烟道吊起，下口与事故烟道出口对准、上口与喷雾室进口对准。（8）关闭喉口部盖板水套冷却水，管工将盖板水管拆除；用双梁吊将盖板水套吊起放在支架上。（9）启动水冷闸板电葫芦，将水冷闸板按余热锅炉降温要求缓慢下放并防止水冷闸板进回水金属软管损伤。中控室根据负压情况同步调整排烟机和事故烟道上环保阀门，调整两路烟气分配量来控制降温速度，水冷闸板全部落到位后，通知余热锅炉进行现场确认。（10）中控室通知白班组砌滑道，将水冷闸板周围用保温岩棉密封避免烟气外溢。

20. 在短时间内由于重油系统故障、排烟系统故障等，根据工艺负责人要求进行焖炉作业。

（1）重油系统故障

1）将合成炉观察孔密封。2）二次风量（标态）3000～6000m³/h。3）负压控制以合成炉不冒烟为准。

（2）排烟系统故障。

1）二次风量（标态）2000～3000m³/h。2）反应塔重油0kg/h，一次风压0.3～0.6MPa。

21. （1）反应塔停止加料前8h，提高反应塔熔炼温度。（2）反应塔停止加料前8h，沉淀池点燃2支油枪，每支油量200～300kg/h。（3）沉淀池冻结层控制在300mm以下。（4）反应塔停止加料后，控制反应塔油枪油量800～1400kg/h、二次风量（标态）12000～18000m³/h、沉淀池负压－15～－30Pa、贫化区电极一次电流350～380A，电压级8～9级。反应塔停止加料后，沉淀池增加2支油枪，每支油量200～300kg/h。燃烧2～4h，方可安排熔体排放。

22. （1）反应塔停止加料前8h，提高反应塔熔炼温度。（2）反应塔停止加料前8h，沉淀池点燃2支油枪，每支油量200～300kg/h。（3）沉淀池冻结层控制在300mm以下。（4）反应塔停止加料后，控制反应塔油枪油量800～1400kg/h、二次风量（标态）12000～18000m³/h、沉淀池负压－15～－30Pa、贫化区电极一次电流350～380A，电压级8～9级。反应塔停止加料后，沉淀池增加2支油枪，每支油量200～300kg/h。燃烧2～4h，方可安排熔体排放。

23. 冰铜品位、炉渣成分、熔炼温度及气氛中氧分压。生产负荷、反应塔反应完全程度。

24. （1）中控室发现风根秤波动立即通知炉助观察炉况。（2）炉助从东侧观察孔用氧气管插入炉内，根据氧气管带出的熔体状况判断炉况恶化程度。同时可从沉淀池检尺孔对炉况做进一步确认。（3）根据炉况情况可采用手动加氧（标态）200～1500m³/h，同时可适当补充反应塔油量。

25.

序　号	项　目	单　位	控制范围
1	冰铜温度	℃	1160~1230
2	炉渣 Fe/SiO$_2$		1.0~1.4
3	冰铜品位	%	58~62
4	炉渣温度	℃	1250~1320

26. 单根电极压放高度50~100mm/次，每次压放间隔不得小于2h，无特殊情况，每班压放量不得超过200mm。

27. （1）作业参数不合理；（2）冰铜品位过高；（3）熔体温度较低；（4）渣型控制不合理。

28. （1）联系动氧将氧气排空；（2）检查配加料系统，将所有设备打到手动控制后停车；（3）联系自动化人员处理。

29. （1）排烟系统故障；（2）渣铜面超过控制要求；（3）熔剂风根秤跳车超过5min、两台精矿风根秤全部跳车；（4）加料刮板故障；（5）高位水箱水位低于下限；（6）全系统停电；（7）二次风、氧系统故障；（8）熔体渗漏；（9）跑铜、跑渣工艺事故。

30. 增大沉淀池氧气量保证反应完全，使烟尘硫酸盐化完全。

31. 合成炉上升烟道喉口部截面积远小于余热锅炉辐射部截面积，由于截面积急剧缩小，烟气速度降低导致烟尘沉降，沉降在喉口部的烟尘在高温作用下熔化黏结在上升烟道喉口部形成结瘤。

32. （1）仓位低，精矿流态化；（2）干精矿杂物多；（3）设备本体故障。

33. 硫化铜精矿：主要的原料，提取有价金属；

　　熔剂：造渣；烟灰：减少系统有价金属损失。

34. 合成炉的上升烟道、贫化区环保烟罩、渣包车环保烟罩、冰铜包子房以及冰铜放出口、炉渣放出口等处。

35. （1）降低熔体渗漏后高温熔体流速；（2）防止高温熔体无序流动烧损设备或伤人；（3）事故后便于清理黏结物。

七、综合分析题

1. 原因：（1）渣型不合理；（2）贫化区电气制度不合理，熔体温度过低；（3）贫化区加料量过大；（4）反应塔反应不完全，熔体未能达到一次过热；（5）贫化区鼓风量或漏风率过大。

　　措施：（1）调整渣型；（2）调整贫化区电气制度；（3）减少贫化炉加料量；（4）调整反应塔参数；（5）降低贫化区鼓风率或漏风率。

2. 原因：（1）反应塔下生料；（2）冻结层过高；（3）沉淀池与贫化区之间存在料坝；（4）检尺烧损及测量误差。

3. （1）熔剂风根秤波动；（2）精矿风根秤波动；（3）精矿中 SiO$_2$ 含量波动较大。

4. 原因：（1）渣面超过控制上限；（2）责任心差；（3）未按操作规程操作。

措施：（1）合成炉炉后岗位工在炉渣排放时，发生碴口堵不住出现跑渣现象时立即进行二次堵口。　（2）若仍然堵不住，立即联系渣车强行对包，组织人员强行堵口。（3）在发生碴口跑渣时要立即汇报班、炉长，合成炉停料，将贫化区电极一次电流降为"0"，炉前岗位必须烧口排放冰铜。（4）发生碴口跑渣时要立即通知车间主任、安全员、工艺技术人员到现场检查和组织故障或事故处理。

5.（1）发现漏水、渗水等立即汇报炉长采取措施处理。（2）检查处理漏水时注意安全，在电极上处理漏水时，必须停电。（3）如炉体水冷件漏水需要关闭阀门处理时，必须汇报炉长，并请示有关人员同意。（4）炉后、炉前压板，无特殊原因不得断水，如需断水，必须征得车间有关人员同意后，方可断水，并做好记录。

6.（1）一般硬断800mm以内，中控室与加料工配合，可以直接压放电极，继续送电。（2）断头处如果大量冒黑烟，压下电极后，暂把同相另一根电极抬离渣面，使电流降到零，并停止加料作业，把断电极插入液体中，焙烧2~3h方可继续送电，待电流恢复到规定值后恢复加料作业程序。（3）硬断后的电极断头与电极引起严重打弧，操作困难，加料工必须弄清断头位置，采用向同一侧加料的方法把断头挤离电极。

7.（1）加料工发现电极软断，立即汇报炉长，中控室不准抬该电极，加料工立即将电极壳顶部用钢板盖住。（2）炉长汇报横班长，横班长组织维修工处理。（3）由维修人员割去烧坏电极壳，重新焊接带锥头电极壳后通知加糊人员加糊。（4）开始将糊面加到0.5m，压放电极到合适位置，在电极周围用重油焙烧，焙烧5h后糊面加到1.0m，再焙烧3h，糊面加到1.6m。焙烧总时间16~20h，当电极锥头1.0m左右发红时，将糊面加到规定值，即可按送电程序送电。（5）送电后前5h，保持所断电极低电压操作，用同相另一根电极调节电流，送电后新电极周围不加料。（6）新焙烧好的电极周围开始加料时，要注意断电极的位置，从断头对面一侧加料，将电极断头挤向侧墙，转入正常程序加料。

8. 原因：接触不好，导电不均，楔紧力不够，电极壳不圆。

措施：及时调整。

9.（1）调整目标冰铜品位；（2）调整渣型；（3）调整熔体温度。

10. 原因：贫化区鼓风量、漏风率大，大量的冷风造成上升烟道挂渣在熔化过程中由于冷热交替而凝固，形成"门帘"。

措施：（1）适当降低贫化区鼓风量；（2）点沉淀池油枪烧。

11. 原因：（1）焙烧重油间故障；（2）仪表系统故障；（3）重油管道泄漏。

措施：（1）合成炉停料，焖炉；（2）查出故障原因及时处理后恢复生产。

12. 原因：（1）枪头结焦严重；（2）油枪进油管泄漏；（3）仪表系统故障。

措施：（1）更换油枪，适当增大其余三支油枪油量；（2）检查仪表系统，排除故障。

13.（1）中央控制室岗位按照作业指令的作业参数在计算机上进行各生产参数的调节，并进行监控。（2）当油量、负压、风、氧量参数达到进料要求范围后，中央控制室岗位工在计算机上按照风动溜槽插板阀-加料埋刮板-配料埋刮板-精矿风根秤、熔剂风根秤和烟灰风根秤的顺序开车，执行自动加料操作，并在计算机上随时监控刮板电流和下料量，出现异常立即汇报。

14. 检查进回水管路及阀门，发现堵塞及时处理。

15. 采取以下一种或多种措施，防止温度继续上升：
(1) 降低反应塔总油量 50～200kg/h。(2) 反应塔总风量（标态）增加 0～2000m³/h。
(3) 切换电极电压级，调整电极插入深度。(4) 降低贫化区电单耗（标态）2～10
kW·h/t 渣。

16. (1) 提高反应塔油量 50～200kg/h。(2) 反应塔总风量（标态）降低 0～500m³/h。
(3) 切换电极电压级，调整电极插入深度。(4) 提高贫化区电单耗 2～10kW·h/t 渣。

17. (1) 降低反应塔油量 50～200kg/h。(2) 降低贫化区电极电单耗 5～20kW·h/t 渣。

18. 铜：24%～29%；铁：23%～26%；硫：30%～34%。

19. 铅≤1%；锌≤2%；砷≤0.3%；锑≤0.09%；铋≤0.05%。

20. 加石英主要避免块煤快速燃烧，同时适当调整渣型。

21. 加块煤主要起还原剂作用。

22. 应该在综合判断的基础上手动加氧，同时观察炉况，炉况正常后恢复自动。

23. 冰铜品位高。

24. 单根电极压放高度 50～100mm/次，每次压放间隔不得小于两小时，无特殊情况，每
班压放量不得超过 200mm。

25. 原因：(1) 贫化区有门帘；(2) 仪表系统故障。
措施：(1) 点 13 油枪；(2) 通知自动化检查。

26. 原因：(1) 反应塔下生料；(2) 沉淀池冻结层过高；(3) 沉淀池与贫化区之间存在
料坝；(4) 检尺烧损及测量误差。

27. 原因：(1) 温度控制过高；(2) 冰铜品位大幅下滑；(3) 测量错误。
措施：(1) 调整工艺参数；(2) 重新标定检尺。

28. 原因：(1) 风根秤偷下料；(2) 冰铜品位大幅下滑。
措施：调整工艺参数。

29. 原因：渣型不合理；措施：调整渣型。

30. 提高氧单耗（标态）2～5m³/t 矿，降低反应塔油量 0～300kg/h（或提高烟灰量）。铜
温合适故在提高氧单耗的前提下适当降低反应塔热负荷。

31. Sb 超标会影响阳极板质量。措施：调整配料比，降低精矿含 Sb。

32. (1) 风根秤波动，炉内下生料；(2) 提高氧单耗，检查风根秤。

33. 合成炉是将闪速炉和炉渣贫化电炉合在一起，具有节能、操作方便、自动化程度高、
投资少、技术经济指标优、炉况调整空间大、烟气可以完全制酸的优点。

34. 原因：(1) 冻结层过高；(2) 反应不完全，渣铜分离差。
措施：调整作业参数保证反应完全，降低冻结层。

35. 原因：(1) 反应塔反应不完全；(2) 工艺参数不合适；(3) 盐化风量不足。
措施：(1) 调整工艺参数；(2) 适当补充盐化风量。

36. 原因：风根秤偷下料。
措施：手动加氧，炉长在东侧观察孔观察炉况，待反应好转后恢复自动。

37. 原因：有异物卡秤；两秤单投。

38. 油枪关闭应先停油再停雾化风。使重油窜入压缩风管道。

39. (1) 降低投料量；(2) 提高冰铜品位；(3) 炉前及时排铜。

40. 200～350mm；冻结层过高降低炉内有效容积，易导致炉前死口，给系统生产埋下隐患。冻结层过低不能有效保护炉底耐火材料。

41. 观察油枪是否有"下雨"或燃烧不完全的情况。出现故障及时更换油枪。

42. 冰铜1含铁高，冰铜2含硫低。

转　　炉

一、填空题

1. 走向和位置；2. 关闭；3. 风机负荷；4. 负压变化；5. 环保阀门；6. 负压；7. 抽力；8. 联动试车；9. 热电偶；10. 升温曲线要求；11. 安全技术操作；12. 提高；13. 工艺参数；14. 少加；15. 木材；16. 小风；17. 培训；18. 目标值；19. 安全技术操作；20. 汇报处理；21. 损坏砖体；22. 停炉检修；23. 辅助系统；24. 炉衬；25. 中修；26. 转动炉体；27. 热电偶；28. 越低；29. 开炉；30. 冶金炉窑的寿命；31. 耐火材料；32. 0.06MPa；33. 定量给料机；34. 天然铜；35. 合金；36. 两、一；37. 63.57；38. 暗红色；39. 导热性能；40. 重油；41. 物理水分；42. 联动；43. 升温速度较快；44. 升温曲线；45. 试生产；46. 相关单位；47. 宽、平、浅；48. 生产原始记录；49. 指吊工；50. 干燥

二、判断题

1. ×　2. ×　3. √　4. ×　5. ×　6. ×　7. √　8. ×　9. √　10. ×　11. ×　12. √　13. √
14. √　15. ×　16. √　17. ×　18. √　19. ×　20. ×　21. ×　22. ×　23. √　24. ×　25. √
26. ×　27. √　28. ×　29. ×　30. √　31. ×　32. √　33. √　34. ×　35. ×　36. √　37. ×
38. √　39. ×　40. √　41. √　42. ×　43. √　44. ×　45. ×　46. √　47. √　48. ×　49. √
50. ×

三、选择题

1. C　2. B　3. D　4. D　5. A　6. B　7. D　8. C　9. B　10. C　11. B　12. A　13. C　14. C
15. B　16. C　17. D　18. C　19. B　20. D　21. A　22. C　23. B　24. B　25. C　26. C　27. C
28. C　29. C　30. C　31. B　32. A　33. A　34. C　35. B　36. C　37. D　38. C　39. D　40. B
41. B　42. C　43. B　44. B　45. C　46. D　47. C　48. B　49. D　50. B

四、简答题

1. 软化水系统试车、排烟收尘系统试车、电气系统试车、配加料系统试车、仪表系统试车、电器控制部分试车、环保系统试车。

2. 信号系统试车，包括各限位在控制柜上的显示正确。在操作台上分别使用按钮进行调试观察信号和电磁球阀的动作情况是否准确。

3. （1）先打开全部系统的环保阀门；（2）对各个系统用风点、支管和总管进行风量和负压的测试；（3）模拟正常使用时将用风点部分阀门打开，在进行风量和负压的测试；

（4）测试数据要求准确；（5）试车过程要求详细确认各个环保用风点的抽力是否正常。

4. （1）试生产要严格按照安全技术操作规程进行；（2）试生产前要检查炉体膨胀情况、炉体温度升温状况、炉膛温度状况、判断是否可以投料生产；（3）试生产时要派专人监护炉体，发现异常及时汇报处理；（4）生产时要及时加料，避免空烧炉子而损坏砖体；（5）生产过程中要收集相关数据，为今后正常生产提供依据。

5. （1）了解上道工序的来料情况，组织本班的生产；（2）要对来料及时分析，了解来料的化学组成；（3）参与和指导本班生产，根据来料的化学组成准确进行配料；（4）了解下道工序生产情况，协助组织本班力量进行作业。

6. 组织进行工艺检查的内容包括哪些？各岗位工艺原始记录、各工艺条件和参数的执行情况、炉体运行情况、各岗位落实工艺技术条件情况、各水冷系统状况、排烟系统状况。

7. 排烟风机、旋涡收尘器、电收尘器及其附属设施。

8. （1）发生工艺设备事故，岗位人员立即汇报炉长；（2）炉长汇报作业长及生产协调员；（3）生产协调员组织有关人员处理；（4）若需停电处理，炉长通知控制工执行相关作业程序；（5）炉长将处理情况做好记录并汇报生产协调员。

9. 试验方法：将水冷件注满水，用水压打压机将水冷件内水压增至技术要求值，按技术要求稳压至规定时间，若水冷件无泄漏则合格，反则不合格。

10. 所用各种水冷件在使用前应进行水压试验，以检测水冷件耐压是否达到设计要求，防止在使用过程中发生漏水事故。

11. 开炉分故障开炉、小修开炉、中修开炉和大修开炉等。

12. （1）开炉前的准备工作。（2）烘炉升温。（3）投料试生产。（4）熔体排放并转入正常生产。

13. （1）木柴发热值较低且便于引燃，在升温初期，达到均匀、缓慢升温的目的，使砖体避免遭受剧烈的热量冲击。（2）使重油应用点燃并稳定燃烧，提高重油利用率，减少因温度较低，重油燃烧不完全产生的大量烟气。

14. 保证炉窑的安全运行以及各个所属设备、设施的安全运行，为生产和经济技术指标提供最佳生产依据。

15. （1）加强对设备设施的点检工作，发现问题及时汇报处理。（2）试生产初期炉温较低，可适当提高吹炼温度。（3）炉体大修后的前10~20炉，一定要控制好料面和送风强度，以免发生恶性喷溅，损伤炉板和炉壳。（4）出现异常现象，立即启动事故预案处理。

16. （1）准备；（2）进料；（3）开风；（4）吹炼；（5）停风；（6）放渣；（7）出炉。

17. 当火焰、热样断面、荧光分析结果最终确认终点，由炉长决定出炉，进行以下操作：（1）执行放渣操作，将渣内残渣放净。（2）通知炉长助理做好出炉准备。（3）炉长进行出炉操作。（4）通知相关岗位进行停车操作。

18. 若局部出现故障，应立即联系处理；若全系统出现故障，应立即停止生产，并汇报处理。

19. 保证炉体及排烟收尘设施密封良好，尽可能减少二氧化硫气体和工业粉尘的泄漏。保证各环保设施正常使用，进行现场穿戴好劳保用品。

20. 炉长确认入炉风压大于0.04MPa后，转动转炉至吹炼位置，观察炉口火焰状况，确认送风正常，将密封小车开到下限位。

五、综合题

1. 烘炉的目的和意义就是通过对炉体的烘烤，将耐火材料中的水分排出，使耐火材料逐步完成晶格变形，完成膨胀过程，从而使耐火材料达到在生产过程中保持稳定。烘炉程序：①炉衬检修结束 8h 后进行烘炉；②首先检查重油、雾化风管线是否完好，安装好油枪、热电偶；③联系供油、送风；④先用木材烘烤 2~3 个班，炉内潮气基本挥发掉，炉膛温度达到重油闪点以上；⑤用木材或棉纱引火，用小油、小火烘烤；⑥油枪燃烧稳定以后，根据升温曲线要求和热电偶所测温度，适当调整油量；⑦采用重油烘炉时间其温度达到 1000℃ 以上就可联系进料。

2. 排烟风机、旋涡收尘器、电收尘器及其附属设施，排烟机正常运行状态：风机运行声音无异常，风机本体无抖动，转速正常，无泄漏，全压达到设计要求，旋涡收尘器正常运行状态为：旋涡收尘器本体无变形、无泄漏、无堵塞现象，电收尘器正常运行状态为：电场电压，电流稳定，无泄漏、无堵塞现象，排烟管道应无堵塞、无泄漏。

3. （1）确认系统是否具备试生产条件；（2）岗位控制人员经过培训全部到岗；（3）电气、仪表控制系统及相关设施正常送电运行；（4）联系上石英、冷料；（5）联系余热锅炉上水运行；（6）联系软化水泵房供水；（7）联系开启环保、排烟风机；（8）通知上、下道工序做好准备；（9）做好相关设备、设施的准备工作；（10）试生产初期炉温较低，可适当提高吹炼温度；（11）出现异常现象，立即启动事故预案处理。

4. 生产现场的主要污染物有泄漏的二氧化硫气体和工业粉尘。

   生产现场环境污染的控制方法有：保证炉体及排烟收尘设施密封良好，尽可能减少二氧化硫气体和工业粉尘的泄漏。保证各环保设施正常使用，进入生产现场必须穿戴好劳保用品。

5. （1）烘炉前必须认真检查炉内是否有掉换、下沉、塌落等现象，并将风眼中的镁粉及杂物清理干净。（2）缓慢升温，在衬砖晶型转变点必须恒温 20h 以上。（3）炉体砌砖体受热要均匀，为防止局部受热应及时转动炉体。（4）升温过程温度要稳定上升，不要波动过大，避免停风、停油故障发生，以免耐火衬砖砌体合理膨胀。（5）及时观察炉体受力情况，使炉衬砌体合理膨胀。（6）目前采用重油烘炉，一般大修时间为 72h以上，中修、小修可适当缩短。其最终温度达到 1000℃ 以上就可以联系要料。

阳 极 炉

一、填空题

1. 杂质、高；2. 小、1.60、很难；3. 铜绿、$CuCO_3 \cdot Cu(OH)_2$；4. 溶解、逸出、不致密；5. Cu-Ni、耐磨性、抗腐蚀性；6. 锻造、压延；7. 胆矾、$CuSO_4 \cdot 5H_2O$；8. Cu-Zn、延展；9. 硫化矿、氧化矿；10. 湿法、火法；11. 挥发、可；12. Al_2O_3、SiO_2；13. 高；14. 200~500mm；15. 升高；16. 20℃、8.89g/cm³；17. CO；18. 1083℃、1.60Pa；19. 差；20. 副；21. 29；22. 一、二；23. 185、氧化；24. 结晶水；25. CuS、铜蓝；26. Cu_2S、辉铜；27. 硫

化；28. 水分；29. 潮湿、铜绿；30. 20，500；31. 盐酸、氧、氧化；32. 摸索性生产；33. 5；34. 玫瑰红色、柔软、延展；35. 电、热；36. 紫绿、紫黑；37. 暗红、Cu_2O；38. 大、硫、Cu_2S；39. 黑色、CuO；40. 185、Cu_2O；41. 黑色、CuO；42. 1060、Cu_2O、O_2；43. 铜；44. CuO；45. Cu_2S、S；46. 500；47. Cu_2S；48. 直接、间接；49. Cu_2S、FeS；50. $CuCl_2$、Cl_2；51. 熔化、模铸、锻造；52. 锻造、压延；53. 低；54. 低；55. 小、挥发；56. 气体、逸出；57. 锌、锡、镍；58. CO_2、潮湿；59. 毒、食用；60. 盐、氧；61. 王水、氰化物、氯化物、氯化铜、硫酸铁、氨水；62. 氧、硫、卤素；63. 赤铜、晶粒、颜色、樱红、洋红；64. 盐酸、硫酸、氯化铁、硫酸铁、氨水；65. 辉铜、稳定；66. 铁酸铜、铁酸亚铜、稳定、1100；67. 硅孔雀石、水分、氧、硅酸亚铜；68. 浓硝酸、盐酸；69. 孔雀石、蓝铜矿、220、氧化铜、二氧化碳、水；70. 蓝、白、易、增大；71. 氯化铜、氯化亚铜；72. 氯化亚铜、氯气、390；73. 盐酸、金属氯化物；74. 钢铁、铝；75. 导电、导热、延展、耐腐蚀；76. 高强度、高韧性、抗热、高导电；77. 50、150、250；78. 0.01%；79. 自然铜、硫化铜、氧化铜；80. 岩石、0.4%~0.5%；81. 黄铁、闪锌、方铅、镍黄铁；82. 褐铁、赤铁、菱铁；83. 石英、方解石、云母、垂晶石；84. 化学成分、矿物组成、矿石中铜的含量、环境条件。

二、单项选择题

1. A 2. A 3. A 4. C 5. D 6. C 7. A 8. D 9. A 10. C 11. C 12. C 13. A 14. A 15. A 16. A 17. B 18. B 19. D 20. A 21. D 22. B 23. A 24. C 25. B 26. A 27. B 28. B 29. B 30. A 31. B 32. A 33. B 34. B 35. C 36. B 37. B 38. C 39. D 40. A 41. A 42. D 43. C 44. B 45. A 46. C 47. C 48. B 49. A 50. D 51. B 52. B 53. A 54. D 55. A 56. B 57. C 58. D 59. A 60. B 61. B 62. C 63. B 64. C 65. B 66. C 67. A 68. D 69. B 70. A 71. A 72. C 73. D 74. D 75. B 76. B 77. A 78. D 79. C 80. A 81. B

三、多项选择题

1. AC 2. BC 3. ABC 4. BC 5. ABCD 6. ABC 7. AC 8. BD 9. ABD 10. ABC 11. ABCD 12. ABC 13. ABD 14. AB 15. BCD 16. AB 17. ABCD 18. BCD 19. ACD 20. ABCD 21. ABCD 22. ABCD 23. ABC 24. BCD 25. ABCD 26. ABC 27. AB 28. ACD 29. BCD 30. ABC 31. CD 32. AD 33. ABCD 34. ABCD 35. ABC 36. AB 37. AB 38. BCD 39. BC 40. AB

四、判断题

1. √ 2. √ 3. √ 4. × 5. √ 6. × 7. × 8. × 9. √ 10. × 11. √ 12. × 13. √ 14. × 15. √ 16. × 17. × 18. × 19. √ 20. × 21. √ 22. √ 23. × 24. √ 25. √ 26. √ 27. × 28. × 29. × 30. √ 31. × 32. √ 33. × 34. √ 35. × 36. √ 37. × 38. × 39. √ 40. √ 41. × 42. √ 43. √ 44. × 45. √ 46. × 47. × 48. √ 49. × 50. × 51. √ 52. × 53. √ 54. √ 55. × 56. √ 57. × 58. × 59. × 60. × 61. √ 62. √ 63. √ 64. × 65. × 66. √ 67. × 68. √ 69. √ 70. √

五、简答题

1. 阳极炉作业内容分进料、氧化、倒渣、还原、浇铸保温 5 项内容。

2. 风、油、水、汽、氮气管道与阀门完好无泄漏；透气砖通氮气运行状况正常；燃烧油枪喷口无堵塞；重油燃烧完全、无黑烟产生，火焰发蓝；氧化、还原枪（喷管）畅通无黏结或灌死；炉口、出烟口及水冷烟罩的冷却水套无渗漏，水量在冷却回水管中水量充满出水口，回水温度不高于 60℃；炉盖无掉料，支座无开焊。

3. 无黑烟产生，火焰发蓝。

4. （1）进料前检查氧化还原孔的鼓风情况（有高压风鼓出视为正常）。（2）进转炉粗铜液时，每炉加入转炉粗铜量控制在 260～300t，禁止超过 300t。（3）进料时驱动炉体合理调整炉口位置，进转炉粗铜时炉口调整至进料位置 70°～85°（炉口方向与水平夹角）。（4）进料时炉前岗位控制室人员必须往氧化还原孔中通入高压风，防止喷溅物堵死喷口。（5）进料时提高炉膛负压。

5. 重油温度 80～120℃、重油流量 200～400kg/h、雾化风压 0.4～0.6MPa、二次风流量 5500～18000m³/h、二次风温度 300～350℃、烟道负压 -40～-90Pa。

6. 氧化后期，熔体沸腾，并有铜液滴溅出，形成铜雨，待熔体沸腾趋于平稳，无铜液滴溅出时，表明氧化达到终点。

7. 氧化样表面微凹（下凹约 2～3mm），断面结晶致密，无气孔，试样断面颜色呈暗红色。

8. 熔体沸腾，并有铜液滴溅出，形成铜雨，待熔体沸腾趋于平稳，无铜液滴溅出时，表明氧化达到终点。

9. （1）倒渣操作前，炉前操作人员指挥控制室操作工驱动炉体到倒渣位置（调整炉口至炉内液面距炉口下沿 20～40mm）。（2）倒渣过程中遇到渣中含有块渣、大块干渣时使用耙子扒渣。（3）倒渣时严禁带出粗铜熔体。（4）发现炉口扎料脱落，炉前岗位人员应及时用镁泥修补。

10. （1）用固体还原剂进行还原作业，先将气动阀氮气源阀门打开，从气控箱将料罐顶部气控阀打开，操纵电控箱将料罐上的电动阀打开，待料罐装入的固体还原剂达到罐容积 90% 以上，将电动阀关闭，再关闭气控阀。（2）检查还原枪，是否畅通，正常后接好固体还原剂输料胶管。（3）先给料罐顶部充气，逐一打开硫化器供风阀，混合器供风阀，微微开启 2 个助吹器风阀。（4）由电控箱开启给料器电动机，通过变频调整下料量。（5）观察炉况，将炉子转至还原位置，随时调整还原剂输送的气、料比。

11. 炉口火焰颜色由淡黄色转为蓝色。

12. 炉口火焰颜色由淡黄色转为蓝色。取样判断：还原样表面微凸（凸起约 2～3mm），试样断面结晶致密，无气孔，断面有散布的金属晶点，试样断面呈紫黄色。

13. 还原样表面微凸（凸起约 2～3mm），试样断面结晶致密，无气孔，断面有散布的金属晶点，试样断面呈紫黄色。

14. 铜液温度判断依据：铜液流动性、铜液颜色、温度及显示屏。

铜液温度判断方法：经验判断、快速热电偶测温。

出炉期铜液温度判断标准：1220℃ 以下，铜液颜色暗红，铜液流动性差，黏结溜槽、包子表明铜液温度过低。1250℃ 以上，铜液颜色白亮表明粗铜液温度过高。

15. 铜液温度过高时，向炉内加入适量废板进行降温，同时降低燃油量进行保温作业；粗铜液温度过低时，提高燃油量进行保温作业提高铜液温度。

16. 调节高温风机频率。

17. （1）对双圆盘进行试车，确认伺服电机及各限位是否运转正常。（2）检查浇铸包秤体支架无开焊，浇铸包口处在铜模中心位置。（3）检查点火设施一切是否正常。（4）对圆盘取板槽设施、取废板装置及预顶进行联体试车，确认是否正常。（5）准备好出炉用的工具，配好脱模剂。（6）用水平尺检查铜模有无倾斜，对倾斜的铜模进行调整使其水平。（7）按铜模报废标准更换不能使用的铜模。（8）检查取板机钩子无裂缝和各紧固件无松动。（9）检查各润滑点油量在规定范围内。（10）检查、开启水泵及风机。（11）检查吊板链条无开焊及裂纹。（12）将中间包、浇铸包、溜槽烘烤干燥。

18. （1）已经断裂或裂缝宽度超过 3mm。（2）模内表面有凹坑，凹坑深度超过 5mm。（3）顶针孔周围损坏严重，引起铜水渗漏。

19. 阳极板浇铸作业、扒液作业、冷却取板作业、刷脱模剂打顶针作业、阳极板整形作业。

20. （1）阳极板浇铸第一圈不进行冷却，待第二圈阳极板进入冷却区后，打开冷却水阀门冷却阳极板。（2）在浇铸过程中，调整冷却水量冷却铜板，冷却区前部采用小水量冷却，后部采用大水量冷却，保证冷却质量，水量的大小以阳极板到达预顶位时，板面有少量水珠为宜。

21. （1）出炉过程铜模温度应控制在 160～180℃；（2）用红外线测温枪测；（3）观察铜模外观颜色；（4）根据取板机内水温判断；（5）根据铜液温度判断。

22. 增加冷却水量；严格控制出炉铜液温度。

23. 木柴、柴油和重油。

24. （1）浓度稀或喷洒得过少，易产生黏模、板面易弯曲、脱模困难；（2）浓度过浓或喷洒的过多，水分不易干放炮、非边毛刺多、板面夹泥、板面鼓泡。

25. （1）出炉温度控制在：大板 1240～1260℃；小板 1220～1250℃；入铜模温度控制在 1100～1120℃。（2）温度低、流动性不好，板面花纹粗，浇铸时易喷溅，非边大而厚，外观质量差。（3）温度高、流动性好，板面花纹细，喷溅物薄而少，外观质量好，但易黏模。

26. （1）根据制定的作业参数提高风量与油量，熔化炉衬上的附着物料。（2）将炉内铜液放空。（3）停止供油供风，并用蒸汽将重油管道吹扫干净。（4）清理现场，做好停炉记录。（5）根据要求停高温风机、离心风机。

27. （1）送交流电试炉子前转是否正常，炉子前转正常后，停车。再试炉子后转，炉子后转正常后，停车。（2）送直流电试炉子后转，炉子后转正常后，停车。（3）炉子交、直流回路试车正常后，用交流回路，试炉子抱闸开关，将炉子前转，掰动抱闸开关至送电位置，炉子停转，将炉子后转，掰动抱闸开关至送电位置，炉子停转。

28. 包括阳极炉炉体、驱动装置、支撑装置、液压站、旋转烟罩、二次风机、水冷闸板。

29. 冷却水点检，炉口盖点检。

30. （1）冷却水畅通点检：由炉体回水箱处检查炉体各回水管道通水是否畅通。（2）管道泵点检：管道泵出口压力与进口压力差为 0.02～0.05MPa，出口压力应大于进口压力。（3）冷却水温度点检：检查各管道水温显示，回水温度应小于 60℃，同时再回水箱处检查显示与实际是否相一致。

31. （1）由关闭盖板后有无炉口火焰检查盖板变形情况，有火焰窜出则表明盖板变形。（2）检查盖板开启和关闭行程是否顺畅，有无发卡等异常现象。（3）检查盖板液压缸在行程中是否有漏油异常现象。

32. 主电机点检、直流电动机点检、减速机点检。

33. 圆盘设备点检内容：圆盘主体，定量浇铸秤，取板装置，预顶装置，液压站，喷模装置，喷淋、循环水泵房，排汽机。

34. 检查圆盘中心体润滑泵油位是否正常，每周加油一次，每半个月打开中心圆盘盖加油一次。

35. 检查秤体支撑座螺栓及各紧固件无松动，检查油罐是否漏油，每月加油一次。

36. 检查定位钢丝绳是否正常，保护罩固定螺栓和其他各处螺栓及紧固件无松动，金属软管无漏点，各润滑点是否有油。

37. 检查油管、油缸有无漏油，各连接固定件有无松动。

38. （1）检查液压站内液压箱内油位是否到位，如果油位没有达到规定的要求，应及时加油。（2）检查各供油管道密封情况，各连接处是否漏油，管道有无破损。（3）检查液压阀的工作情况是否正常，若不正常则应通知相关人员进行处理。（4）检查各油管输出点润滑情况。（5）检查电动机底座螺丝有无松动，两台液压泵手动试车正常。

39. （1）检查各喷管、喷头是否畅通，气动阀连接管是否畅通有无漏气。（2）检查喷模泵手动试车是否正常，每月清洗装置一次。

40. （1）检查各喷管、喷头是否畅通，气动阀连接管是否畅通有无漏气。（2）检查水泵手动试车是否正常。

41. （1）检查排气机底脚螺丝有无松动，对轮螺丝是否完好。（2）检查联轴器油位是否正常，有无漏油。每周清洗风机叶轮和管道一次。

42. （1）打开滤网处堵板，清除滤网下表面杂物。（2）在滤网上端设有清洗阀门，将新水管接入清洗阀门，打开清洗阀门，开启新水反向冲洗滤网上表面，直至滤网表面无杂物为止。（3）恢复堵板，关闭清洗阀门。（4）滤网上端阀门为清洗滤网专用，严禁将胶皮管连接到清洗阀门处用作其他作业。

43. （1）关闭喷模气动泵。（2）将吸网从搅拌罐取出放至清洗罐内。（3）向清洗罐内注入清水，将吸网表面脱模剂冲洗干净，打开清洗罐排水阀。（4）将污水排净。（5）关闭清洗罐排水阀，再次向清洗罐内注入新水，水面高度必须超过吸网上表面 300mm 以上，方可进行清洗作业。（6）启动喷模气动泵，点击清洗按钮，进行清洗作业，清洗完毕后，打开排水阀同时打开新水阀门冲洗清洗罐内脱模剂残留物。（7）重复操作步骤，直至清洗管内水无脱模剂残留物位置，判断标准：清洗作业结束后清洗管内水质与清洗作业前一致，无变化时，表明清洗干净，停止清洗作业。

44. （1）铜模温度显示为 150～180℃ 为最佳模温。（2）模温显示过高，说明冷却水开启数量过少，即设定喷淋温度过高，应降低喷淋设定温度，同时增加上喷数量。模温显示过低，说明冷却水开启数量过多，即设定喷淋温度过低，应升高喷淋设定温度，同时减少上喷数量。

45. （1）高温炉体或炉体受热物件造成操作人员灼烫事故。（2）重油喷溅造成操作人员灼烫事故。（3）蒸汽外泄造成操作人员灼烫事故。（4）氮气外泄造成操作人员窒息事故。（5）高温铜液喷溅造成操作人员灼烫事故。（6）氧气管回火，造成操作人员灼烫事故。（7）阳极炉翻炉事故造成操作人员灼烫事故和火灾事故。（8）打大锤操作可能造成人员被大锤砸伤事故。（9）炉口水套漏水漏入炉内可能造成爆炸伤人事故。（10）操作者从各操作平台坠落可能造成操作人员坠落事故。

46. （1）高温受热物件造成操作人员灼烫事故。（2）高温铜液喷溅、爆炸、火灾造成操作人员灼烫事故。（3）打大锤操作可能造成人员被大锤砸伤事故。（4）吊运重物可能造成人员被重物砸伤事故。

47. 先给料罐顶部充气，逐一打开硫化器供风阀，混合器供风阀，微微开启2个助吹器风阀；由电控箱开启给料器电动机，通过变频调整下料量。

48. 炉口有火焰并有少量粉煤灰逸出。

六、计算题

1. 解：
$$回收率 = (94 \times 98.5\% + 5 \times 40\%)/(95 \times 98.5\% + 5 \times 99\%) = 96\%$$

2. 解：

加入铜量 $= 100 \times 99\% + 200 \times 30 \times 99.5\%/1000 + 10 \times 98.5\% \times 240/1000 = 107.334t$

3. 解：

直收率 $= 100 \times 98.5\%/(100 \times 99\% + 200 \times 30 \times 99.5\%/1000 + 10 \times 98.5\% \times 240/1000)$
$= 91.77\%$

4. 解：
$$产铜率 = 2800/(4000 - 4000 \times 8\%) \times 100\% = 76.09\%$$
$$产渣率 = 480/(4000 - 4000 \times 8\%) \times 100\% = 13.04\%$$

5. 解：
$$作业周期 = 4 \times 2 + 1.5 + 1.5 + 400/100 = 15h$$

6. 解：
$$耗油量 \leq (400 - 20) \times 200/1000 \times 100 = 7600kg$$

7. 解：
$$还原剂单耗 = 2100/(400 \times 210) = 25kg/t\ Cu\ 板$$

8. 解：
$$故障停车率 = 45/720 \times 100\% = 6.25\%$$

9. 解：
$$设备事故损失率 = 20/400 \times 100\% = 5\%$$

10. 解：
$$计划检修完成率 = 46/50 \times 100\% = 92\%$$

11. 解：

$$算术平均粒度 = (20 + 5 + 5)/3 = 10mm$$

$$几何平均粒度 = (20 \times 5 \times 5)^{1/3} = 7.94mm$$

12. 解：

$$漏风率 = (4800 - 3600)/4800 \times 100\% = 25\%$$

13. 解：

$$单位氧气量 = 6 \times 2.5 \times 60 = 900Nm^3$$

14. 解：

设干精矿为 1t，则湿精矿为 1.08t

依题意铁全部进入渣中，则 $1 \times 0.04 = 0.25 \times 炉渣，炉渣 = 0.04/0.25 = 0.16t$

依题意熔剂全部进入渣中，则加入的 SiO_2 为 $0.16 \times 30\% = 0.048t$

所以　　　　　　　$溶剂率 = 0.048/1.08 \times 100\% = 4.4\%$

15. 解：

$$烟气流量 = 0.78 \times 15 = 11.7m^3/s$$

16. 解：

$$作业时间为 24 \times 80\% = 19.2h$$

$$每天的进料量为 50 \times 3.14(1.8/2)^2 = 127.17t$$

$$每小时进料量为 127.17/19.2 = 6.62t/h$$

17. 解：

$$氧量(标态) = 7 \times 140 + 170 \times 2.5 = 1405m^3$$

18. 解：

直收率 $= (200 \times 200 \times 99\% + 400 \times 200 \times 99\%)/$

$(100 \times 1000 \times 99\% + 200 \times 30 \times 99.5\% + 10 \times 240 \times$

$98.5\% + 25 \times 1000 \times 99\%)$

$=89.94\%$

19. 解：

$$设备完好率 = 35/50 \times 100\% = 70\%$$

七、综合分析题

1. （1）发现炉体局部发红时，应立即停止作业，将发红部位转出熔体，并立即汇报生产协调员，由生产协调员汇报车间主管人员；（2）经主管人员检查确认后，若炉体局部发红，情况不十分严重，可继续作业，同时在发红部位用高压风强制冷却，待出炉后进行处理。

2. （1）若炉体大面积发红或发生漏炉，立即停止作业，将发红部位或漏铜部位转出熔体，必要时将铜液倒出，停炉进行处理。（2）事故处理完毕，恢复生产。

3. （1）立即停止油枪供油、供风。先关燃烧油阀，再关燃烧风阀。（2）拆下油枪，按烧氧作业程序清理燃烧喷口或用大锤清打，若燃烧喷口有损坏应及时用镁泥修补喷口。（3）燃烧喷口清理完毕，安装油枪，首先对油枪进行清理及用蒸汽吹扫，确保畅通。（4）恢复生产。

4. 一般要求作业结束后，更换新管，若发现喷管严重漏油，严重堵塞时应及时换管。

5. 若炉口水套发生缺水或漏水现象，应立即作出准确断定，根据水套漏水部位及漏水情况采取相应措施，如漏水部位在炉口外部，可汇报生产协调员通知管工进行处理；如漏水部位在炉口内部，应立即停止该组水套供水。并汇报生产协调员，由生产协调员汇报车间主管人员。

6. 不正确。（1）安装好重油喷枪；（2）检查风、油、汽管路畅通无堵塞；（3）检查流量计动作灵敏、可靠；（4）先通蒸汽预热油枪2～3分钟；（5）首先打开燃烧风及高压雾化风后，打开油阀开始喷油点火燃烧；（6）观察燃烧状况，适当调节油量、雾化风压、燃烧风量及烟道负压。

7. 不正确。（1）将氧气瓶摆放到车间定置的区域。（2）接上氧气胶管，烧氧管，将氧气管插入氧气带约300mm，接通后试吹管子畅通无堵塞。（3）用木材引燃烧氧管。（4）炉前岗位一人进行烧氧操作，一人指挥开关氧气大小（氧气压力大小以能吹出熔融物为准）。（5）烧氧结束，收拾好氧气胶管，把氧气瓶放回氧气瓶存放处。

8. 不正确。（1）炉前岗位人员准备好样勺，样槽（要求干燥无杂物）。（2）启开炉盖，调整燃烧或还原作业。（3）将样勺及样槽预热2～3min。（4）取样过程要求炉内负压控制至 $-50 \sim -100$Pa，在取样结束前，不得降低负压和增大燃油。（5）取样点最好在铜水鼓动区域之外为佳，但渣面过厚时，为减少炉渣，可以在鼓动区域内。（6）往样槽中注入铜水浇铸成样品。（7）待样槽铜水表面冷凝后用水冷却，一直冷却到样品能从槽中脱落出来为止。（8）样品取出后首先观察表面特征，然后再打开断面观察。

9. （1）烧铸时控制铜液温度过高。（2）脱模剂喷涂不均匀。

10. （1）粗铜液过还原，造成铜液中溶解大量气体。（2）脱模剂未干，造成水蒸气进入铜液产生大量气孔。（3）重新进行氧化还原作业，防止过还原。（4）提高模温，确保脱模剂干燥。

11. （1）粗铜液过还原，造成铜液中溶解大量氢气。（2）重新进行氧化还原作业，防止过还原。

12. （1）粗铜液温度过高，会造成铜液中溶解大量气体，降低阳极板物理规格合格率。（2）粗铜液温度控制过高，会造成黏模。（3）加冷料降低浇铸铜液温度。

13. 不正确。（1）炉膛负压控制过高，违反《生产作业指导书》，易造成铜液氧化。（2）控制炉膛负压在《生产作业指导书》要求范围内。

14. 不正确。炉膛负压控制过低，控制炉膛负压在《生产作业指导书》要求范围内。

15. （1）准确判断金属软管断裂所属透气砖。（2）汇报调度，联系维修人员处理。（3）关闭金属软管断裂所属透气砖的氮气阀门。（4）更换金属软管。

16. 不正确。（1）透气砖旁路操作时易产生飞溅，可能造成取样人员烫伤。（2）严禁透气砖旁路操作时人员靠近炉口。（3）透气砖旁路操作时如需靠近炉口，必须在专人监护下方可进行。

17. 不正确。（1）不能关闭透气砖氮气总阀。（2）应准确判断透气砖故障原因。（3）对该块透气砖处理时应只关闭该透气砖的氮气阀门。

18. 不正确。（1）炉膛负压控制过高，炉内不能形成还原性气氛。（2）造成还原时间过长，严重时还原无法进行。（3）降低炉膛负压。

19. 不正确。（1）炉膛负压控制过高，大量热易被烟气带走，达不到提温的效果。（2）燃油量控制过大，易造成重油不完全燃烧放炮。（3）未进行风油配比调整，供风过大时也达不到提温的目的，且风油配比不当时易造成重油燃烧不完全放炮。

20. 不正确。（1）炉膛负压控制过高，造成铜液二次氧化，降低阳极板产品质量。（2）出炉铜液温度控制过高，易造成黏模，且易使铜液内溶解大量气体，造成阳极板表面产生大量气孔，影响阳极板质量。（3）重油温度控制过低，达不到重油的良好雾化效果。

21. 不正确。（1）炉膛负压控制过高，造成还原时间延长，严重时还原作业不能正常进行。（2）重油流量控制过大，易造成铜液温度过高。（3）重油温度控制过高，造成重油碳化，降低重油燃烧效率。

22. 不正确。（1）炉膛负压控制过低，造成氧化时间延长，严重时氧化作业不能正常进行。（2）重油流量控制过大，易造成铜液温度过高。（3）重油温度控制过低，达不到重油的良好雾化效果。

23. 流量过大。调节重油流量阀减小重油流量。

24. （1）增加冷却水量。（2）严格控制出炉铜液温度。

25. （1）升温过快。（2）严格按烘炉要求进行烘炉作业。

26. （1）铜液还原不够。（2）重新进行氧化还原作业。

27. （1）重油燃烧不完全发生放炮。（2）严格控制燃烧作业时的风油配比。

28. （1）脱模剂未干。（2）提高铸模温度，严格控制冷却水量。（3）脱模剂粉刷均匀，严格控制用量。

29. （1）炉口水套供水不足。（2）炉口水套漏水。（3）炉口水套内产生汽化现象。

30. 要点：还原剂吹送管堵。（1）关闭给料阀，将炉子打起来，卸下吹送软管对准安全坑，关闭主吹送风阀。（2）打开卸压阀，检查风压。（3）打开主吹送风阀，将吹送管吹空。（4）重新接枪，开始进行还原作业程序。

31. 重油压力过大而蒸汽压力过小造成重油进入蒸汽管道；控制重油压力及蒸汽压力。

32. 炉长在控制室指挥进料属违章操作，重油流量、烟道负压超出作业指导书范围。（1）接到进料通知后，将炉口盖打开，检查风压 0.3 ~ 0.5MPa 及氧化还原孔鼓风情况。（2）停油，烟道负压 −40 ~ −70Pa。（3）炉长站在炉前操作台上，指挥将炉口转至合理进料位置，与控制室操作人员，配合指吊工，将粗铜缓慢加入阳极炉内。

33. 不正确的地方：重油流量、重油压力、重油温度、烟道负压、氧化风压全部不在作业指导书的控制范围。
重油流量 200 ~ 350kg/h，重油压力 0.8MPa，重油温度 80 ~ 120℃，烟道负压 −40 ~ −90Pa，氧化风压 0.3 ~ 0.5MPa。

34. 不正确的地方：重油压力、重油温度、烟道负压、全部不在作业指导书的控制范围，还原操作不允许通空压风。

重油流量 350～600kg/h，重油压力 1.2MPa，重油温度 80～120℃，烟道负压 –40～ –70Pa。

35. 不正确的地方：氧气瓶不能放在炉口下边，氧气管插入氧气带不少于 200mm，用电焊打弧属违章操作。

    正确作业程序：（1）将氧气瓶放在距炉体高温区 15m 远。（2）接上氧化胶管，烧氧管，将氧气管插入氧气带大于 200mm 接通后试吹管子畅通无堵塞。（3）用燃烧的木柴引燃氧气管。（4）操作工一人进行烧氧作业，一人指挥并关氧气大小。

36. 不正确的地方：氧化作业未结束不能扒渣，必须严格执行扒渣作业制度，扒渣时严禁带铜。

    正确作业程序：（1）氧化作业结束，将炉子转至扒渣位置进行扒渣作业。（2）用扒子进行扒渣作业。（3）扒渣时严禁带出大量粗铜熔体。（4）扒渣结束联系调度将渣子返给转炉。

37. 不正确的地方：重油流量、重油压力、重油温度、烟道负压、氧化风压全部不在作业指导书的控制范围。

    重油流量 200～350kg/h，重油压力 0.8MPa，重油温度 80～120℃，烟道负压 –40～ –70Pa，氧化风压 0.3～0.5MPa。

38. 不正确的地方：（1）试样勺、样模必须预热 2～3min。（2）在铜水鼓动区外取样。（3）待样模铜水表面冷凝后用水冷却。

    正确作业程序：（1）准备好预热 2～3min 的样模、样勺。（2）打开炉盖调整风、油比，在铜水鼓动区域外取样。（3）待样模铜水表面冷凝后用水冷却，然后打开断面观察。

39. 不正确的地方：出炉铜液温度、重油流量、烟道负压全部不在作业指导书的控制范围。重油流量 200～350kg/h，铜液温度 1220～1250℃，烟道负压 –40～ –70Pa，氧化风压 0.3～0.5MPa。

40. 不正确的地方：（1）换枪作业时应降低风、油比。（2）提高炉膛负压。（3）烧开喷孔直径 φ50mm。

41. 不正确的地方：氮气压力、透气砖氮气流量、烟道负压、氧化风压全部不在作业指导书的控制范围。

    氮气压力（4～8）×10⁵Pa，透气砖氮气流量（标态）50L/min，烟道负压 –40～ –70Pa，氧化风压 0.3～0.5MPa。

42. 不正确的地方：铜液不能直接注入铜模内，根据铜模温度开冷却水，铜板厚度（50±4）mm。

    正确浇铸作业程序：（1）倾动炉体将铜液注入大头流槽→浇铸包→铜模内。（2）根据铜模温度打开上、下喷淋冷却水。（3）控制铜板厚度（50±4）mm。（4）根据浇铸包内铜量多少，及时倾动炉体。

43. 不正确的地方：浇铸二圈多打开冷却水，浇铸过程是冷却区前部开小水量，后部开大水量，一次吊水槽铜板不许超过 15 块。

    正确作业程序：（1）阳极板开始浇铸二圈后打开冷却水阀门。（2）在浇铸过程中，冷却区前部采用小水量，冷却区后部采用大水量。（3）阳极板到达预顶位时，板面上有少量水珠。（4）配合吊车将冷却水槽中 15 块铜板一次吊出。

44. 不正确的地方：冷模要用干粉喷刷，新换的铜模浇铸时要垫石棉板。

正确作业程序：（1）运行中的冷模刷上干脱模剂。（2）新更换的铜模直接进行浇铸时要垫石棉板。（3）顶针部位及铸模耳部可用干粉喷刷。（4）可用高压风将铸模内的积水吹扫干净。

45. 正确的铜模报废标准：（1）已经断裂或裂缝超过 3mm。（2）模内表面有凹坑，凹坑深超过 5mm。（3）顶针孔及周围损坏严重。（4）铜模底部有定位孔。

46. 正确作业程序：（1）吊运摆放铜阳极板过程中的飞边毛刺严禁用手锤整形。（2）出炉前期废板与标准合格板不能混合摆放在规定位置。（3）配合叉车将阳极板运往下一道工序。（4）叉车一次叉阳极板不能超过 22 片。

47. 正确作业程序：（1）将清理干净的大头溜槽、溜子严禁用水浇。（2）将准备好镁粉和玻璃水捏成团状。（3）将和好的半干镁粉直接在大头溜槽、溜子上轧制。（4）用木柴烘烤后方可进行出炉浇铸。

48. 正确作业程序：(1)将准备好的氧化、还原枪插入氧化喷孔。(2)扶枪者和打大锤两人不能站在同一侧作业。（3）用黄泥填塞枪管周围空隙。（4）接好金属软管，通入少量风。

49. 不正确的地方：氮气压力、透气砖氮气流量、烟道负压、氧化风压全部不在作业指导书的控制范围。

氮气压力 $(4\sim8)\times10^5$Pa，透气砖氮气流量（标态）150L/min，烟道负压 $-40\sim-70$ Pa，氧化风压 $0.3\sim0.5$MPa

50. 正确作业程序：（1）出炉浇铸过程发现铜液温度偏低，提高重油流量。（2）适当控制二次风量。（3）降低烟道水冷闸板控制烟道负压 -60Pa。（4）提高空压风压力，调整风、油比。

51. 正确作业程序：（1）大修后阳极炉经冷态试车正常用木柴小火开始烘炉。（2）小火烘炉温度达 500℃恒温 10h。（3）温度达 500℃以后开始用重油大火烘炉。（4）温度达 1250℃以后开始投料正式生产。

52. （1）关闭燃烧油，再关闭二次风切断阀，打开二次风放空阀。（2）用固体还原剂进行还原作业，先将气动阀氮气源阀门打开，从气控箱将料罐顶部气控阀打开，操纵电控箱将料罐上的电动阀打开，待料罐装入的固体还原剂达到罐容积 90% 以上，将电动阀关闭，再关闭气控阀。（3）检查还原枪，是否畅通，正常后接好固体还原剂输料胶管。（4）先给料罐顶部充气，逐一打开硫化器供风阀，混合器供风阀，微微开启助吹器风阀。（5）由电控箱开启给料器电动机，通过变频调整下料量。（6）观察炉况，将炉子转至还原位置，随时调整还原剂输送的气、料比。

53. 正确作业程序：（1）圆盘在运行过程中严禁调整铜模。（2）用水平尺确认调整铜模水平度。（3）铜模低处在铜模底部调整支撑固定螺栓。（4）固定铜模在铜模上部调整燕尾压杆。

参 考 文 献

[1] 北京有色冶金设计研究总院 . 重有色冶炼设计手册(铜镍卷)[M]. 北京：冶金工业出版社，1994.

[2] 重有色金属冶金工厂技术培训教材 . 铜冶金[M]. 长沙：中南大学出版社，2004.

[3] 机械设计课程设计手册[M]. 北京：高等教育出版社，1999.

冶金工业出版社部分图书推荐

书　　名	作　者	定价(元)
铅锌冶炼生产技术手册	王吉坤	280.00
重有色金属冶炼设计手册(铅锌铋卷)	本书编委会	135.00
贵金属生产技术实用手册(上册)	本书编委会	240.00
贵金属生产技术实用手册(下册)	本书编委会	260.00
铅锌质量技术监督手册	杨丽娟	80.00
锑冶金	雷　霆	88.00
铟冶金	王树楷	45.00
铬冶金	阎江峰	45.00
锡冶金	宋兴诚	46.00
湿法冶金——净化技术	黄　卉	15.00
湿法冶金——浸出技术	刘洪萍	18.00
火法冶金——粗金属精炼技术	刘自力	18.00
火法冶金——备料与焙烧技术	陈利生	18.00
湿法冶金——电解技术	陈利生	22.00
结晶器冶金学	雷　洪	30.00
金银提取技术(第2版)	黄礼煌	34.50
金银冶金(第2版)	孙　戡	39.80
熔池熔炼——连续烟化法处理	雷　霆	48.00
有色金属复杂物料锗的提取方法	雷　霆	30.00
硫化锌精矿加压酸浸技术及产业化	王吉坤	25.00
金属塑性成形力学原理	黄重国	32.00